Androids
The Team that Built the Android Operating System

安卓传奇
Android缔造团队回忆录

[美] Chet Haase◎著

徐良◎译

电子工业出版社
Publishing House of Electronics Industry
北京·BEIJING

内 容 简 介

本书讲述了 Android 如何从一个无法引起投资者兴趣的相机软件发展成为安装在全球 30 亿台设备上的移动操作系统的故事。作者花了四年时间，采访了早期 Android 团队的大部分成员，让这些鲜为人知的精彩故事得以保存下来，并以幽默诙谐的笔风呈现给读者。

作者按照时间顺序讲述了这家初创公司是如何起步的，团队成员是如何走到一起的，以及他们是如何构建出这个操作系统的。这个雄心勃勃的项目从脆弱的低谷开始，这家初创公司最终被谷歌收购，并在激烈的行业竞争中披荆斩棘，成为席卷全球的移动操作系统。

本书讲述的是 Android 的故事，任何对这个行业或产品感兴趣的人都可以阅读它，包括软件技术开发者、手机用户、产品经理、市场人员和公司高层决策人员，等等。

Copyright © 2022 by Chet Haase. Title of English-language original: Androids: The Team that Built the Android Operating System, ISBN 9781718502680, published by No Starch Press Inc. 245 8th Street, San Francisco, California United States 94103.

The Simplified Chinese language edition Copyright © 2022 by Publishing House of Electronics Industry Co., Ltd under license by No Starch Press Inc. All rights reserved.

本书简体中文版专有出版权由 No Starch Press 授予电子工业出版社。专有出版权受法律保护。
版权贸易合同登记号　图字：01-2022-4058

图书在版编目（CIP）数据

安卓传奇：Android 缔造团队回忆录 /（美）切特·哈斯（Chet Haase）著；徐良译. —北京：电子工业出版社，2022.11
书名原文：Androids: The Team that Built the Android Operating System
ISBN 978-7-121-43863-9

Ⅰ. ①安… Ⅱ. ①切… ②徐… Ⅲ. ①移动终端－应用程序－程序设计 Ⅳ. ①TN929.53

中国版本图书馆 CIP 数据核字（2022）第 192189 号

责任编辑：张春雨
印　　刷：三河市良远印务有限公司
装　　订：三河市良远印务有限公司
出版发行：电子工业出版社
　　　　　北京市海淀区万寿路 173 信箱　　　邮编：100036
开　　本：787×980　1/16　　印张：23.25　　字数：490 千字
版　　次：2022 年 11 月第 1 版
印　　次：2022 年 11 月第 1 次印刷
定　　价：108.00 元

凡所购买电子工业出版社图书有缺损问题，请向购买书店调换。若书店售缺，请与本社发行部联系，联系及邮购电话：（010）88254888，88258888。
质量投诉请发邮件至 zlts@phei.com.cn，盗版侵权举报请发邮件至 dbqq@phei.com.cn。
本书咨询联系方式：（010）51260888-819，faq@phei.com.cn。

致 Kris：
第一个读者，最后一个评论家，
最严厉的批评家，最好的朋友。

"任何时候的任何事情,只要有结果,如果你不承认存在极大的运气成分,你就是在胡说。"

——Ficus Kirkpatrick
Facebook AR/VR 副总裁

推荐序一

这是一本另人激情燃烧的书。对于想了解 Android 操作系统的历史及其背后故事的读者来说,这是一本十分难得的好书。

作为曾经的方舟编译器和鸿蒙系统设计团队成员,深知从 0 到 1 做一个系统的复杂度和难度。做一个 OS 不难,但是想做出一个富有创新性的系统是非常困难的。

当时,我总想看看其他操作系统是如何做出来的,可惜没有找到合适的参考资料。没想到几年之后,我想看的书终于出现了。这本《安卓传奇》可以让我们跟随作者去了解 Android 系统是如何从无到有一步步地设计出来的。

Android 是天时、地利和人和的产物。截至 2022 年,国内操作系统行业进入前所未有的发展期,"天时""地利"都已经具备,但是"人和"方面还存在一些问题。因为具备丰富经验的操作系统架构师和工程师非常稀缺,在国内"人和"要素仍处于逐渐完善的过程中。我认为任何想做操作系统的公司负责人、架构师和工程师,都应该认真读一读这本书。因为本书讲述了 Android 团队在创业阶段,是如何做出每个商业决策和技术决策的,以及其他方面的内容。比如为什么选用 Java?为什么要开发专属的 Java 虚拟机?为什么应用框架选择 Activity 组件模型……

本书除了介绍"技术决策"的相关内容,还介绍了当时每个细分领域负责人的从业背景和教育背景。在阅读过程中,读者会发现很多人都是从几岁就开始学习编程的,也有不少人有辍学经历。而谷歌为了雇佣这些领域专家,在招聘政策上做了很多调整,真正做到了"不拘一格降人才"。这一点十分令人佩服,也值得国内很多公司反思。

读完本书,我想用一句话与大家共勉——能把操作系统做成功的人,唯有那些真正为了兴趣而做的人。

赵俊民

荣耀终端有限公司系统架构专家、编译器专家

推荐序二

《安卓传奇》的英文版原书名是 Androids: The Team that Built the Android Operating System，其中副书名的中心词是"团队"。这本书的作者也的确在团队人物故事上投入了诸多笔墨，甚至还可以看到作者专门列出了书中出现的人物清单，而他们的工作涉及 Android 系统的方方面面。Android 从创建到现在近二十年的时间，这个榜单可以说是早期创业英雄榜了。

如今我们会感慨 Android 的成功，但是不要忘记，任何伟大的事业，都是从一个小想法、一个小团队、一些小事情，慢慢启动并逐渐发展起来的。这本书介绍了许多在 Android 发展早期发挥关键作用的人以及他们的故事。阅读这些故事，眼前会很容易浮现出一幅波澜壮阔的画卷。时代的浪潮正在呼唤伟大的创新，而出身各异的有识之士，也在不断尝试用自己的方式，回应时代的号召——通过互联网，人才聚集，相互交流、相互影响、形成氛围，最终我们会看到，总有新想法、新产品、新业态，经过竞争角逐脱颖而出。

从创立至今，Android 系统不断发展壮大，甚至成为一个新领域。从事 Android 方面的工作，也变成了很多人的职业发展方向。那要怎么学习，才能提升对这个领域知识的掌握度与理解力呢？我在《学习的学问》一书里，讨论了学习两种领域的有效方法。一个是学习关于这个领域的历史。这一点的核心在于回到过去，站在前人的角度，设身处地思考前人在做决策的时候面对的问题、采取的应对方式，以及获得的结果。其关键点在于，不要拿着现在的答案，去历史中"作弊"，而是真正地回到过去，忘记现在。另一个是学习关于人的知识。事业的发展、历史的推进，都离不开人在其中发挥作用。所以，关注核心人物的所思所想、观点主张、输出成果等，也是一个重要的学习方法。而在领域知识里，独木不成林，人与人之间存在关系，形成关联，找到了一个，就会找到一批，于是我们就可以从人的角度，描绘出关于领域知识的另一副画像。

而《安卓传奇》这本书正好从团队的角度来讨论 Android 早期创业历程，契合了历史与人的两大要素。一方面，这本书追溯了 Android 的起源，以及在初创阶段，团队所面临的技术、资金、模式等方面的问题。阅读这些内容，可以给我们一个创业视角，即换位思考，我们在那个场景下，会有什么样的应对思路？另一方面，我们会看到，来自不同背景、不同行业的人，最终会加入一个团队，然后有的留下，有的离开。从个体的角度看，到底是什么驱动了一个人的行为？从集体角度看，一项成功的事业，需要吸纳什么样的人才？怎样才能组建好团队让其成效最大化？

最后，假如你读完了这本书，以后看到装有 Android 系统的终端的时候，也许会想到，曾经有那么一群人，投入了自己的时间与智慧，解决了一个又一个的问题，最终为我们便捷又高效的幸福生活做出了贡献。

Scalers
《学习的学问》作者、公众号"持续力"主理人
2022 年 10 月于北京

推荐序三

回忆我所经历的 Android 创新

这本《安卓传奇》成功把我带回 2007—2011 年。2007 年，iPhone 和 Android 相继发布，当时的我还在 Motorola 北京研发中心做手机产品的研发。我们当时的产品基于 Linux 操作系统，有 3.2 寸的屏幕，还配备了摄像头。但是，当我在 2007 年听到 iPhone 和 Android 的消息时，便认定未来的移动世界属于 iPhone 和 Android，于是便决定离开 Motorola。并且给了自己两个可选方向：一个是加入 iPhone 阵营，另一个就是加入 Android 阵营。在看这本书的时候，发现作者 Chet 正好是 2007 年加入 Android 团队的。

当时 Apple 在北京的研发部门主要以测试和本地化为主，所以我在 2008 年选择了 Android 阵营，加入了一家基于 Android 做系统级开发的公司，据我所知，这是当时中国首家。我在这家公司的职责就是做与开发者关系相关的工作，负责运营开发者社区。所以当我看到《安卓传奇》的作者 Chet 也是做开发者关系布道师的时候，就倍感亲切。

2008 年，当我开始接触 Android 系统时，当时系统代号还是 0.9，还没有达到 1.0 的阶段。至于后来的 Cupcake、Donut 和 Eclair 这些以甜点命名的系统代号，都是后来的事情了。

Android 的历史是一个持续创新和完善的历史。这也是 Android 的开发和 Motorola 等传统手机制造商流程与质量管理有明显差异的地方。

比如，世界上第一部 Android 商用手机 HTC G1 带有一个可以侧滑的键盘，同时有触摸屏，而早期的 Android 手机触摸感受相比同期的 iPhone 都有明显差距。这背后的原因是早期的 Android 系统以键盘为最主要的交互界面，这在书中也有记录，而且包含了更多的细节。

Android 0.9 版本，甚至还没有中文的输入模块，所以当时我所在的公司为 Android 开发了独立的中文输入模块。这些代码后续被 Android 官方的输入法模块所取代。

在 Android 早期版本上做开发时（印象中，直到 Donut 版本的推出，Android 系统才算基本完善），各手机和系统厂商都会遭遇兼容性的问题。因为没有 API 的标准且 Android 系统功能还不完善，所以各路 Android 开发者在尝试补全 Android 系统功能的时候，不可避免地会破坏 Android 的 API。大家在尝试安装极为有限的若干 Android App 时发现了这个问题，这在 Android 手机诞生之后问题愈发严重，手机厂商和开发者都遭遇了不少困扰。

我的正式职责是负责开发者关系的运营，但在公司的第一项工作却是发现并解决这些兼容性问题。因为我们对系统级的代码修改太多，也修改了很多 API。为了遍历所有 API 层面的差异，我甚至写了一个 Python 脚本。第一次去谷歌山景城（Moutain View）总部出差，也是为了解决我们定制的系统版本与 Android 标准版本的兼容性问题。后来 Android 团队为了解决兼容性问题，干脆推出了 CTS（兼容性测试套件）。我拿到第一个版本的 CTS 时，也是一个实验性的版本。我们和谷歌的印度工程师持续沟通，不断解决碰到的问题，完善 CTS 本身。

谷歌团队为了维护标准版本的权威性，防止分裂，甚至在 OHA（开发手机联盟）的条款更新中也做出规定。一开始是对 API，后来还包括对硬件规格的要求。一些在硬件上，尤其是屏幕等关键硬件上追求差异性的厂商，在后续 App 的兼容性方面吃了亏。印象中，早期魅族有一款手机的屏幕分辨率并非 Android 系统标准支持，所以 App 运行的体验就要差一些。虽然 Android 后来在系统中增加了"自动拉伸"的能力，但部分 App 运行起来，还是有些怪。当然，现如今非常火的折叠屏手机的最大困扰还是在 App 生态方面的困难，很多 App 是标准手机版的拉伸，有些是 Pad 版本。

上面提到的 App 兼容性问题从 Android 诞生的第一天开始就存在，到现在依然没有很好的解决。这也是一个开放系统所要面对的多样性问题，这一点与 iOS 形成了鲜明的对比。

回到 Android 诞生之初，我们需要问两个关键问题：Android 为何诞生？Android 又为何成功？作者 Chet 做了自己的总结，有一点我很赞成，就是"时机"问题。2007 年，iPhone 的诞生开启了全新的智能手机时代，而希望进军这个领域的其他手机厂商却因缺乏足够的实力而无法自己研发一套能与 iPhone 系统（后来被命名为 iOS）匹敌的手机操作系统，并运营全球的开发生态。这件事 Motorola 尝试过、Nokia 尝试过、三星也尝试过，甚至先后有若干个手机系统联盟也尝试过，但都没有成功。而 Android 的诞生恰逢其时，逐渐成为全球手机厂商的"唯一选择"。

这个过程也充满了传奇，比如为了撬动开发者为尚未发布手机的 Android 系统开发 App，谷歌给出了 1000 万美元的奖金，征集 Android App。最早期的 App 都是一些 toy app，而非真正的大制作或者生产力工具。在厂商合作方面，最早愿意与 Android 真正开展合作的是规模尚小的 HTC，后来才有三星和 Motorola 的加入，对于 Android 每一个新版本的首发厂商，团队都刻意选择了不同的公司。此外新生的 Android 系统也引起了乔布斯的怒火，这一点在乔布斯的各种传记中都有体现。Android 团队为了克服专利的问题，甚至推动母公司谷歌一举并购了手机巨头 Motorola，而核心原因是为了获得 Motorola 在手机领域的专利（因此谷歌在不久之后又把 Motorola 出售给联想，而保留了专利资产），这在当时震动了整个科技界。

所以，在我看来，Android 的诞生是各种因素综合的结果，是正确的时机、正确的团队、正确的决定和大手笔的投资（想想 Motorola 的并购案）相乘带来的结果，缺一不可。在这个过程中，Android 团队发挥了绝对关键的作用。他们用快速迭代的版本，来解决创新过程中的软件质量与功能缺失问题。这种看似与传统研发流程相悖的实践，却实实在在改变了世界，值得所有人深思。

我们当年在做 Android 研发时，始终在问一个问题：谷歌为何耗费巨资做这样的移动操作系统，并且是用几乎"免费加开源"的方式与行业合作。当时听到一个说法，讲的是谷歌预见到移动时代的到来，并愿意加速这个时代的到来，因为他们深信，他们可以在每一次移动搜索中获益，而移动搜索的规模，将数倍于 PC 搜索。虽然他们可以从 iPhone 的搜索预置中获得分成，但他们还希望看到更多的移动设备能方便地访问移动互联网，这是他们全力推进 iPhone 的最大动力。

以上，就是我作为 Android 生态中的一名工程师和开发者关系布道师所能回忆起的最关键细节。而更多的 Android 开发的历史，还是要靠这本《安卓传奇》来揭示。在我印象中，这是第一本如此全面揭示 Android 开发秘史的书，而更难能可贵的是，这本书的作者不是一名记者，而是 Android 早期团队成员。所以，这是实实在在的历史亲历者，再也没有其他人更合适写这本书，除非是 Andy Rubbin 本尊（Android 系统的创始人）。

最后我有一个期待，期待 10 年后，国内有开发者或工程师愿意用自己的文字记录自己团队的故事。2002 年我刚加入 Motorola 时，曾经希望能用自己的代码影响百万人的生活。后来虽然没有实现这个愿望，却目睹了一个名叫 Android 的手机操作系统从一个简陋的系统到影响地球上数十亿人生活的过程，其间甚至间接带来若干科技巨头的沉浮。如今，一个新的时代"智能汽车时代"的壮丽画卷正呈现在我们面前，是该我们书写自己的故事的时候了。

张辉　公众号"辉哥奇谭"主理人

曾经在 Motorola、百度做手机及自动驾驶开发者生态工作，现在理想汽车战略部工作

2022 年 10 月，于理想 L9 车中

推荐序四

由外而内的安卓传奇

从 2003 年 Android 团队开始创业到今天已经快 20 年了。Android 也成了全世界最火的操作系统，全球有无数的设备运行着 Android，其中包括数亿部手机和其他各种智能设备。

然而对普通消费者来说，比如中国的用户，有些人都不知道安卓其实就是 Android，它的背后是一家叫作谷歌的公司。技术发烧友可能知道 Android 就是谷歌的产品，但是不一定知道 Android 是被收购来的。那些知道 Android 是收购来的人，可能也不了解将近 20 年的时间里，这个系统以及背后的团队经历了怎样的风风雨雨。

在 2010—2013 年，大家会默认谷歌做的产品就一定会成功。然而，后来谷歌放弃了无数在外界看来超级厉害甚至前景远大的项目，包括但不限于 Google 眼镜、Google Reader、Google Plus、Google Wave、iGoogle、Google Labs、Google Videos，等等。

所以，哪怕是今天看起来光芒万丈的 YouTube、Chrome 和 Android，曾经也有过自己的艰难时刻。这些东西如果没有《安卓传奇》这本书的记载，我们也很难从外界了解其端倪。

对谷歌来说，内部孵化的很多项目和收购的项目，哪怕一开始很被看好，但是在很多时候，也不是就代表着它们会一直得到全力支持。现实情况是，先投入看看，看到底是否可行。

但是，Android 团队克服了他们遇到的问题，抓住了转瞬即逝的移动互联网大爆发的机会，一跃成为全球最重要的操作系统产品之一。

对 Android 开发者来说，这本书可以让你了解很多 Android 开发过程中的内幕，了解今天的一些操作系统级别的取舍在当年是如何抉择的，从而帮助我们更深入理解 Android，做好自己的本职工作。

对其他类型程序的开发者和数码发烧友，以及想创业或者正在创业的朋友们来说，Android 经历的早创的艰难，一开始的定位跟现在完全不同，艰难的寻找投资和教育投资者的过程，被收购后的欣喜，以及团队成员进入大公司后的各种不适到逐渐适应的过程，一开始推出产品并不被市场认可到突然诞生爆款产品 Droid 而带来的增长的喜悦，等等，都能带来很多启发。

所以，这是一本值得你认真阅读的书。

Tinyfool
公众号"Tiny4Voice"主理人、资深创业者、移动开发专家

推荐序五

改变人类智能生活方式的传奇之路

2007年，当乔布斯拿出改变世界的 iPhone 时，诺基亚带着它的塞班 S60 V3 还在统治着这个行业。作为当时已经入行 3 年多的行业编辑，在拿到 iPhone 的那一刻，我和我的同行们意识到，这个行业的游戏规则已经改变。而当 App Store 上线之后，曾经坚不可摧的诺基亚帝国分崩离析。

把时间拨回 12 年前，也就是 2010 年，乔布斯带来了他的 iPhone 4，给功能机、塞班和 Windows Mobile 的"棺材板"钉上了最后一颗钉子。当时我在香港蹲了一夜，买到了首发的 iPhone 4，从此也进入了一个全新的 Smart Phone 世代。而在那一时刻我们也绝不会想到，离库比蒂诺仅 20 分钟车程，一个叫山景城的地方，还在折腾搜索引擎和广告业务的谷歌，已经暗流涌动。一款叫作 Android 的智能移动设备操作系统低调发布了它的 2.2 版本，那时离它 1.0 版本的发布已经过去了两年。后来的故事大家都知道了，从 2.2 版本开始，包括 HTC、小米、OPPO、vivo、华为都参与到 Android 的世界中来，Android 快速成长，目前其开源生态（AOSP）已经是全球最大的移动端操作系统了，不但覆盖了直板手机、Chrome 大屏设备（电脑、平板和折叠屏），还广泛应用于物联网设备和车机设备。

回头看这十几年 iOS/MAC 和 Android 的"相爱相杀"，不难发现，苹果采用的是一种极致的垂直整合，这种整合与硬件高度相关，包括对处理器、硬件架构、外围功能芯片和操作系统的整合，这也使得 iOS/MAC 更像一个整体方案。当然这种整合方式在提高设备效能的同时，也降低了其开放性和延展性。而谷歌对 Android 生态始终持有比较开明的态度，自身除专注于 Android 大版本的更新，更主要的是还专注于提高 GMS 的体验度。在这个过程中，包括 OPPO、vivo、三星、小米、华为、HTC 在内的全球主要 Android 生态厂商，都提供了巨量的代码和改进意见。Android 也不再是当年那个实验性的操作系统，而是广泛发展并成为聚集全球最强软硬件开发厂商的智能生态。

过去我们看过很多解读苹果和 Linux 革命家史的书，却很少看到解读 Android 发展的科技史著作，不得不说这是一个遗憾。所以，放在我面前的这本《安卓传奇》，是对科技史这一空白的有力补充。这使得我们不用在 Android 开发者网站和维基百科上阅读碎片化的知识。成体系地了解 Android 的发展史，有利于我们判断这一生态的发展前景。

《安卓传奇》的作者 Chet Haase 曾在 2010 年 5 月加入 Android 团队，负责界面动画和 UI 的开发。在他加入团队的时候，刚好是关键版本 2.2 发布之时，2.2 版本是一个有着历史性意义的版本，而在当年年底发布的 2.3 版本，则彻底奠定了 Android 的行业地位。这一年对谷歌 Android 团队或中国的手机开发厂商来说，都是值得纪念的一年，MIUI V1 发布，到了次年 3 月，承载着小米和雷军全部希望，也是 MIUI 史上最重要版本之一的 V3（基于 Android 2.3 版本）发布，意味着小米的故事也正式开始。

在这本书里，读者会随着 Chet 勾画的时间轴，从 2008 年 Android 1.0 版本开始去了解这一伟大生态的发展历程，包括那个机器人 Logo 是怎么来的，Android 一开始的定位和规划是什么样的，创始人 Andy Rubin 的故事，等等。读者会建立属于自己的知识地图，从而对 Android 发展史、关键人物、关键技术有一个清晰的认知。在这个过程中，我们可以结合由中外 Android 厂商在不同时间点发布的一些核心产品，去评价在不同历史阶段 Android 系统的优劣和得失。

《安卓传奇》并不是一本为谷歌和 Android 团队歌功颂德的作品，它以一个参与者、观察者的身份，客观记载了这一庞大生态系统发展的历史纪实，大面积填补了我们对 Android、智能手机、iOT 生态发展的缺失的记忆，同时引发我们对智能设备未来发展的思考。

阅读一本科技史传记，最大的作用应该是总结经验、思考未来，《安卓传奇》正是这样一部让我沉迷其中的作品。

李楠

工信部赛迪集团《中国计算机报》社前高级编辑、手机与通信内容主编

推荐序六

本书描述了一个令人惊讶的事实：看上去颇为普通，甚至在某种意义上说是一群失败的人，创造了 Android 这个优秀的手机操作系统。在 Android 早期团队中，很多人没有大学学历，按照谷歌的招聘标准，他们恐怕都没有资格进入谷歌工作。他们的职业履历也不亮眼，多数来自 Be、Palm、WebTV 或者 Danger 公司，而它们都不是成功的企业。本书描述的 Android 团队的真实面貌，与很多媒体擅于塑造的天才形象相去甚远，但正是这个团队，与乔布斯率领的苹果公司打得有来有往，并共同战胜了操作系统巨头——微软公司。

如果 Android 团队确有什么过人之处，也许是他们对工作保持着持续的热爱。他们中的大多数人从中小学阶段开始，就自发学习和研究编程，加入 Android 团队时，他们编写系统的工作经验已经超过十年。尤其考虑到当时的行业情况，在 2000 年左右，操作系统的商业竞争就已结束，微软的垄断地位完全确立。这意味着，他们当时从事操作系统开发，已经没有了商业前景。明知如此，其中绝大多数人也并未转行，而是继续投身其中，一直坚持到 2007 年之后手机操作系统的爆发。这些人对操作系统开发的热爱与坚持，非常令人敬佩。

大多数关于 Android 的书，都集中于产品技术、商业模式、经营策略，但 IT 产业能够致胜的真正根基，其实要归根于优秀的人才团队。本书通过生动记录 Android 团队的历史，刻画出了这个关键所在。

Luo Patrick
知乎十年新知答主

推 荐 语

作为智能手机近 15 年演进的历史见证者，我有幸收藏了 Android 之父 Andy Rubin 的两部经典产品：Hiptop 和 HTC G1。在今天看来，它们在外观和功能的设计上，绝对属于"脑洞大开"。如果你不了解这个背后的故事，可能只会觉得这是两个"怪胎"。但真是由于工程师们的这种偏执和执着，改变了一个移动互联的时代，也改变了数十亿人的生活方式，这本书正是记录了他们从零到一的研发故事。

——老麦　少数派创始人

Android 的崛起确实是个奇迹，彼时微软 Windows 生态拥有最多的开发者，而 Nokia Symbian 拥有最多的手机用户，可以说 iOS 开创了移动新时代，但没想到最后 Android 成为移动时代的王者生态。

本书作者是 Android 早期成员，他通过采访收集了大量珍贵资料，为我们再现了这一传奇的发展历程。相信 IT 领域的创业者、投资人、开发者阅读此书后，都会有所启发。我们正在经历下一场技术大变革，AI 生态、元宇宙生态、机器人生态会如何演化，我们从本书也能得到一点启示。

——蒋涛　CSDN 创始人及董事长、极客帮基金创始人

看到这本书，回想 2010 年我在研究 Android 系统时，因缺乏参考材料，基本上需要逐行去琢磨代码。那时候就想，多高天赋的人才能做出这么优雅的设计！看了这本书后，很多疑惑豁然开朗——Zygote 的想法来自 Emacs 的反转储特性，Activity 的灵感来源于 Palm OS，Binder 的设计更是追溯到 BeOS……从书中还可以看到许多天才——负责 Dalvik、Treble 的 Dan 和 Iliyan 分别从 7 岁和 8 岁就开始编程，最了解 Android 框架的 Dianne Hackborn 出身计算机世家……

推 荐 语

令人感叹，Android 的成功不是偶然！刚好此时我们正在思考和设计面向万物互融时代的新型操作系统，本书对我们来说就是一面镜子——以史为鉴，不忘初心，沉心静气，砥砺前行，静待花开。

——罗升阳　《Android 系统源代码情景分析》作者、OPPO 潘塔纳尔首席架构师

阅读本书的过程中，亲切感不断涌上心头，它从回忆录的角度为我们讲述了我们所熟知的 Android 各个模块的诞生历程，通过一个个故事为我们解开了非常多的谜题：为什么选择 Java？Dalvik 是如何诞生的？Zygote 为何这么设计？为什么使用 Binder？等等，非常值得回味。

——张鸿洋　wanandroid.com 站长

这是每个安卓开发者都该看的关于安卓的发展史，以及有关安卓初创团队的创业故事。看完后我仿佛回到了那个闷头敲代码、一心改变世界的纯粹阶段，致敬每个曾经有过改变世界梦想的开发者们！

——stormzhang　Android 前开发者、现创业者

我们总是强调选择大于努力，安卓团队不仅选择努力，更选择热爱。团队会影响行为、激发创造，同一个人在不同团队的表现可能会天差地别，所以在我们的职业生涯中好团队可遇不可求，碰上是莫大的幸运，我们千万要珍惜。时光一去不回头，再回首，峥嵘岁月稠。

——史海峰　公众号"IT 民工闲话"作者

这是一本难得由 Android 团队内部人员亲自撰写的关于 Android 的回忆录。在当时，即便是一个在操作系统领域开发和管理经验都非常丰富的团队，如果想造就 Android 今天的成功，那也是一件不可思议的事情。大到对商业模式、开源、编程语言选择的思考，小到单用户单应用设计、图形渲染设计、自动化工具搭建等前瞻性考虑，本书都做了充分的介绍，相信会让广大"Android 同学"受益匪浅。如果你恰好有一定的 Android 开发经验，在阅读这本书的过程中心情一定会非常愉悦，你会偶遇不少早期 Android 开发的技术点和相关人物。

——吴更新（Trinea）　开发助手 App 作者、codekk.com 站长

这是一本关于一个简单想法如何发展成为全球使用用户最多的移动端操作系统的故事。作者 Chet Haase 是 Android 视窗系统的核心开发者，也是 Android 性能优化方面的专家。正是得益于他与其团队的杰出工作，最终他们给广大用户提供了高效且流畅的动画效果，以及优雅且好用的编程控件。身为 Android 团队的早期成员，由他来讲述 Android 系统演变故事，其真实性与完整性是有保障的。

书中有大量珍贵的照片，以及作者与主要开发者的访谈记录，也有许多技术背后的故事，当然也包含技术决策者们的思考，比如 Android 为什么要采用 Java 作为首要开发语言？如果你是 Android 从业者，不管你是对 Chet Haase 大神的崇拜，还是对 Android 系统发展壮大的历史感兴趣，这本书都值得一读。

——高建武　Android Performance 博主

其实我不赞同把这本书当作 Android 史来读——尽管它的确是按照时间对访谈内容进行排序的。这不是说这本书不够精确，恰恰相反，书中能看到很多作者作为亲历者和采访者竭力记录下来的细微碎片。如果你对早期 Android 毫无了解，这些"过分"丰富和真实的碎片会让你在"这事儿啥时候发生的？"和"天哪，我找到时间轴了！"之间反复徘徊。

如果你想从这本书里寻找那种充满成功学意味的历史总结，那一定找错了地方。

但也正因如此，这本书对于科技爱好者来说才如此有吸引力。碎片本身是随机的、混沌的，正如 Android 的成功也存在极大的偶然性，模仿 Android 早期的这些故事碎片，并不能让你再缔造一个 Android。但如果你平和一点，不去想通过"一本书了解 Android 发家史"，这本书会让你更加真实地回到近 10 年前谷歌大楼的走廊上，陪伴 Android 这个伟大操作系统的名字从四处碰壁到名扬天下。

记录本身就弥足珍贵。

——某 bit　知乎手机话题优秀答主

在今天，我们对"Andriod"或者"安卓"耳熟能详，它是全世界最大、影响范围最广和使用人数最多的操作系统，但在 2005 年谷歌收购它的时候，或者更早，2003 年 Andy 创立它的时候，Android 的命运并不是这样的。

最初的 Android 甚至是一个面向专业相机的操作系统而不是手机，当它转向手机的时候，面对的是微软、塞班这样的巨无霸级别的对手，包括 2007 年横空出世的乔布斯的 iOS。从 2003 年 Android 的成立，到 2009 年和摩托罗拉合作的 Droid 的推出，Android 正式在市场上站稳脚跟，并展现出极其可怕的竞争力。过去了六年，这其中的故事是什么样的呢？由 Chet Haase 创作、徐良先生翻译的这本《安卓传奇》，给我们揭开了这个伟大征程的神秘面纱，这个故事，我相信很多人都会感兴趣。

——小蒜苗　自媒体人

在全球化的时代，我们并不关心自己用的是什么操作系统，只关心好不好用，就好像我们下馆子不会关心厨师的道德水平。而逆全球化的时代，则迫使我们必须关注操作系统的从属与始末。如果你想要从头开始了解操作系统到底是怎么一回事的话，最好的办法就是从全球用户量最多的操作系统开始，去了解它是如何诞生和发展的，而《安卓传奇》就是一个很好的选择。它非常详细地介绍了 Android 团队是如何从零开始，从底层一步一步把 Android 系统搭建起来的。

——代天宇（网名：学写作的丧失）　知乎手机话题优秀回答者

从 2012 年接触 Android 至今，我已经做了 10 年的 Android 开发了。在这 10 年中，我一直用的是 Android 手机，见证了 Android 系统的逐渐成熟，以及对它从嫌弃到离不开的转变。曾经被吐槽的问题逐步被修复，如今的 Android 系统有着很好的用户体验，成为最成功的移动端操作系统；曾经很难找到成体系的学习资源，想上手也很困难，如今无论是 IDE、库和框架，还是学习资料，都大幅降低了开发者上手和开发的难度；除此之外，Android 还向各家手机厂商学习，引入优秀的技术和交互方案，每个系统版本都能看到 Android 的进步。如果你想了解 Android 的成长历程、想对 Android 的整体框架有更深入的了解，强烈推荐阅读这本书，你会从中大有收获。

——张明云　知乎编程、安卓开发话题优秀回答者

我们往往过度聚焦于 Android 对手机发展的贡献，而忽略了它在泛电子产品领域的王者地位。仔细观察你会发现，身边带屏幕的甚至不带屏幕的泛电子产品都在用安卓系统，比如，收银台、KTV 点歌屏、行车记录仪、POS 机、汽车中控、儿童手表、玩具遥控器，等等。Android 系统服务我们生活的方方面面。

Android 免费开源的特性让它迅速占领了这方面市场，其易用性和快速的更新迭代更是让使用这些设备的用户受益。现在的年轻人以为这些设备生来就该这么好用，而事实是在 Android 系统普遍被运用之前，这些设备毫无人性化操作可言。要理解这个变化，你得用一定的年华来经历，而另一个有效途径就是看这本书——《安卓传奇》。

——李杰灵　趣评测创始人

译 者 序

"他们从学会站立那一刻起便开始接受战斗的洗礼。他们被教导永不退缩，永不投降。等长到七岁，他们被投放到一个残酷的暴力世界。他们被放诸荒野，频频接受考验，只靠自己的智慧和意志对抗暴虐的大自然。他们在荒野的那段时间，要么成为勇士归来，要么尸骨无存……"

上面这段话描述的是斯巴达的婴儿在成为勇士之前的启蒙经历。早期的Android像极了斯巴达的婴儿。2005年，谷歌买下了刚成立两年左右的Android团队，但被巨头收购并不意味着就进入了护城河的界内。尽管谷歌承诺不会像对其他被抛弃的收购项目一样对待Android，但其用意也很明显："谷歌在Android上的投入并不是因为想要全力支持它，而是想通过赞助的方式看看它是否可行。"刚加入谷歌的Android团队甚至都没有固定的办公室，只能在走廊办公，在会议室里搭帐篷……因为Android是秘密项目，在谷歌内部鲜有人谈及，甚至在头几年很多人都不知道它的存在。

Android就像是谷歌内部的一家初创公司，有着不同的团队文化和做事风格。Android在谷歌的日子如履薄冰，稍不小心就可能葬身大海。被收购的Android必须避免成为斯巴达的"弃婴"，从签下卖身契的那一刻起就开始接受战斗的洗礼。它被放诸荒野，只能靠自己的智慧和意志在当时竞争异常激烈的手机市场站稳脚跟，跟斯巴达的婴儿一样，要么成为勇士归来，要么尸骨无存！

2008年，Android 1.0发布，搭载这个系统的G1手机也紧随其后上市销售。然而G1的市场反响并没有如预期的那么热烈，尽管苹果公司有人担心G1会对iPhone造成威胁，以至于特地跑到旧金山的商店里买了一部带回苹果公司研究，然后得出结论："G1产品本身并没有在库比蒂诺[1]引起太多恐慌"。真正让Android名声大噪的是与摩托罗拉合作推出的Droid，

---

1 硅谷核心城市之一，苹果总部所在地。

译 者 序

这款手机的成功销售开启了Android市场份额"曲棍球棒"[1]式的增长。

作者把 Android 的成功归结为"站在了巨人的肩膀上"。然而,这个"巨人"并不是谷歌。初始的 Android 团队里几乎没有谷歌的人,成员主要来自之前的几家公司。首先是于 1990 年成立的 Be,主要产品是操作系统 BeOS,后被 Palm 收购。其次是于 1995 年成立的 WebTV,主要产品是网络电视,后被微软收购。最后是于 1999 年成立的 Danger,主要产品是数据交换设备。来自这三家公司的核心技术人员几乎已经涵盖了开发一个手机操作系统所需核心组件的方方面面。得益于他们的集体经验,谷歌才能在很短的时间内向市场推出标志性的操作系统和手机。如果再迟一点,Android 就会被挤出手机市场,成为一个历史的脚注。所以,如果要追溯 Android 的历史,不能只从谷歌收购 Android 开始,而应该向前追溯其他三家公司。这好比一棵树,你可以看到暴露在地表的树干和叶子,但扎在土里的根才是保证树木屹立不倒并汲取养分的关键。

然而,即便有了谷歌的资金和来自各方的人才,也不足以在短时间内开发出一款有竞争力的手机操作系统。被收购后,Android 团队唯有保持莽性,才能在最短的时间内拿出最好的成果,证明自己存在的价值。Android 团队的工作氛围与谷歌完全不同,他们总是过度工作,以至有人把这种工作节奏称为"Android 团队的硬通货"。有趣的是,这种高强度的工作节奏与现今的"内卷"和加班"福祉"不同。他们完全是自发的,不是为了股票期权,也没有人要求他们这么做。在 Android 团队里,有人觉得自己不够聪明,希望通过努力来弥补受教育的不足,有好几回,只要人是醒着的,就一定在做事。有人经常凌晨才回到家,本想通过玩游戏来放松身心,却发现玩的仍然是监督软件项目的游戏。有人经常见不到家人,只好让妻子到公司一起共进晚餐。高强度的工作甚至让想加入 Android 团队的人闻风丧胆,但这种自发性具有很强的凝聚力,就像魔法一样推动着他们不断向前迭代。或许,在现今十分浮躁的年代,我们很难再找到这种纯粹的情怀。

促使 Android 取得成功的因素有很多,除了上面提到的这些,还有决策层的果断、团队合作、时机、竞争与合作,等等。作者花了 4 年时间采访 Android 团队成员,才得以把这些宝贵的故事保留下来。因为作者担心随着时间的推移和人员的流动,这些故事会逐渐被淡忘。

本书按照时间线从 Android 的诞生开始说起,一直到标志性的 Android 1.0 发布,再到开启 Android 市场份额爆发式增长的 Droid 手机上市。全书共分 5 个部分,第 1 部分讲述了 Android 被谷歌收购之前以及被收购之后组建初始团队的故事。可以说,Android 的前身其实是一个相机操作系统。在那个年代,大众对手机的需求胜过相机产品,好在创始人及时调

---

[1] 因销量曲线与曲棍球棒外形相似得名,多为前期低迷后迎来突然增长。

整方向做了手机，否则可能就没有现在的 Android。

第 2 部分讲述了 Android 团队在谷歌构建 Android 操作系统和平台的故事。这一部分占全书最大篇幅，涉及手机操作系统组件的方方面面，也是与技术最为相关的部分。

第 3 部分讲述了团队中发生的趣事，包括团队文化、与谷歌的不同，以及团队的做事风格。

第 4 部分讲述了 Android 的发布过程，包括 SDK 的发布、操作系统的发布、系统的命名、硬件的发布，以及为 Android 市场份额增长做出巨大贡献的摩托罗拉 Droid 和三星系列手机的发布。

第 5 部分总结了 Android 取得成功的原因。

原版书的作者是谷歌的工程师，也是一名写作爱好者，还有着非常不错的幽默特质。他花了 4 年时间做采访，然后顺着时间线精心安排故事结构，为我们呈现了 Android 团队鲜为人知的第一手内幕故事，并在书中融入了他个人的幽默风格。能读到这些精彩的故事，我们要感谢作者呕心沥血的付出。

现在，就让我们开始这趟 Android 探索之旅吧。

徐良

2022 年 7 月

目 录

背景介绍 1

第一部分　开端

1. Android……相机操作系统 11
2. 农场团队 13
   - Be 14
   - WebTV/微软 17
   - Danger 17
   - Nick Sears 和移动数据 18
   - 齐聚一堂 20
3. 发展壮大 23
   - Brian Swetland，Android 的第一位工程师 23
   - Andy McFadden 和演示 26
   - Ficus Kirkpatrick，Android 的最后一名员工 27
4. 融资 29
   - 演示时间 29
   - 移动机遇 30
   - 开放平台的机会 31
   - 盈利 34
   - 推销梦想 35

5. 收购 38
   6. 在谷歌的日子 40
      在谷歌招聘 41
      Chris DiBona 和他的招聘解决方案 42
      Tom Moss 和他在东京的招聘 44

第二部分　构建平台

   7. 系统团队 49
      Brian Swetland 和内核 50
      Ficus Kirkpatrick 和驱动程序 51
      Arve Hjønnevåg 和通信模块 52
      Iliyan Malchev 和蓝牙模块 54
      Nick Pelly 和蓝牙模块 55
      San Mehat 和 SD 卡机器人 58
      G1 之后：Sapphire 和 Droid 62
      Rebecca Zavin 和失宠的设备 63
      尴尬的重启 Bug 64
      Mike Chan 和 B 团队 67
      安全毯 67
      B 团队 71
      构建健壮的系统 71

   8. Java 74
      选择编程语言 74
      运行时 78
      Dan Bornstein 和 Dalvik 运行时 80
      Zygote 83

   9. 核心库 85
      Bob Lee 和 Java 核心库 86
      Jesse Wilson 和糟糕的 API 88

  10. 基础设施 90
      Joe Onorato 和构建系统 91

Ed Heyl 和 Android 的基础设施..92
测试、测试..93
精益的基础设施..96

11. 图形...97

Mathias Agopian 和 Android 的图形..98
系统基础..99
PixelFlinger..100
SurfaceFlinger..102
硬件编配器..103
Mike Reed 和 Skia..104

12. 多媒体...107

Dave Sparks 和铃声..107
Marco Nelissen 和音频...108
AudioFlinger...109
遭人唾弃的代码..110

13. 框架...112

Dianne Hackborn 和 Android 框架..113
Activity...116
资源...117
窗口管理器..118
软键盘...119
自下而上的 Jeff Hamilton..120
Binder...122
数据库...123
联系人及其他应用..124
破坏王 Jason Parks...125
框架工程...126

14. UI 工具包...127

Mike Cleron 重写 UI 工具包..128
Eric Fischer 和 TextView...131
Romain Guy 和 UI 工具包的性能..134
Launcher 和应用程序..137

   屏幕密度 137
   工具包的性能 138
15. 系统 UI 和 Launcher 139
   Launcher 139
   通知 141
   动态壁纸 143
   Android 的脸 144
16. 设计 146
   Irina Blok 和 Android 吉祥物 146
   开绿灯 149
   Jeff Yaksick 和 UI 设计 150
   Android 公仔 151
17. Android 浏览器 155
   浏览器战争 155
   Android 需要一个浏览器 156
   黄威和 Android 浏览器 157
   Rich Miner 组建团队 159
   葛华、WebView 和 Android 浏览器 160
   Cary Clark 和浏览器图形 161
18. 伦敦团队的使命 165
   Dave Burke 和伦敦的移动团队 166
   Andrei Popescu 和伦敦的浏览器团队 167
   Nicolas Roard 和前期工作 168
   Android 和 Web 应用 169
19. 应用程序 170
   移动应用生态系统 170
   Cédric Beust 和 Gmail 171
20. Android 服务 176
   Debajit Ghosh 和日历 177
   Michael Morrissey 和服务团队 178

　　　　火警 181
　　　　Dan Egnor 和 OTA 182
　　　　陈钊琪和 CheckIn 服务 187
　　　　卓越的服务 188
21. 位置、位置、位置 189
　　　　Charles Mendis 和 Bounce 189
　　　　地图 193
　　　　导航 195
22. Android Market 197
23. 通信 200
　　　　Mike Fleming 和电话功能 200
　　　　黄威和消息通信 204
　　　　SMS 206
24. 开发者工具 208
　　　　Xavier Ducrohet 和 SDK 209
　　　　David Turner 和模拟器 211
　　　　Dirk Dougherty 的文档：RTFM 214
25. 精益的代码 216
26. 开源 218
27. 管理上的那些事 224
　　　　Andy Rubin 和 Android 的管理 224
　　　　Tracey Cole 和 Android 的行政 225
　　　　Hiroshi Lockheimer 与合作伙伴 225
　　　　Steve Horowitz 和工程团队 229
　　　　世界移动通信大会 230
　　　　管理冲突 231
　　　　离开 Android 231
　　　　Ryan PC Gibson 和他的甜点 232
　　　　甜点时间 234
　　　　吴佩纯和项目管理 234

28. 商业交易 236
    Tom Moss 和商业交易 236
    随遇而安 237
    发布合作设备 238

29. 产品与平台之争 239

第三部分　Android 团队

30. Android != 谷歌 245
    Web 与移动 246

31. 狂野的西部 248
    Android 与谷歌 249

32. 有趣的硬件 251
    防干扰机枪 251
    神秘的端口 252
    网络开关 253

33. 有趣的机器人 254

34. 更努力，而不是更精明 256

35. 培根星期天 259

36. 来自巴塞罗那的明信片 261

第四部分　发布

37. 竞争 265
    Android 开始受关注 267

38. 在库比蒂诺那边 269

39. 发布 SDK 272
    2007 年 11 月 5 日：开放手机联盟 273
    11 月 7 日至 8 日：行业接待 273

11月11日：SDK 发布 274
命名这回事 275
Android 开发者挑战赛 276

40. 1.0 冲刺 279
兼容性的代价 280
性能 282
Bug、Bug、Bug 282
复活节彩蛋 282
应用程序 283

41. 1.0 发布 284
9月23日：SDK 发布 284
9月23日：T-Mobile G1 发布 285
10月21日：开源 286
10月22日：T-Mobile G1 上市 286

42. G1 的反响 288

43. 都是甜点 290
1.0 R2：2008 年 11 月 291
1.1 Petit Four：2009 年 2 月 291
1.5 Cupcake：2009 年 4 月 291
1.6 Donut：2009 年 9 月 292
2.0 Eclair：2009 年 10 月 293

44. 早期的设备 294
1.0 之前：Sooner、Dream（HTC G1）等 295
Sapphire（HTC MAGIC） 295
摩托罗拉 Droid 295
Passion 和 Nexus 296
Brian Jones 和设备分发 297

45. Droid 成功了 301

46. 三星及其他 306

47. 曲棍球棒 308

第五部分　为什么 Android 会成功

48. 团队 313
    合适的经验 313
    正确的态度 314
    合适的规模 314
    正确的领导 314

49. 决策、决策 315
    功能：吸引用户的杀手锏 315
    工具：形成应用生态系统 316
    商业：形成设备生态系统 317
    收购：根牢蒂固 318

50. 时机 319
    竞争与合作 321
    移动硬件 321
    招聘 322
    执行 322

51. 成功了？我们还在这里！ 323

附　　录

附录 A　术语 327
附录 B　相关内容 334
附录 C　人物清单 337
附录 D　致谢 340

背景介绍

2010 年 5 月中旬的一天,我走进谷歌园区 44 号大楼,这是我加入 Android 团队的第一天。离我办公桌不远的地方摆着至少六台用来烹煮各种咖啡的咖啡机。这里的人对咖啡因如此讲究,让我感到十分惊讶,但这种惊讶并没有持续太久。

这个团队正在准备交付一个Android版本[1],同时开始着手下一个版本[2]的开发工作。这两件事情都很难,很耗时,也很关键,因为他们希望Android能够在拥挤的智能手机市场占有一席之地。他们总给人一种朝着一个目标狂奔的感觉,竭尽所能去做,但又不知道是否能做到。工作节奏很疯狂,但工作内容令人兴奋——不仅仅是因为咖啡因。这种兴奋来自团队无论付出多大努力都要实现目标的专注。

开发 Android 与我以往的职业生涯截然不同。

最初,我在明尼苏达州的一家老公司开始了朝九晚五的工作。这家公司的员工把整个职业生涯都奉献给了公司,每年感恩节,退休人员都会从公司那里领到一只免费的火鸡。我似乎一眼就能望到头,每周工作 40 小时,然后慢慢等待晋升,直到退休领火鸡。

---

1 Android 2.3 Gingerbread(姜饼)。
2 Android 3.0 Honeycomb(蜂巢)。

不到一年，我就觉得无聊透顶了。第二年，我离开这家公司去攻读研究生，重启我的技能，找回我真正喜欢的东西：计算机图形编程。研究生毕业后，我去了硅谷，这是一个充满机遇的地方。[1]我加入了Sun公司，在那里待了几年，直到另一份有趣的工作向我招手。

在接下来的几年里，我在不同的公司之间跳来跳去，做过不同的技术工作，认识了各种各样的人。我工作过的公司有 Sun 公司（先后几次）、Anyware Fast（一家由几个朋友创办的外包公司）、DimensionX（一家互联网初创公司，后来被微软收购）、英特尔、Rendition（一家 3D 芯片初创公司，后来被美光收购）和 Adobe。

我父亲退休前在美国海军服役了 21 年，他一直对我频繁换工作感到不满意。养老金怎么办？有工作保障吗？家庭能稳定吗？

他不知道的是，在硅谷以及越来越多的高科技领域，不管是过去还是现在都是这样的。每做一份新工作都为我未来的发展贡献了新技能。对于所有辗转于科技公司之间的工程师们来说事实都是如此。我们不断培养新技能，并在创造各种产品的过程中不断吸取经验。正是这些不同的经验背景为开发新项目提供了必要的技能，让我们能够解决未知的问题，并提供创新的解决方案。

2010 年，另一个机会出现了。我共事过（并一起写过一本书[2]）的一位朋友Romain Guy（2005 年的时候他是Sun公司的一名实习生）遇到了一个问题。他在 2007 年加入Android团队，因为太忙没有时间开发动画系统，但他知道这应该是我喜欢的项目。经过了几轮面试，5 个月后，我加入了位于山景城谷歌园区 44 号大楼的Android UI工具包团队，开始了比以往任何时候都更加努力的工作。

我开始创建新的动画系统，优化底层性能，开发图形组件，为即将发布的版本努力工作。我在这个团队工作了很多年，开发与图形、用户界面和性能相关的代码，并成为团队负责人。

我在 Android 之前的大部分项目都非常有趣，但缺乏"可见度"。如果我的家人问我是做什么的，我会告诉他们我在开发软件。然后我会用一种轻描淡写的方式描述哪些应用程序可能会用到我开发的东西，事实上他们永远都没有机会看到，因为我开发的都不是人们能够在现实世界中直接接触到的东西。

---

1 或者至少是科技公司的领地，如果你希望在这个领域找到工作，可以来这里试试。

2 书名是 Filthy Rich Clients: Developing Graphical and Animated Effects for Desktop Java™ Applications。但是我不推荐。本来如果你喜欢这本书，也可以看看我写的其他书。尽管我喜欢那本书，但必须坦白，它的内容可以追溯到 2007 年，有技术上的代沟，毕竟讲的至少是几十年前的东西了。

后来，我加入了Android团队，开发了全人类每天都会使用的软件[1]（只要Android能够生存下就能这样说）。

挑战

> "我们不知道它会失败还是会成功。但当它成功时，我想人们会既惊讶又兴奋。"
>
> —— Evan Millar

早期的 Android 团队由很多经验丰富、观点鲜明的人组成。他们对自己构建的东西很有信心，但发布最初的 1.0 版本对他们来说也是一场殊死之战。

这个团队的目标是，创建 Android 操作系统，包括所有的底层内核、硬件驱动和平台软件，除此之外，还需要提供应用程序 API、应用程序开发工具、与平台捆绑在一起的应用和应用程序后端服务。另外，他们还想让这些东西与一款新手机一起发布。

这些东西将免费提供给手机厂商。厂商负责制造硬件，Android 团队负责提供软件。有了这个操作系统，手机厂商就可以专注于硬件产品，将日趋复杂的软件问题留给 Android 团队。与此同时，Android 团队为应用开发者提供了一个统一的平台，他们只需要开发一个能够在所有设备上运行的版本，不需要为不同的设备开发不同的版本。

Android 团队的背后有谷歌在提供资金支持，内部有一批擅长开发大规模软件的工程师和一个专门的产品团队，外部则是一个快速增长的智能手机市场，他们怎么可能会失败？事后看来，Android 的成功似乎是必然的。

但在早期，这个团队的生存环境非常不一样，Android 的持续发展如履薄冰。

一方面，这个团队确实有谷歌在提供资金支持，但Android只是谷歌投入的众多项目之一。谷歌在Android上的投入并不是缘于想要全力支持它，他们只是想通过赞助的方式看看

---

[1] 同时也写 Bug。唯一没有 Bug 的是那些还没有被写出来的代码。我们尽可能多地进行测试，但现代软件系统的复杂性意味着 Bug 是不可避免的。关键是我们要确保这些 Bug 不是致命的，而且一旦发现，就要将其修复，然后继续写更多的代码（和更多 Bug）。

它是否可行。[1]

另一方面，Android要加入的赛道已经有很多根深蒂固的竞争对手，对于新玩家来说并没有非常明确的机会。在低端市场，诺基亚手机遍布世界各地。Danger、黑莓和Palm都为它们富有激情和忠诚度的用户推出了有趣的智能手机产品。[2]除此之外，还有各种各样的微软手机可供选择。在软件行业工作过的人都知道，如果你要与微软竞争[3]，一定要小心谨慎。

2007年，苹果公司也进入了这个市场，本已拥挤不堪的领域又多了一个竞争者。在手机领域，苹果可能是一个新手，但它已经在操作系统、消费数字设备和iPod方面取得了良好的成绩。

这些公司早在Android正式发布第一个版本（更不用说发布硬件产品了）之前就已经站稳了脚跟。

为了在这个残酷的市场中生存下来，早期的Android团队将精力放在了1.0版本上。每个人都专注于这个目标，大多数人在这个疯狂的时期马不停蹄地工作。

不过，虽然每个人都知道他们想要开发一个操作系统，但对该如何开发、是否会取得成功，甚至正在开发的东西对不对，并没有达成一致。工程师Andy McFadden说："很多人有着非常执着的立场，如果出现不一致的意见，局面就会变得非常有趣。"

尽管Android随着第一款手机发布了1.0版本，团队成员也仍然不清楚这个项目是否会取得成功或继续存在。技术经理Ryan Gibson说："在最初的几年里，Android内部弥漫着一种身处劣势的氛围，徘徊在失败边缘的我们，必须通过努力工作来守护已经取得的每一点进步。成功远非定局。我们落后了别人一年，如果再晚一点，我们可能会成为一个历史的脚注，而不是一个可行的替代品"。

在我加入团队的那几年，我听说了Android早期艰辛的发展历程——每个人都非常努力地在充满竞争的平台中争得一席之地。然后，在我工作期间，我看到Android取得了一定程度的成功，那么问题来了：这是如何做到的？也就是说，在Android的发展过程中，是什么

---

1 与此同时，谷歌也在Web技术领域进行了类似的战略投入，开始开发浏览器（Chrome），因为知道自己至少也需要在这些领域做一些探索，以防未来的市场可能被其他公司占领。

2 在这里，我对"智能手机"的定义非常宽泛。这个词刚开始是指手机加数据，基本上就是一个用户可以在上面通过电子邮件和即时消息等方式进行通信的更丰富的通信设备。如今，智能手机所涵盖的远不止这些，它还包括应用程序、游戏、触摸屏，以及在有了数据套餐之后出现的大量新技术。

3 初代iPhone产品营销总监Bob Borchers说："你永远不要忽略微软。他们会持续投入资金，直到推出真正的产品。"就像我的一位同事多年前说的："当微软要进入你的市场时，请你赶紧离开。"

让它在早期的脆弱阶段取得了惊人的增长？

之所以想写这本书，是因为我意识到 Android 的故事最终会消失，因为开发它的人转去了其他项目[1]，曾经发生过的事情也将被淡忘。2017 年，我开始与早期的团队成员交谈，并把谈话内容记录下来，这一切都为了让这些故事得以保留。

实现细节[2]

这是一个很长的故事（这本书最终的内容比我刚开始时设想的要多得多，尽管比初稿少了很多）。这里有一些技巧，可以帮你把内容组织得更清晰一些。

首先是关于 **Android** 这个词。最令本书的编辑抓狂的一件事情是，我经常用 Android 指代所有的东西，从初创公司到被谷歌收购后的团队，再到软件平台、手机产品、开源代码和某些人的昵称。

问题是 Android 团队就是这么用这个词的：它指的就是原来的初创公司，也指被谷歌收购后的部门，还指软件、手机、生态系统和团队。

动画片《瑞克和莫蒂》中有一集[3]，不同星球的居民以各种看似无关的方式使用 **squanch**（英语字典里没有的一个词）这个词。最后，瑞克解释说："squanch 的文化更偏向于语境而非字面。你只要说出你的 squanch，人们自然会明白。"

Android 就是这样。你只需说出"Android"，人们自然会理解。

其次，故事是按照时间的顺序来讲述的。也就是说，我按照时间流向的方式描述发生的事情以及与这些事情相关的人，因为以时间为序是一种组织复杂事件的有效方式。当然，我们不可能严格按照时间顺序来讲述这些故事，因为很多事情是同时发生的。所以你会发现，我可能会先讲述某些人开发 1.0 版本的故事，然后再倒回去讲述其他人的故事。

---

[1] 正如上文中我频繁更换项目和公司的亲身经历，不管是在谷歌、Android 团队，还是在其他技术公司，这样的事情都千真万确。工程师习惯迁徙。

[2] 在进行工程性讨论时，当有人想要专注于大的想法，而不是陷入如何实现的繁文缛节时，就会使用"实现细节"这个词来反向限定范围。当然，软件项目的实现实际上是困难且耗时的，所以回避"实现细节"就像是在假定，即使没有水下那部分，冰山的一角也能很好地漂浮在水面上。

[3] 第 2 季第 10 集：The Wedding Squanchers。

说到时间，这本书的故事从Android诞生开始讲起，一直到2009年年底。其中大部分都发生在2008年年末1.0版本[1]发布之前。到了1.0版本，支撑Android未来发展的大部分东西都已就位。时间线又向后延长了一年，到2009年年底，摩托罗拉在美国推出Droid，Android未来的成功初露端倪。

最后，我希望所有人都能读懂这本书，而不仅仅是那些了解（可能还会真正关心）技术细节的软件工程师和硬件工程师。我尽量避免讲解过于技术性的东西，这样就不会让读者感到乏味。但是，如果不使用"操作系统"这样的术语，就很难描述一个操作系统是如何开发出来的。对于那些不以写代码为生的人来说，"操作系统"可能是个陌生的词汇。我试着按照我的方式给术语下定义[2]，但如果你在某个章节卡住了，想知道API是什么，或者想知道我说的CL是什么意思，请查看附录的"术语"部分。

就这样开始了

2017年8月[3]，我开始采访早期的团队成员，从与Dianne Hackborn和Romain Guy的午餐聊天开始。[4]在接下来的几年里，我陆续采访了早期团队的大部分人（主要是面对面，有时也通过电子邮件）。

在进行面对面采访（现场或通过视频聊天）时，我带了一个录音麦克风，[5]因为我意识到仅有手写笔记是不行的。Dan Sandler和Dianne Hackborn说话的速度比我脑子转得都快，更不用说把内容写下来了。另外，把对话录下来，我就能够更多地参与到对话中，而不只是疯狂地记笔记。

我在这些采访上花了很多时间。由于书面文本比音频更容易查阅和搜索，我又花了更多

1　1.0版本是第一个面向消费者的版本，也是第一个其他厂商可以用来推出Android设备的版本。1.0版本最初只运行在G1手机上。

2　我使用了大量的脚注，你也应该这样做笔记。

3　当我在2021年2月再次阅读这一章时，我意识到我写这些Android故事所花的时间比Android团队开发这个操作系统和发布1.0版本所花的时间还要长。

4　采访技巧：进行录音采访时，不要选择在午餐时间，否则你的大部分时间会浪费在重听咀嚼食物的声音上。

5　我也经常带上我的朋友兼同事Romain Guy，他是早期Android团队成员之一，帮我组织了多次采访。

背景介绍

时间将对话转录成文本。[1]我花了很多宝贵的时间来听、抄写和阅读这些对话内容，在这个过程中我意识到：这些对话不仅仅是为了写作本书而做的研究，它们本身就是一本书。我本来打算把采访作为背景资料来帮助我了解大局、时间顺序以及一些我不可能发现的细节，但我没有预料到的是，他们每个人都用自己的语言讲述着美好的故事。

我在这本书中引用了很多采访原话。事实上，我尽可能地引用原话，而不是从我的角度进行描述，因为好的故事应该从当事人的角度来讲述，他们每个人都用自己的语言表达他们对事件的独特看法。

请随我一起加入这个深入了解 Android 核心的旅程，透过当事人的声音，听听这个团队和操作系统的成长故事。

---

1 另一个采访技巧：如果你必须这么做，那么就买一款能够让你以接近打字速度播放音频的软件。对我来说，打字速度大概是正常讲话速度的 40%，具体取决于采访对象。这种方法唯一的缺点是，因为速度太慢，被采访的人听起来像喝醉了。更好的做法也只能是，等待技术推陈出新来帮你解决问题。2020 年，当我正在录制最后几段对话时，谷歌发布了一款可以录制音频并自动转录成文本的 Android 应用。科技进步的步伐令人心生喜悦，只是有时候有用的技术来得太迟，难免令人叹息万分。

第一部分
开　端

"在一开始没有什么是必然的。阻碍 Android 成功的因素有很多。如果你想让这样的事情再次发生,我认为是不可能的。这里面一定有魔法发挥了作用。"

——Evan Millar

1.
Android……相机操作系统

"Wi-Fi 接口开始出现在更好的单反相机上。这些东西变得越来越强大,但 UI 却很糟糕。"

——Brian Swetland

开始,Android 想要打造一个叫作 FotoFarm 的数码相机平台。

2003 年,数码相机技术变得越来越有趣。数码单反相机配备了高质量的镜头和越来越大的传感器,可以捕捉到越来越多的细节,并保存成数字图像文件。但是,这些相机所使用的软件还不是很好。

Andy Rubin 之前创办了一家叫作 Danger 的手机制造公司,后来离开了,想要寻找新的项目。他和以前在 WebTV 的同事 Chris White 一起创办了另一家新公司,想要开发更好的相机软件。他们在 2003 年年底创办了 FotoFarm,专门为数码相机提供操作系统,Andy 担任首席执行官,Chris 担任首席技术官。他们设想的软件将提供更好的 UI 和网络,以及运行应用程序的能力。他们的软件与先进的相机硬件相结合,将摄影、成像功能和用户体验推向新的高度。

Chris 告诉 Andy，他觉得他们应该可以想出一个比"FotoFarm"更好的名字。Andy 手头上有个叫作 android.com 的域名，所以他们把名字改成了 Android，并聘请设计公司 Character 帮他们设计公司标识，包括 Logo 和名片。

他们希望投资者们能够对他们设想的 Android 相机平台感兴趣，但实际上没有人关心相机，人们谈论更多的是手机。

Andy 邀请 Nick Sears 到帕洛阿尔托的办公室与他会面，推销自己的相机操作系统。两人曾在 Danger 的 T-Mobile Sidekick 手机上有过密切的合作。Nick 决定离开 T-Mobile，但会继续从事与手机相关的业务。他想要打造一款超越 Danger 的消费者智能手机。Nick 认为 Danger 之所以没有像他们所希望的那样成功，其中的一个原因是设备的界面和外形。"每个人都认为它是一款标志性的设备，但我们知道，它的外形还不足以小到人们很想把它拿在手里。它仍然是一款很厚的设备，并且屏幕还是独立的。"

Android 的愿景并没有吸引到 Nick，他对相机不感兴趣。他的经验和兴趣都在手机上。他告诉 Andy："如果你改变主意，并打算做手机，就给我打电话。"

在那次谈话结束不久，Andy 找到了另一位 Danger 的老同事 Rich Miner。Rich 是移动运营商 Orange 的代表，是 Danger 的早期投资者。通过这些合作认识了 Andy 之后，Rich 一直与他保持联系，看看他将来还会做些什么。

Rich 与 Nick 一样，建议 Andy 的初创公司考虑生产手机，而不是相机。Rich 在手机市场"浸泡"了很长时间，他看到 Android 在这个市场有颠覆性的机会。Chris 也跟 Andy 聊过这种可能性，但 Andy 还是很抗拒。

Andy 不想再做手机了。他在 Danger 的经历让他感到沮丧，因为结果并没有他希望的那么好。但他向风投推销相机的想法，却没有引起他们的兴趣。此外，他还观察了相机市场的现实情况，发现随着厂商把相机模块加到手机里，相机的销量就会下降。

2004 年 11 月，Andy 又参加了一次风投会议。他推销的相机操作系统同样无法引起人们的兴趣。但当他提到做手机的可能性时，房间里的耳朵开始竖了起来。

Andy 放弃了原先的想法。他联系了 Nick 和 Rich，并告诉他们他准备做一个手机操作系统。

这就是 Rich 和 Nick 想要看到的。他们开始与 Andy 合作，为手机操作系统制订商业计划和宣传计划。2005 年年初，他们以联合创始人的身份加入了 Android。

Andy 没能开发他的相机操作系统。但在现在看来，相机在手机上扮演了非常重要的角色，可以说，他创造了有史以来使用最为广泛的相机操作系统，只是绕了个弯儿做了这件事。

2.
农场团队

"这是 Android 很酷的一点:在最初的 100 个人中,几乎每个人都做过相关的东西。我做的那些事情之前已经踩过坑并吸取了经验教训。每个人都是如此。"

——Joe Onorato

与其他技术产品一样,我们可以说 Android 是一款产品,但更重要的是背后打造它的人,以及他们用来打造这款产品的集体经验。Android(手机操作系统)的故事要早于这家初创公司,一切都蕴含在团队成员的集体历史中。

Android 的出现是因为有很多其他东西先出现。或者,更准确地说,Android 之所以存在,是因为开发它的人之前在不同的公司工作过。这些早期的 Android 先驱们在这些公司积累了知识和技能,并与同行们一起合作。所以,当他们加入 Android 团队后,能够在相对短的时间内从零开始，开发出一个新的操作系统。

对早期Android团队影响最大的公司是Be/PalmSource[1]、WebTV/微软和Danger。它们都没有直接为Android输入什么，而且大多数都未能在市场上占有一席之地，但它们都提供了一个肥沃的试验田，工程师们在这里学到了关键技能，后来用它们来开发Android操作系统。

Be

Be操作系统（BeOS）现在已经成为计算机历史上的一个脚注[2]。事实上，你可能从未听说过Be或BeOS，更不用说用过这家公司的软件或硬件了。但Be对计算平台的影响是巨大的，除去其他的不说，它的员工，或狂热的用户和开发者当中，有很多人后来创造了Android[3]。

在桌面计算大战中，Be是一个后来者，它在20世纪90年代初推出了一款新的操作系统，试图与微软和苹果公司的桌面系统竞争，但没能善终。

在这个过程中，Be尝试了各种各样的事情。他们推出过电脑硬件（BeBox）。他们将BeOS移植到PC和Mac硬件上，并试图销售这款操作系统。他们差点就被苹果公司收购（事实上，他们收到了收购邀约，但当Be的首席执行官犹豫不决时，乔布斯突然介入，说服苹果公司收购了他的NeXT电脑公司）。1999年，他们经历了一次平淡无奇的IPO[4]。2000年，当没有人购买Be的硬件或操作系统时，公司尝试进行"焦点转移"，为一款互联网设备构建操作系统，但仍然没有人购买这款设备。

---

1 并没有一家叫 Be/PalmSource 的公司，也没有一家叫 WebTV/微软 的公司。事实是，有一家叫 Be 的公司，后来被 Palm 收购，然后这个部门被剥离出来，成立了 PalmSource 公司。类似地，微软收购了一家叫 WebTV 的公司。

2 就像这些脚注一样。

3 这本书讲的是 Android 是如何诞生的。这部分讲的是 Be 如何成为 Android。

4 Michael Morrissey 后来成为 Android 服务团队的负责人，他在 Be 进行 IPO 不久后就离开了。他说："事情进展得不像计划得那么顺利。红帽公司刚刚进行了一次真正意义上的 IPO，并改变了操作系统行业的格局。"

Macworld 杂志提前一个月刊登了一条报道苹果公司收购 Be 的消息，但后来苹果公司却收购了 NeXT 电脑公司，所以这篇报道也就泡汤了（图片由 Steve Horowitz 提供）。

最后，在 2001 年，Be 被 Palm 收购（随后 Palm 将这个部门剥离出来，成立了一家叫作 PalmSource 的新公司），为未来的 Palm 设备开发操作系统。事实上，Palm 收购了 Be 的知识产权，雇用了 Be 的很多员工，但没有收购这家公司的债务或资产（比如办公家具）。[1]

加入 Palm 的 Be 工程师印制的 T 恤反映了他们对这一笔收购交易的态度（图片由 Mathias Agopian 提供）。

---

1 Jeff Hamilton 曾在 Be 工作，后来加入 Android。在谈到 Be 出售资产时，他说："他们拍卖了公司的所有实物资产：椅子、显示器……我买下了之前用过的显示器，因为它是索尼特丽珑的牌子，是台不错的显示器。拍卖公司（他们收集所有要拍卖的东西，并掌管拍卖款项）在卖完所有东西之后就破产了，但他们还没来得及将拍卖款项支付给 Be。所以，Be 从未收到过一分拍卖实物资产的钱。这似乎就是一个典型的科技泡沫破裂的故事。" Be 确实出售了实物资产，但没有收到一分钱。

Be 对 Android 历史的重要影响有几个方面。首先，Be 吸引了对操作系统开发感兴趣的工程师，从用户界面到图形、设备驱动程序（让系统可以与硬件发生交互，如打印机和显示器），再到内核（处理基础负载的底层系统软件）。参与这类项目，恰恰可以培养工程师开发 Android 所需的技能。

其次，BeOS 成为操作系统领域的经典之作。世界各地的工程师在大学期间或在业余项目中偶然发现了 Be，并对它进行修补。Be 在多媒体 [1]、并行处理 [2] 和多线程 [3] 方面的能力，让它成为对操作系统开发感兴趣的工程师的一个有趣的游乐场。很多没有在 Be 工作过的 Android 工程师都玩过 BeOS，并对操作系统开发产生了热情，这为他们后来开发 Android 奠定了基础。

Be 被收购后，有一半工程师去了 Palm（很快又就被剥离出来，成立了 PalmSource [4]）。在那里，他们继续开发操作系统。他们开发了 Palm OS Cobalt，但最终没有与任何一款设备一起发布。在这个过程中，工程团队不断磨炼他们的操作系统开发技能，同时也积累了移动设备的相关经验，这些就是他们通过开发 Palm OS 收获的东西。

2005 年年底，ACCESS 收购了 PalmSource。由于新公司的发展缺乏方向感，很多 Be 前工程师加入了谷歌的 Android 团队。到 2006 年年中，Be 前员工数量占到了 Android 团队的三分之一。

---

[1] 多媒体就是指视频和音频。

[2] 并行处理是指利用硬件的并行能力同时处理多个任务。这种能力在当今的大多数硬件中都很常见，从配备多核心 CPU 的台式机，到至少配备两个（通常是 4 个或更多）核心的手机。

[3] 多线程是指一个进程运行多个并发执行的线程，可以是在多个处理器上，每个处理器运行一个线程，也可以是多个线程共享一个处理器。BeOS 曾经以提供多线程 UI 而闻名，这在过去是（现在仍然是）不寻常的。它为用户带来了更好的体验，但把复杂性丢给了应用开发者。Android 最初也采用了类似的做法（由 BeOS 前工程师负责实现），但最终还是放弃了，并采用了一个不那么脆弱的单线程 UI 模型。

[4] Mathias Agopian 回忆说：“Palm 从 Be 要了 50 个人，在我们加入 Palm 几天后 Be 就开始裁员，并告诉我们说，Palm 的事情有我们参与才好，所以放了我们 3 个人。于是，我们开始了新的旅程”。

WebTV/微软

WebTV成立于1995年年中，不到两年，也就是1997年4月[1]，被微软收购。早期从微软加入Android的人都来自WebTV团队，以及其他的电视或互联网团队，如IPTV，它们都属于同一个部门。

WebTV 提供的系统将互联网带到了电视上。这在今天看来似乎是件微不足道的事，因为我们很多人都是通过互联网服务在电视上观看大部分或全部的电视内容。但当时的情况非常不一样，大多数人都是通过 PC 访问互联网的。

WebTV 的团队正在为用户构建一个平台，让用户可以消费除电视以外的内容，所以他们需要构建一个可在硬件上运行的软件平台、一个用于开发应用程序的用户界面层，以及平台的应用程序。这个团队构建了一个操作系统、一个 UI 工具包（用于构建用户交互的系统）、一个用于开发应用程序的编程层，以及为互联网设备设计的应用程序。所有这些努力都变成实实在在的经验，对于那些后来在 Android 团队开发类似东西的人来说，这些经验都派上了用场。

Danger

Andy Rubin、Matt Hershenson 和 Joe Britt 于 1999 年 12 月创办了 Danger。最初，这家公司的产品是一款便携式数据交换设备，绰号"Nutter Butter"[2]，因为它的形状与这种品牌的饼干很像。

Danger 的 Nutter Butter 设备。它是用来交换数据的，不是用来吃的（图片由 Nick Sears 提供）。

---

1 在 WebTV 被收购的同时，微软也收购了另外一家互联网初创公司，当时我正在那里工作。收购这家小公司的细节从未被公开过，我也不打算在这里说更多。我只想说，当我们得知微软以 4.25 亿美元的价格收购 WebTV 时，我们对自己公司的卖身价感到不满意，非常不满意。不过，WebTV 有更大规模的团队和真正的产品。这个部门在一段时间内继续推出可销售的产品，这比我那家初创公司开发的产品要好得多，所以微软出更高的价格收购 WebTV 或许是合理的吧。

2 这个团队还曾用过 Peanut 这个名字，因为使用品牌饼干的名字存在版权问题。

在 2000 年至 2001 年的互联网泡沫破灭期间，这家公司转而推出了一款能够自动无线同步数据的设备，但它不是电话。2001 年 1 月，Andy 在 CES[1] 上遇到了 T-Mobile 的 Nick Sears。

Nick Sears 和移动数据

1984 年，Nick 还是美国陆军的一名二等兵，为了赚取上大学的费用，他在军队从事行政工作。然后，他在超级碗比赛期间看到了苹果公司著名的 "1984" 广告片。"我知道我们正处于一场技术革命的开端。我走进 ComputerLand，甩下 3200 美元，带走了一台 IBM 个人电脑（配备了一个软盘驱动器）、DOS、Turbo Pascal、Lotus Notes、WordStar 和一台点阵打印机。在白天，我还只是一个每分钟只能敲 40 个单词的菜鸟，但到了晚上，我就变成了一个温文尔雅的电脑迷。"

20 世纪 80 年代末，Nick 带着他的商学院学位和已经掌握的计算机技能加入了 McCaw 通信公司。在 McCaw，他见证了接下来的移动产业和互联网的十年发展。2000 年，他跳槽到了 T-Mobile[2]，担任副总裁，负责公司的无线数据战略。

T-Mobile 专门组建了一个无线互联网团队，他们希望在这一领域有所发展。他们是美国唯一掌握 GPRS[3] 技术的运营商，而且他们的数据网络早就准备就绪，比其他运营商早了大约一年。Nick 的任务是让它落地，他要找到或者在必要时可以推出使用这种数据网络的设备。

Nick 和他的团队意识到，没有好的键盘体验就没有丰富的互联网体验。那个时候，用传统的 12 键拨号键盘[4]无论做什么事情都无法让人愉悦。因此，这个团队专门去寻找可能配备 QWERTY 键盘[5] 的设备。

1　CES = Consumer Electronics Show（消费电子展），一个大型的年度展会，厂商在展会上展示他们即将推出的产品，潜在的厂商与潜在的合作伙伴会在展会上碰面。

2　T-Mobile 在当时叫 VoiceStream Wireless，2002 年才改名为 T-Mobile。

3　GPRS = General Packet Radio Service（通用分组无线业务），在当时是一种全新的数据网络能力，承诺提供比其他网络更好的数据连接。

4　事实上，诺基亚之前曾经推出过一款全键盘设备，但没有大获成功。当 Nick 向他们提议时，他们不愿意添加网络能力然后重新推向美国市场。他们把最初的失败看作是一个强烈的信号，并拒绝了这一提议。

5　QWERTY 是指传统的拉丁字母（包括英语）键盘，键盘的字母是从左上角开始的："ｑｗｅｒｔｙ……"

T-Mobile已经与RIM[1]展开合作，说服他们为之前只处理数据的黑莓设备增加手机功能。但这些设备的外形无法吸引消费者，因为消费者更喜欢那些不那么有商务味道的东西。

2001年，Nick参加了消费电子展，想看看有没有可能找到理想中的设备。他遇到了Danger的首席执行官Andy Rubin，Andy向他展示了Danger最新的设备模型。和黑莓一样，它也只处理数据。Nick告诉Andy，T-Mobile希望它成为一款手机，于是Danger转而增加了手机功能，并与T-Mobile合作开发了第一款设备。

在谈到是T-Mobile推动了这些新型数据手机的发展时，Nick说："是我们把手机变成了智能手机。"

2002年10月，Danger发布了**Hiptop**[2]手机，但T-Mobile坚持要给它改个名字。Nick解释说："企业高管和工程师们把黑莓设备挂在腰间，看起来就像是惠普的计算器，但我们认为消费者不会把手机挂在这个地方。"最终，这款手机在发布时名字改成了T-Mobile Sidekick。

当时，这款设备占据了功能手机和未来智能手机的中间地带。Hiptop提供了一个真正的网页浏览器（与当时手机上流行的功能非常有限的移动浏览器相比）。此外，Danger的手机还有一个应用商店，但这个应用商店是由T-Mobile策划的。在当时，运营商控制着可以在他们网络上运行的应用程序，这种情况被称为"围墙花园"[3]。

所有这些功能，加上云和网络方面的能力，包括Hiptop通过长连接支持的即时电子邮件和聊天功能，以及无线更新功能，都将出现在后来的Android手机上。

最终，Danger的手机没能从受人追捧的地位突破到在大众市场上大获成功。互联网电子邮件、短信和真正的浏览器，加上T-Mobile激进的无限量数据套餐，创造了一款在当时来说十分强大的手机。Danger的设备获得了很多关注，尤其是在科技[4]和流行文化圈（Hiptop的第二款设备出现在2006年的电影《穿普拉达的女王》中）。但这些手机没能抓住消费者的心，也没能撬开消费者的钱包。尽管如此，不管是这些极具创造性的技术，还是这些设备带来的全新体验，以及Danger一路培养出来的工程师团队，都对推动移动领域的发展起到

---

1 RIM = Research in Motion，就是推出黑莓手机的那家公司。

2 当时在Danger工作的Ficus Kirkpatrick解释说："这是一个有关笔记本电脑的梗。Hiptop是指挂在臀部上方的东西，但我永远不可能把装着手机的皮套挂在这里。你在开玩笑吗？我的手机皮套都快拉到我的肚脐眼了！没门。"

3 这堵墙必须被推倒，只有这样才能创造出Android需要的生态系统。我们将在后面的几章详细讲述。

4 包括谷歌的联合创始人，他们都是Hiptop的超级粉丝。多年后，当Andy向谷歌提出有关Android的想法时，这个起到了一定的作用。

了重要作用。

齐聚一堂

大多数早期的 Android 团队成员都曾在这些公司工作过：Be/PalmSource、WebTV/微软和 Danger。到 2006 年年中，这些人至少占团队 70%的比重，并且在 2007 年之前一直都是团队的主要成员。

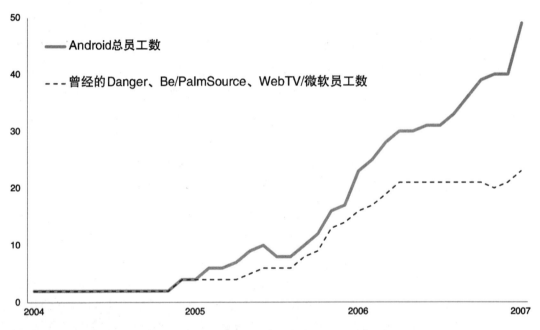

2006 年加入 Android 团队的大多数人都曾在 Be/PalmSource、WebTV/微软和 Danger 工作过。

在科技行业，尤其是在硅谷，人们在不同的公司之间流动，他们将会在不同的公司共事，这种情况将贯穿他们的职业生涯。当你离开一家公司，过河拆桥从来都不是一个好主意。一般来说，体面对人从来都不是件坏事。在硅谷，过河拆桥真的不是一个好主意，因为你在未来很可能会和这些人再次一起跨过这些桥，如果这些桥还在的话就会方便很多[1]。

对于 Android 团队来说，最终在同一家公司共事不仅仅是一种巧合。早期的团队在很大程度上依赖于他们在过往公司积累的经验。他们带来了已有的合作关系，积累了开发 Android 所需的经验：操作系统、嵌入式设备和开发平台。

这些人很早就加入了 Android，组建了一个紧密合作的团队，他们知道自己在做什么，所以能够更快地构建出这个新的操作系统。

Xavier Ducrohet 于 2007 年加入 Android，从事工具的开发。他发现，"第一批人来自其他地方——很少来自谷歌。有多少人做过他们做过的事情？他们开发过小型的操作系统，并从错误中吸取过教训"。

Dan Egnor 也于 2007 年加入 Android，从事无线更新系统的开发。他也注意到了团队的这种情况。"过去共同的经历让人们产生了一种强烈的感受：人们了解彼此，他们知道彼此的哪些地方会让人感到不快，知道在哪些地方需要互相尊重，知道可以信任对方完成哪些工作，他们之间有着明确的所有权边界。人们的名字会在彼此之间脱口而出，即使他们才刚加入团队几个月。人们有一种强烈的意识，知道其他人在做什么，以及他们是怎么做的。"

并非他们工作过的公司或开发过的产品都曾经大获成功，但在构建产品过程中获得的知识对 Android 团队后来的平台构建起到了重要作用。Steve Horowitz 曾在 Be 和 WebTV 团队工作过，后来成为 Android 工程团队的负责人，他说："这个世界就是这样：你从失败中学到的东西可能比从成功中学到的东西更多。"

Dianne Hackborn 曾在 Be 和 PalmSource 工作过，后来加入了早期的 Android 团队，她说："在开发 Android 之前，我们中的大多数人都经历过多次失败。因为当时的情况、时机或其他因素都无法让我们取得成功。在开发 Android 之前，我曾参与开发 3 到 4 个失败的平台。但我们不断尝试，从每一次失败中吸取教训，并利用获得的知识来开发 Android。"

---

1 这是为什么找高科技工作就要去硅谷的原因之一（暂且不提交通和疯狂的高房价）。公司必须努力让员工开心，因为如果不这么做，附近还有其他的同行业公司会这么做。

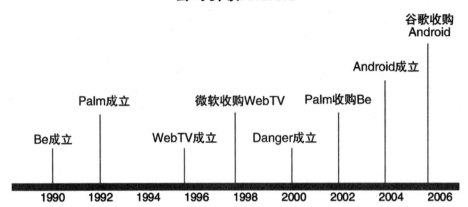

Android 在成立之前就有很长的历史，建立在所有成全了 Android 早期团队的公司的历史之上。

3.
发展壮大

2004 年年底,这家小型的 Android 初创公司需要增援。Andy 和 Chris 提供了足够的工程和设计资金来实现一些最初的愿景和技术。但当他们开始向投资者推销产品时,他们需要一个工程团队来帮忙创建平台和技术演示,两位创始人则负责业务方面的东西。

与此同时,曾与 Andy 在 Danger 共事的 Brian Swetland 正在寻找新的机会。

Brian Swetland,Android 的第一位工程师

在 5 岁时,Brian Swetland("Swetland")就是一名系统程序员。

"我父亲花了两三个晚上在厨房的桌子上'攒'了一台 Timex Sinclair 克隆版电脑(带有薄膜键盘的单主板电脑),并把它与一台旧黑白电视机连在一起。你可以敲入 BASIC 代码,用它来完成一些事情——它是个神奇的东西。你会学到终生难忘的课程,就像'永远不要用手触碰电烙铁的另一端'。"

Swetland 从童年到大学都在编程，但他没有完成计算机工程学位。"大二那年，我大部分时间都没有去上课。本地 ACM（国际计算机协会）分部的项目、NCSA（国家超级计算机应用中心）SDG（科学数据网格）的一份差事，以及 X/Mosaic 网页浏览器的工作让我忙得不可开交。然后期末考试来了，情况不太妙。"但他对编程的爱好让他与 Be 公司结缘，他尝试在他的 PC 上运行 BeOS，也因此引起了这家公司的注意。

在Be发布了他们的PC版操作系统后，Swetland尝试在他的电脑上安装，但没有成功。"它无法识别我的硬盘，因为我的电脑只配了SCSI[1]磁盘。于是我把SCSI总线逻辑控制器的手册找了出来，看完后心想'这看起来也没那么复杂'。我给他们的工程师Dominic Giampaolo发了邮件，他当时在Usenet[2]上很活跃。"Dominic给Swetland发了一份BeBox硬件的SCSI示例驱动程序。

"那个周末，我为总线逻辑控制器改写了SCSI驱动程序。我让它启动起来了，但还有一些问题：磁盘大小显示错误。于是我给他回了邮件，告诉他我改写了驱动程序，但磁盘大小不对，我觉得中间层有一个端序[3]错误"。

"他十五分钟后给我回了邮件，问我是否需要一份工作。"于是，Brian 去了加州，在这家公司进行了一整天的面试，包括与 Dominic 进行现场调试。就这样，Brian 拿下了这份工作。面试之后，他回到家里，收拾好东西，两周后搬到了加利福尼亚。他上大学的目标是开发一个操作系统，而现在立即就有机会了，所以他认为大学学位的事情可以以后再说。

两年后，也就是 2000 年 5 月，Swetland 离开了 Be，去了 Danger，加入了 Be 前同事 Hiroshi Lockheimer（后来也加入了 Android）的团队。在 Danger，Swetland 负责内核和其他系统软件的开发，并帮忙发布了头几款 Hiptop 设备。但在之后的几年，大部分工作都是渐进式的改进，或者根据运营商的要求实现一些功能（或者移除一些功能，有时甚至因为产品经理认为运营商可能会提出要求而直接移除一些功能）。在 Danger 负责开发文本和其他平台功能的 Eric Fischer（后来也加入了 Android）说："我们所做的一切都是在运营商缓慢

1　SCSI = Small Computer Systems Interface（小型计算机系统接口）。SCSI 是计算机和外围设备之间的公共接口。例如，SCSI 被用来连接主板和硬盘驱动器、打印机等（使用非常宽的端口和带状电缆）。

2　Usenet 是互联网早期非常流行的新闻组。

3　端序（Endian）是用来表示字节顺序的术语。"Big-Endian"表示在多字节中最重要（最大）的字节在最前面，而"Little-Endian"则反过来，最重要的字节在最后面。不同架构之间的端序表示差异经常会导致在不同的机器上运行相同的代码出现问题。例如，在 x86 PC（使用小端序）上可以正常运行的代码在 BeBox（使用大端序）上就不一定能运行。

而保守的接受过程之下进行的,他们可以任意否决功能或设计。"

相比在现有的系统上进行迭代,Swetland 更喜欢开发新系统,所以他对此感到十分沮丧。2004 年,Danger 已经成为一家规模更大的公司,大约有 150 人,比他在 2000 年加入的那个小团队大很多。4 年时间也不算短了,他在公司初创的艰难时期与公司一起渡过难关,然后与公司一起推出了前两款手机。2004 年 9 月,他请了 3 个月的假,希望能够从倦怠和沮丧中恢复过来。

Swetland 并不打算离开 Danger,他只是需要休息。休息了几周后,他感觉这种不工作的日子很开心。如果他可以不回去工作,那会更开心。确切地说,他感觉自己真的不想再回到 Danger 工作了。

但他仍然需要一份工作。Be 和 Danger 提供了不错的软件开发工作机会,但并没有像人们想象的那样可以从初创公司获得足够的回报[1]。

在 Danger,Swetland 已经对 Andy 有了很好的了解,因为在他刚开始加入时公司只有几个员工。所以,在他四处寻找新机会时,他联系了 Andy。毕竟,Andy 曾经创办过一家有趣的公司,也许他会有更多的想法。确实,Andy 和 Chris White 一起创办了 Android,他们当时正好在寻找第一个员工。

2004 年秋,这家初创公司正专注于开发相机操作系统。Andy 把相机操作系统的想法告诉了 Swetland,他对此很感兴趣。除去其他的不说,这是一个开发新操作系统的好机会,而这也正是他的兴趣所在。而且这至少不再是手机了,在 Danger 的那段日子里,他已经受够了那个纷繁复杂的领域。所以他报名了,打算休息完后就加入。

在 Swetland 之前,Andy 已经与 Nick、Rich、Chris,以及风险投资公司进行了沟通,并决定改变 Android 的产品重点。

12 月初,Swetland 来到 Android 的办公室报道,发现自己做的东西与手机无关,他感到很兴奋。Andy 对他说:"如果我们做的是手机,你还会来吗?"

与 Swetland 同一天入职的还有另一位同事 Tracey Cole。Tracey 是 Android 的第一个行政助理。多年来,她一直担任这个角色,也是 Andy 的个人助理[2]。Tracey 和 Brian 分别是第 3 位

---

1 被收购和 IPO 对初创公司来说是件非同寻常的事。每个人都听到过少数人成功致富的故事,但大多数人只能做着常规的工作,因为没有巨头科技公司收购他们的公司,更不用说那些为了追逐梦想最终走向破产的公司了,这些公司的工程师还得为了工资单继续另谋高就。

2 Tracey 一直是 Andy 的助理,直到他于 2013 年 3 月离开 Android。

和第 4 位加入 Android 的员工，也是头两名非创始人员工。

Andy McFadden 和演示

2005 年 5 月，Andy McFadden（"Fadden"[1]）加入公司。Fadden 曾与 Andy Rubin 和 Chris White 在 WebTV 共事。当 Andy Rubin 想给自己的初创公司招人时，他给 Fadden 发了一封电子邮件：

> 见鬼！
> 你还好吧？
> 我想把你招到我们公司来。我们会成功的。

Fadden 在 13 岁时就开始在一台 Apple II 电脑上用 BASIC 和汇编[2]编程。所以，他后来为 Android 的 Dalvik 运行时开发底层代码也就不足为奇了。"后来，当 Android 成为谷歌的一个大团队时，有些人不喜欢 Dalvik 虚拟机[3]的代码（使用 ARM[4]汇编开发的部分）。当你从 8 年级就开始捣鼓电脑后，你的视角会完全不同。"

Andy 把 Fadden 招来帮忙[5]。刚开始时，Android 的"产品"只不过是 3000 行 JavaScript

---

[1] Andy McFadden 在这本书中也被叫作 Fadden，主要为了不与 Andy Rubin 造成混淆。人太多了，而有识别度的名字又太少。

[2] 汇编语言是一种低级编程语言。它与计算机上的硬件指令非常接近，与高级编程语言（如 C++ 和 Java）相比，它就显得非常简单而冗长。大多数程序员通常会在低级编程语言课程中学习汇编编程，但从未在实际工作中用过。但在某些情况下使用它会非常方便，比如在对性能非常敏感的系统中。这也是为什么包括 Fadden 在内的一些 Android 团队的程序员会使用它。

[3] Dalvik 是用来在 Android 上运行代码的运行时（或虚拟机）。我们将在第 8 章（"Java"）详细介绍 Dalvik（和运行时）。

[4] ARM = Advanced RISC Machine（高级 RISC 机器），至少以前是这个意思。ARM 是一种计算机架构，它定义了可在芯片（CPU，通常用在移动设备上）上使用的指令。

[5] Fadden 说他被请来不是为了做什么特别的事情，而是做需要他做的事情。用他的话说，更像是"撸起袖子加油干"。

代码[1]，还绑定了各种开源库。它不是一个平台，而是一个原型，用于可视化一种不存在的体验。Fadden的工作是帮助Swetland和Chris完成概念演示，并添加真正的功能，包括应用程序。这家初创公司必须能够向潜在的投资者展示真正的用户可以用这个未来的操作系统做什么。

2005年春天，Android团队还没有一个真正的产品，但他们已经对自己想要做的产品有了明确的想法。

Ficus Kirkpatrick，Android的最后一名员工

在被谷歌收购之前，Ficus Kirkpatrick是最后一个加入Android团队的人。

Ficus在年纪很小时就开始编程。"我从4岁起就开始编程。在记忆当中，我从来没有离开过电脑和编程。我的整个童年就是在不停地编程和使用电脑。"

1994年，15岁的Ficus从高中辍学，开始找工作。几个月后，他找到了一份全职的编程工作，并一直稳定地干了下去。"说到工作年龄，我比那些22岁大学毕业的同龄人要早7年。"

他来到硅谷，辗转于多家公司，包括Be，做的几乎都是底层系统软件开发。2000年，在离开Be之后，他加入了一家初创公司，但只在那里待了两天。在加入新公司的第一天，他就意识到这家公司不适合他。"我发现的第一个迹象是：我的电脑已经设置好了，而且还有电子邮件。他们可是一家初创公司啊！"另外，整个团队当天都在参加一个场外会议，讨论一个很小的技术问题。Ficus对写代码有着坚定的信仰，这家公司显然不是他喜欢待的地方。第二天，他直接去办公室递上了辞呈。

Hiroshi Lockheimer是在Be认识了Ficus，他听说Ficus正在寻找新机会，就把他引荐给了Danger。Hiroshi也是最近刚刚加入Danger。毫无悬念，Ficus加入了Danger，负责开发内核和驱动程序，并为Hiptop手机构建平台。

---

1 JavaScript是一种通常被用在网页上的编程语言，第8章（"Java"）有更多关于它的内容。但令人感到困惑的是，JavaScript与Java几乎没有什么共同之处，除了名字中有4个相同的字母。

2005 年年中，Ficus 离开 Danger，去了西雅图。Andy 邀请他加入 Android。他说服 Ficus 的部分理由是联合创始人 Nick Sears 也在西雅图附近，因此 Ficus 可以留在那里远程工作。

Ficus 加入了这个团队。一周后，谷歌收购了 Android。

Ficus 回忆说："当 Andy 跟他说公司要被谷歌收购时，我想这是我进入谷歌的唯一途径。然后他说进入谷歌必须要通过面试。我想，如果是这样那就完了。"

Swetland 回忆说："Ficus 说如果有人问他大 O[1] 是什么，他会告诉对方，因为他太帅了，所以回答不了这个问题。"

但 Ficus 的面试很成功，他如愿以偿地加入了谷歌，并回到了湾区。他一直都更喜欢底层系统软件开发，而从零开始开发 Android 操作系统意味着需要做很多这种类型的工作。

---

1 "大 O 符号"是一种量化算法性能的方法。它经常会出现在编程面试中，当工程师提出一个解决方案时，会被问及算法的性能如何。这应该是程序员在学校里学的东西，在面试时让人现想确实有点烦人。

4.
融　　资

2005年年中，Android被谷歌收购，前景一片光明，但六个月前的情况却并没有如此乐观。那年1月，这家初创公司急需资金，主要任务和大多数初创公司一样：融资。在将产品方向从相机操作系统转到开源手机平台之后，他们仍然面临着开发产品的艰巨挑战，需要更多的钱来组建一个足够大的团队，以此完成这项工作。

所以，公司专注于三件事。首先，他们需要一个演示版本来展示自己产品的可能性。接下来，他们需要清楚地表达自己的愿景，并通过推介会来解释这个愿景。最后，他们需要带着演示版本和幻灯片进行路演，向潜在的投资者推销自己的故事。

演示时间

Fadden加入团队时的第一个任务是帮Swetland和Chris完成他们一直在做的电话系统原型。实际上，这个原型的功能不是真的（例如，它在主屏幕上显示的股票行情实际上是一组硬编码的符号和过时的数据），但可以让我们知道产品在实现之后将具备哪些功能。

最初的演示版本是由 Brian Swetland 和 Chris White 完成的，后来 Fadden 对它进行了改进，展示了一个主屏幕和几个应用程序（其中大多数都没有实现）。这与现代的 Android 主屏幕非常不一样。

Fadden 在演示中加入了一些应用程序，其中有一个简单的日历应用。这个早期的演示项目后来一直萦绕在他的脑海里。在 Android 平台上做了多年开发之后，他终于开发出了 Android 的日历应用。时间不等人……但日历应用可以。

移动机遇

随着不断地打磨愿景，团队最后制作出了一份幻灯片。这些幻灯片描绘出了 Android 的市场机遇和 Android 将为投资者带来丰厚回报的画面。

这是第一张幻灯片。在之后的很多年里，这个采用定制字体的单词 ANDROID 一直是这个操作系统的标志。

到了 2005 年 3 月，幻灯片已经有 15 张了，这足以吸引风投公司和谷歌的注意。

第二张幻灯片比较有趣，它对 PC 和手机市场进行了对比。2004 年，全球 PC 出货量为 1.78 亿台。同期，手机出货量为 6.75 亿部，几乎是 PC 的四倍，但手机处理器和内存的性能只与 1998 年的 PC 相当。

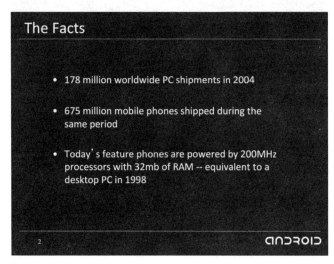

2004 年，手机的销量已经超过了 PC，这为推出可运行大型软件的手机带来了巨大的机会。

移动硬件的潜力是 Dianne Hackborn 正在思考的问题，他当时在 PalmSource 任职，并最终加入了 Android 团队。移动行业已经准备就绪，因为移动平台终于有足够的力量成为一个真正强大的计算平台。Dianne 说："你已经看到征兆了，硬件变得越来越强大，手机市场已经超过 PC 市场了。"

幻灯片还指出了移动软件相关成本在持续增长的问题。硬件成本在下降，但软件成本却没有，这导致软件成本在每部手机成本中所占的比重越来越大。但手机厂商不是软件平台方面的专家，也没有能力或兴趣为自己的手机提供日益强大的功能。

开放平台的机会

第二个要点是，市场为开放平台打开了一个缺口，这是一个巨大的机会。也就是说，

Android 可以通过开源的方式将操作系统免费提供给手机厂商。手机厂商可以在他们的手机上使用这个操作系统，而不受软件厂商的约束，也不需要自己开发。这种开放方式在当时还不存在。

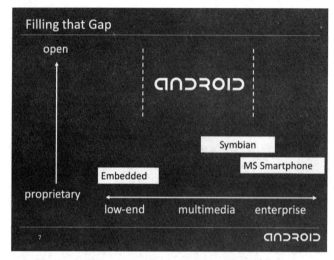

第七张幻灯片展示了开放平台的潜力，即提供当时尚不存在的新鲜事物。

微软提供了一个专有的操作系统，手机厂商在获得授权后可以将它移植到自己的硬件上。诺基亚主要使用塞班，索尼和摩托罗拉也有部分手机在使用塞班。RIM 有自己的平台，但只能用在自己的黑莓设备上。那些想要一款功能强大的智能手机，但又不想自己开发操作系统，也不想花费大量精力定制现有操作系统，更不想支付高额的授权费用的厂商，其实别无选择。

更糟糕的是，这些操作系统都没有一个很好的应用生态系统。塞班提供了操作系统的核心部分，将 UI 层留给了手机厂商，这导致为一款手机开发的应用程序不一定能运行在其他款的手机上，即使这些手机来自同一家厂商。

Java 在服务器和桌面领域以"一次编写，到处运行"而闻名，它似乎可以为应用程序提供跨设备能力，但 Java ME[1] 在移动领域还远远做不到这一点。它确实提供了跨设备的编程语言（就像塞班的所有实现都使用 C++ 一样），并通过提供不同的版本支持各种各样的手机

---

[1] Java ME = Java Platform，Micro Edition（Java 平台微型版）。有关 Java ME 的更多信息，请参阅附录的"术语"解释。

外形和架构。但不同的版本有不同的功能,开发人员需要修改应用程序才能让它们运行在不同的设备上,当不同设备的配置有很大差异时,这种方法通常也会失效。

Linux差一点就成了救星!德州仪器提供了一个基于Linux操作系统内核的开放平台。如果手机厂商要推出自己的设备,就需要Linux、德州仪器提供的硬件和其他一大堆模块(厂商需要通过各种方式才能获得)。Brian Swetland说:"你可以用德州仪器的OMAP[1]芯片来制造Linux手机。所以,你需要德州仪器的OMAP,以及来自40个不同中间件供应商的40个组件。你把所有这些集成在一起,就可以做出一款Linux手机。这太荒谬了。"

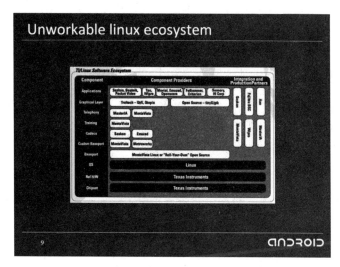

德州仪器提供了一个基于Linux的解决方案,但将驱动程序和其他组件留给了手机厂商,所以这不是一个很有吸引力的解决方案。

Android希望提供世界上第一个完整的开放手机平台解决方案。它将以Linux为基础,这一点和德州仪器一样,但它同时也将提供其他所有必要的组件,手机厂商只需要用这一个系统就可以推出自己的设备。Android还将为应用开发者提供统一的编程模型,这样他们的应用程序就可以在所有的设备上运行。通过采用统一的平台来支持所有设备,Android能简化手机厂商和开发者的工作。

---

1 OMAP = Open Multimedia Applications Platform(开放式多媒体应用平台),是德州仪器公司为移动设备开发的系列处理器。

盈利

最后一部分（对于风投来说，这也是最重要的一部分）是关于 Android 将如何盈利的。幻灯片中描述的开源平台基本上就是 Android 团队最终要构建和发布的东西。但如果只有这些，那么这家公司就不值得投资了。如果说是为了拯救世界，那么开发这样的一个开源平台似乎很棒，但回报在哪里？投资者的收益在哪里？也就是说，Android 如何从一个打算赠送的产品上赚钱？风投公司在投资一家公司时，希望赚到比投出去更多的钱。

同领域其他平台公司的盈利路径是明确的。微软通过将平台授权给 Windows Phone 合作伙伴来赚钱，厂商每卖出一部手机，微软就会收回一笔成本。RIM 既通过销售手机赚钱，也通过与忠诚的企业客户签订的服务合约赚钱。诺基亚和其他使用塞班的厂商通过销售他们生产的带有塞班操作系统变体的手机赚钱。同样，其他手机厂商都是通过销售手机所产生的收入为他们的软件开发提供资助的。

那么，Android 要怎样做才能为他们的平台提供源源不断的资金，并将平台赠送给其他厂商，让他们生产自己的设备呢？

答案是运营商服务。

运营商将为 Android 手机用户提供应用程序、联系人和其他基于云计算的数据服务。为了能够提供这些服务，运营商需要向 Android 支付费用。Swetland 解释说："我们不运营和托管这些服务，而是构建服务并卖给运营商[1]。"

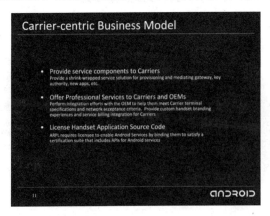

第十一张幻灯片列出了盈利路径，如果运营商要提供这些服务，就需要向 Android 支付授权费用。

---

1 这个团队最终开发并发布的系统与他们在幻灯片中展示的愿景保持一致，但关于运营商服务收入的这部分构想则完全消失了。

推销梦想

Android团队向几家风投公司做了推介，这些风投公司大多在远离硅谷的东海岸。Rich Miner说："Andy一直在沙山路[1]上游说，声称Android是一款相机操作系统，却得到了一大堆负面回应，包括来自红点创投的回应，而Andy曾是红点的驻场企业家。我告诉他：'我知道东海岸有很多家风投公司，我还认识其他人，我可以把你介绍给他们'。于是我们开始向那些之前从未听说过Android的人做推介。"

在向这些风投公司做推介的同时，团队也在与谷歌会面。1月初，Larry Page[2]邀请Andy来谷歌会面。Larry是T-Mobile Sidekick（也就是Danger Hiptop）的超级粉丝，这款手机是Andy之前的公司推出的，所以他想和Andy聊聊移动领域的事情。Andy打电话给当时还在T-Mobile工作的Nick Sears，请他来参加会面。

这是一次小型的会面，只有Android一方的Andy和Nick，以及谷歌一方的Larry、Sergey Brin[3]和Georges Harik（谷歌早期的一名员工）参加。Nick记得那次会面非常随意，但谷歌显然对Andy和Android的计划很感兴趣。"一开始，Larry就说Sidekick是有史以来最好的手机。Larry非常想看到一款更好的手机被制造出来，他知道Andy和我们的团队正在做这样的事情。在会面结束时，他们说：'我们很愿意帮助你们。'"

虽然那次会面很鼓舞人心，但没有产生实质性的结果。Andy在想，他们是否只是利用这次会面来试探Andy对Danger的看法。毕竟，他创办了Danger，并于2003年离开。他认为谷歌可能对收购Danger感兴趣。

与此同时，团队继续向风投公司推介。3月份，他们又去谷歌进行了一次会面。这一次，他们带来了一个演示版本，并分享了更多的计划。但会面也没有促成什么重大的事情，谷歌只是明确表示，他们希望能够帮助这家初创公司。

团队同时也在与潜在的厂商合作伙伴会面。他们去了韩国和中国台湾，参观了三星和HTC。三星手机部门的 CEO 李基泰表示，他已经错过了与 Danger 合作的机会，不希望这

---

1 这条穿过帕洛阿尔托和门洛帕克的街道是很多硅谷风投公司的所在地。
2 谷歌联合创始人。
3 谷歌的另一位联合创始人。

种情况再次发生，所以他很有兴趣与 Android 合作。Nick 这样描述那次会面："李基泰告诉他的团队要把这件事情落地，所以我们认为这已经是板上钉钉的事了。后来我们又会见了 10 多名中层管理人员，他们问我们操作系统由谁来开发？当我们说是 Brians 时，他们笑了。他们当时有 300 人在开发自己的操作系统。"

三星的人问这是不是在做梦。Nick 说："不，Brian 和其他几个人真的会去开发这个操作系统。"他们说这怎么可能，Nick 回答："不仅可能，而且已经在 Sidekick 上做到了。"

会面结束后，三星为庆祝新的合作伙伴关系举办了晚宴。但 Android 团队后来了解到，这笔交易是以获得运营商订单为前提。Nick 承认，"这根本不是一笔可行交易。我们之后花了 18 个月才说服 T-Mobile 成为我们的 Android 发布合作伙伴。"

团队没有与三星达成交易，但收获了一个名字。后来，团队选定了一款设备（也就是后来的 G1），为了纪念那次会面，他们给它起了一个代号"Dream"。

团队又从韩国飞到中国台湾，与 HTC 的 CEO 周永明会面。Nick 还记得那次会面："周永明提到了我们第一款设备的独家经销权的问题，这是 Brian 无意间听到的。当我们回到酒店房间时，Swetland 威胁要辞职，因为'我加入 Android 并不是为了成为另一个 Danger'[1]。我很担心，因为 Brian 对我们的成功至关重要。但第二天见到他时，一切都还好。"

团队继续向风投公司推介，并取得了一些成果。查尔斯河风投和鹰河控股都对 Android 感兴趣。当他们在等待这些公司的文书时，谷歌邀请他们参加第三次会面。

这一次，房间里来了更多的人，谷歌准备谈论细节了。Andy 和他的团队本以为他们是来汇报上次会面以后公司的最新进展，但 Nick 记得，在演示进行到一半时，"谷歌的人说：'不好意思打断你，我们想买把你们买下来。'"

谷歌把 Andy 团队认为的由 Android 一方向谷歌推介变成了谷歌向他们推介。谷歌表示，如果他们愿意将 Android 卖给谷歌，它会变得更好。他们可以将操作系统免费提供给运营商，没有来自风投公司的施压，也不必向客户和运营商收取专门的服务费。事实上，它甚至比免费更好：谷歌可以与运营商分享来自搜索服务的收入。这样，他们就可以与运营商建立合作

---

1 Swetland 说："我不记得有过这样的讨论，但我确信这是可能发生的。"那时他对 Danger 的记忆还很清晰。他不想再重复 Danger 在产品决策方面受制于运营商和厂商的窘境。他强烈支持 Android 作为一个开放和独立的平台。他曾数次威胁要辞职，因为 Android 团队做出的一些决定可能会导致 Android 变成一个封闭的平台。

伙伴关系，而不只是把东西卖给运营商。Nick 说，这让运营商很难拒绝："我们实际上是通过合作的方式帮他们赚钱。"

Android团队非常愿意加入谷歌，但仍然还有很多细节有待敲定。与此同时，也就是在4月中旬，他们收到了鹰河控股和查尔斯河风投的投资意向书，并决定接受鹰河控股的投资。谷歌的收购还未最终敲定，但在 5 月初与鹰河控股的谈判阶段就已启动，所以他们在条款中附加了一个条款[1]，说明他们可能会与谷歌达成其他协议。

---

1 这是一项例外条款，如果与谷歌达成收购交易，他们可以退出这项投资协议。

5.
收　　购

"他们买下了一个团队和一个梦想。我相信我们做得很好"。

——Brian Swetland

在 Android 团队与谷歌会面时，Larry Page 认为谷歌很有必要收购这家小公司来帮助他们构建一个平台，并进军移动市场。

虽然双方原则上已达成一致，但仍有很多细节有待敲定。Nick 回忆说，Android 和谷歌之间还需要解决两个大问题。首先是资金，双方需要在公司估值和支付方式上达成一致，包括最初的以及团队加入后的阶段性支付。第二个问题是承诺，Android 团队希望他们能够真正实现最初的愿景，而不是被大公司吞并后被遗忘。他们要谷歌答应在收购后继续支持 Android 的愿景，并提供持续的内部支持。

谈判从 2005 年春天开始，但 Rich Miner 遇到了一个问题：他和家人的假期与这段时间的紧急会议发生了冲突。最后，他在英属维尔京群岛的一艘帆船上远程参加了这些会议。"我需要找到有手机信号覆盖的码头。在两小时电话谈判期间，我得把船停靠在岸边，让其他人在海滩上享受他们的时光"。

"我们担心的是，'这对谷歌来说不具有战略意义，你们甚至都还没有开始关注WAP[1]或移动领域。我们认为这涉及大量的工作，完成这些工作需要资源。如果你们不想这么做，我们该怎么办？我们怎么知道我们一定可以获得所需的资源？'"

Larry Page 建议他们去找在谷歌负责产品和营销的高管 Jonathan Rosenberg 谈谈。Rich 记得他的建议："'谷歌不同于其他公司。其他公司会在项目进展得不顺利时投入大量资源。在谷歌，我们喜欢为进展顺利的项目提供资源。所以，如果你们把事情做好了，就会得到更多的资源。'这就是他的无上信仰，所以如果我们相信自己，只要让事情持续进展就能得到资源。"

Android 团队回到了谈判桌（和船）上，敲定了这笔交易，并于 2005 年 7 月 11 日加入了谷歌。

在加入谷歌几周后，Android 团队再次进行了推介。这一次是在谷歌的一次内部会议上，向一群高管推介。Andy 等人向他们展示了这个谷歌新收购的团队的计划。Swetland 在回忆这次会议时说："我们向他们做了演示，Andy 把幻灯片过了一遍。我记得当他讲到盈利问题时，Larry 打断了他，'别担心这个。我希望你们能做出最好的手机，剩下的我们以后再想办法。'"

---

[1] WAP = Wireless Application Protocol（无线应用协议），于 1999 年发布。在 iPhone 问世之前，移动行业曾经努力推动在移动设备上运行并行网络。Web 站点使用 HTML 来描述网页，WAP 站点则使用 WML，一种当时为性能有限的移动设备而专门优化的标记语言。大多数移动设备并不能提供完整的网络访问（Danger 的 Hiptop 手机是一个例外），所以运营商希望移动设备能够支持 WAP。

6.
在谷歌的日子

现在，Android 团队属于谷歌了。他们所要做的就是大量招人，然后把产品的剩余部分做出来并交付。简单吧！

事实上并不完全是这样。此时的 Android 与进入谷歌之前一样：它是一个秘密小项目，没有多少人知道，就好像只是碰巧撞进了谷歌的大门一样。谷歌收购 Android 并不是要让这个团队来填补已有团队的空白，而是让他们开始一项从无到有的工作。

那时，Android 团队总共 8 个人，其中只有一半的人真正写代码。他们需要从一个向投资者推介产品的小型初创公司发展成为一个负责开发和交付产品的部门。

任务还包括在新公司找到自己的方向。Tracey Cole 说："我们在 41 号大楼的过道待了很长一段时间。这很奇怪。他们就这么把我们撂在那里。"

Swetland 也说："对于我们来说，最重要的事情是要在一两个月时间里弄清楚如何站稳脚跟。我们从一个 10 人的初创公司来到了一家 4500 人的公司。最初的两周，我们只能在会议室里搭帐篷,因为他们没有给我们分配固定的办公室。在哪里干活?如何招人?"

下一步是招聘:Android 需要更多的人。但事实证明,在谷歌很难招到 Android 工程师。

在谷歌招聘

谷歌的招聘流程在科技行业是出了名的。大概就在那段时间,硅谷主干道 101 号高速公路上到处都是广告牌,上面印着一道神秘的数学题:

$$\{\text{first 10-digit prime found in consecutive digits of } e\}\text{.com}$$

当时,硅谷 101 号高速公路上的司机们都可以看到这道数学题。

这道谜题让司机们感到困惑。它没有提到谷歌,只有成功解开这道谜题的人才知道如何去谷歌面试。

一名工程师候选人要足够幸运,他的简历才能通过招聘者的筛选并进入系统。然后他可能面临多轮面试,包括电话面试和多名工程师参与的现场面试。

谷歌一直坚信,聪明的软件工程师可以做任何类型的编程工作,这就是为什么一些 3D 图形专家最后会去开发日语文本。他们的技能和经验让他们获得了面试机会,但他们最终做什么取决于谷歌需要他们做什么[1]。这也是为什么谷歌的面试通常会测试计算机基础知识(算法和编码)。他们的面试跳过了其他公司认为的必要步骤:盘问候选人的专业知识和简历上的亮点[2]。

总的来说,这种招聘方式对谷歌来说非常有效,因为谷歌的很多软件都是基于相似的系统,工程师可以很顺利地从一个组转到另一个组。反正要开发的都是软件,至于特定的产品

---

[1] 当时,在加入一家公司之前并不知道自己要做什么,也是一种很典型的情况。有时候,你可能在入职几天或几周后才被分配到某一个团队。

[2] 多年后我推荐的一位候选人在面试那天和我共进午餐。他说感到非常震惊,显然面试进行得不太顺利。我问他是什么情况,他说:"没人问我过去的经历,没有!"

知识，聪明的工程师可以从工作中获得。所以，谷歌招聘聪明的工程师，不要求他们具备特定领域的技能，并假设他们在进入谷歌后就能学到工作所需的知识。

这种招聘方式并不适用于 Android。比如，擅长开发服务器端数据分析算法的工程师可能不知道如何构建操作系统，或者不知道如何开发显示器驱动程序，或者不知道如何优化图形、UI 代码或网络。大多数学生所学的计算机基础知识不一定都包含这些内容，候选人在参加谷歌面试之前也不一定都从事过相关的工作。Fadden 说："我的一位面试官告诉我，要是按正常面试，谷歌可能不会录用我，因为我'太底层'了。我们很难招到移动设备 UI 工程师，因为移动设备 UI 与 Web UI 完全是两码事。"

构建一个像 Android 这样的平台所需要的技能，应该是那些工程师基于对特定领域的热爱，通过工作和在业余项目中锻炼而得来的。开发操作系统的工程师应该是那些**对开发操作系统充满热情的工程师**。这方面的课程不是每个人都会去学，而且就算学也一定是粗略地学，只有那些真正热爱操作系统开发的人才会在课外的实践和项目中学习自己需要的东西。

Android 需要的是专家，根本没有多余时间去培养那么多普通的工程师。要想在当时竞争如此激烈的手机领域取得成功，Android 团队需要尽快交付完整的产品。他们需要快速构建出平台，这意味着他们需要能够立即投入工作的领域专家，但擅长开发操作系统的专家不一定能顺利通过谷歌式的面试。

另一个问题是，当时谷歌更青睐有学术背景和毕业于顶尖工程名校的候选人。有丰富经验但没有获得传统学位的候选人不符合他们的胃口，很难通过面试。这给很多早期的 Android 团队成员造成了困扰，因为他们没有谷歌所期望的学术背景。他们当中有很多人连大学学位都没有，更不用说从顶尖工程名校毕业了。Fadden 说："因为大学平均成绩不够好，一位有 10 多年行业经验的老手的招聘流程被束之高阁。对于一家原本就青睐斯坦福博士的公司来说，收购一家只有一名上过大学的工程师的初创公司，这已经是一个相当大的转变。"

在谷歌开源办公室工作的 Chris DiBona 被请来帮助解决招聘问题。

Chris DiBona 和他的招聘解决方案

Chris自己的学业经历也很曲折。几年前，他辍学去了加州，留下一门没有修完的课 [1]。

---

1 最后，Chris 在谷歌工作期间完成了他的学士和硕士学位。

后来，他成为这个地区Linux用户组的社区组织者，并在2004年引起了谷歌的注意，经过13轮的面试，但只用了三天便加入了谷歌。

Chris成为谷歌招聘委员会的正式成员。这个委员会主要根据应聘者的面试反馈做出招聘决定。"在他们看来，我是一个有用的人。如果他们太宽松，我就扮演硬汉。如果他们太严苛，我就是那个容易相处的人。所以他们会请我来平衡招聘委员会。我和招聘人员及管理人员都是朋友。"

Chris的上司问他："你能帮Andy安排招聘吗？"

Chris曾经帮助谷歌的另一个"系统和平台"团队解决过类似的问题。这个团队也需要专家，比如Linux内核开发者，所以Chris知道如何解决这类问题。

"我们为这个团队组建了一个招聘委员会，进行非常规招聘——不要求候选人技能有多广泛，但必须有深度。我们就需要这样的人。"

Chris把Andy带到招聘委员会，开玩笑地告诉他："如果招聘人员跟你说'这个候选人是个专才，我们需要的是能做各种事情的人'，你就对她说'他们只会待在我的团队，否则我就炒他们鱿鱼'。"

Andy并没对招聘人员这么说，也没有因为员工太过专精而解雇他们。无论如何，这都不会成为问题。谷歌在发展，不管是Android还是其他团队，对各种工程师的需求也在不断增长。所以，他们鼓励招聘人员接受这些人，而这也奏效了。第一年，招聘委员会为谷歌招了大约200个人，其中有很多是Android团队的。拥有Android团队所需技能的人都通过招聘委员会进入了谷歌。

但是，让候选人通过招聘流程只解决了一个问题，如何找到合适的候选人是另一个问题。谷歌当时的主要业务是搜索和广告，还有一些Web应用，比如前一年发布的Gmail。Dianne Hackborn说："我从来没有想过要来谷歌工作，因为我不关心搜索和Web方面的东西。"Joe Onorato（曾与Dianne在PalmSource共事，后来加入了她在谷歌的框架团队）表示赞同："2005年我在申请加入谷歌时，我的女朋友问我为什么谷歌有这么多人，那个网站明明只有一个文本框和两个按钮！"[1]

此外，Android仍然是一个秘密项目。即使是在谷歌内部，大多数员工也不知道它。

---

1 谷歌的搜索页面仍然只有一个文本框和两个按钮，尽管现在的谷歌已经有了很多其他项目，并吸引了更多的软件开发者。但在2005年，它只有搜索、广告和Web应用。

Android 团队不能大肆宣扬自己正在招人开发操作系统、开发者平台或手机。一段时间后，有传言称谷歌正在开发一款"谷歌手机"，不过谣言传播者也就知道这么多。团队的人不能谈论这件事情。相反，他们会悄悄地联系前同事，希望他们来应聘。

Mathias Agopian（另一位 Dianne 在 Be 和 PalmSource 的前同事，于 2005 年年底加入 Android）在谈到口口相传式的招聘过程时说："已经加入 Android 团队的 Be 前同事说的好像是'你一定要来，来就对了'，但又不肯透露他们在做什么。"当 Mathias 和其他来自 Dianne 团队的人在谷歌面试时，他们继续用这种含糊其词的方式加以笼络："他们对我说：'你应该来谷歌，这里真的很酷！'"

2006 年加入 Android 团队的 David Turner 在面试时看出了更多的端倪："大部分面试我的人都是 Android 团队的工程师。他们不愿意告诉我为什么我应该加入这家公司，直到我问他们在以前的公司做过什么，他们才如实相告。大概经过了 6 次面试之后，我强烈地感觉到谷歌确实在启动一个有关智能手机或 PDA[1] 的新项目。"

Tom Moss 和他在东京的招聘

Android 的招聘困境并不是山景城总部所特有的，创造性的解决方案也不是。

Tom Moss（当时正在为 Android 拓展业务）曾在日本待过几个月。Tom 说："我们知道竞争是为了扩大规模，为此，我们需要走向国际。日本是我们的第一块试验田。"Tom 在日本的工作包括与 OEM[2] 和运营商商谈协议、向当地开发者宣传，以及为平台寻找本地内容。他还负责招聘，帮团队招聘能够处理平台本土化和相关工程工作的开发人员。

他一方面要巩固这个地区的一些合作伙伴关系，另一方面要帮团队招到更多的工程人才。常规的招聘难度就很大，日本办公室的候选人还要求不仅有一流的技术能力，还能说一口流利的英语。对语言的要求筛掉了很多有资格的候选人。Android 在日本的招聘进行得不太顺利。

---

1 PDA = Personal Digital Assistant（个人数字助理）。Palm Pilot 可能是这种设备最为成功的案例，它上面有日历、联系人和笔记应用程序等。智能手机提供了比 PDA 更多的功能，包括通信功能，随着它的普及，PDA 基本上就消失了。

2 OEM = Original Equipment Manufacturer（原始设备制造商），指生产真实硬件的公司。

为了鼓励内部员工应聘 Android 的职位，Tom 在日本谷歌办公室做了一次技术演讲。他介绍了 Android 和团队文化，并指出 Android 是谷歌的顶级项目。通过这种直接招聘的方式，他迅速从其他团队（如谷歌地图和 Chrome）招到了几名工程师。

尽管很难找到合适的候选人并让他们通过面试，但整个招聘过程并非都很糟糕。最明显的就是，谷歌不拘一格，愿意让合适的人加入公司。Mathias Agopian 在谷歌面试期间其实还有去苹果公司的打算。"我在谷歌面试的同时也在与苹果公司接洽。他们甚至给了我 offer，我也接受了。那是图形开发团队的一个岗位。我真的很高兴，因为我终于可以再次回到桌面领域了。原先参与开发的 BeOS 也是一款桌面操作系统。我真的不喜欢与手机相关的东西"。

"但因为我的签证问题，他们撤回了 offer。我的 H1-B 签证[1]快到期了。要想留下来，他们就得帮我办一张绿卡，但这很麻烦"。

"谷歌正好相反。我一开始就告诉他们，我的签证情况很复杂。他们说：'不管怎样，我们先面试吧'。面试后，他们给了我 offer，我立即向他们解释了我的情况。他们很坦诚：'我们以前从来没有遇到这样的问题，因为解决起来有一定的挑战性'。不过，他们没有说'这太难了'，而是说'这是一件很酷的事情！'而且承诺，如果办不成，我可以先在欧洲工作一年。我甚至还收到了苏黎世办公室的预备 offer！"

---

[1] Mathias 说："实际上，6 年期的签证已经过期了。我之所以还能留下来，是因为绿卡申请程序还在进行中。我无论如何都不能离开这个国家。那段时间我压力非常大。"

第二部分
构建平台

Android 平台是按照自下而上的顺序构建的。

如果一幢摩天大楼没有结实的地基和底下的 50 层楼,就很难为其建造顶层公寓,同样的,如果没有底层的操作系统内核、图形系统、框架、UI 工具包、API 和其他应用程序所需的基础层,构建 Android 应用程序也很困难。没有什么事情比你一脚踏进自己的顶层公寓,然后一路摔到大街上更糟糕的了。

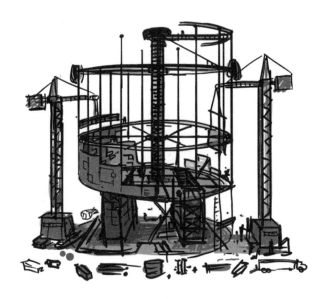

7.
系统团队

系统团队负责软件栈的最底层。你可以认为他们的工作就是将手机硬件（Sooner、Dream/G1、Droid 和团队开发的其他设备）与运行在设备上的软件连接起来。

在 Android（或其他操作系统）上运行的最底层的东西就是内核。内核是硬件和系统之间接口的组合，再加上操作系统用来使一切顺利运行的东西（比如启动系统、创建进程[1]、管理内存和处理进程间通信）。如果把手机看成一栋房子，内核就是地基、线路和埋在墙壁里的管道，这些管道会发出"滴、滴、滴"的声音，让你在半夜里无法入睡。

内核中的**设备驱动程序**负责处理硬件通信，可以将其理解为负责处理硬件通信的软件模块。例如，为了能够在屏幕上显示像素，驱动程序需要在图形软件（可以计算出每个显示的像素应该呈现出什么颜色，比如图像、文本或按钮中的像素）和用来承载像素的屏幕物理硬件之间转换信息。类似地，当用户触摸屏幕时，触摸动作会被转换成表示被触摸位置的原始

---

[1] 本质上说，进程就是不同的程序。每个程序都运行在自己的进程中，系统、系统 UI 和设备上的其他软件也都是如此。

硬件信号。这些信号作为**触摸事件**被发送给系统，然后由系统和对这些事件感兴趣的应用程序负责处理。

系统团队的一个基本任务是在硬件（手机或带有芯片、电路和屏幕的手机原型机）上**启动 Android 操作系统**。

Brian Swetland 和内核

因为 Swetland 有开发底层系统的背景，并且是第一个加入团队的人，所以很自然地成为 Android 系统团队的负责人。Brian 在 Android 被收购之前就已经在负责系统方面的工作，在转到谷歌后继续承担这个任务。

系统团队的主要工作是为早期的 Android 设备以及之后的所有新设备[1]开发内核。在 Android 还是一家初创公司时，内核只要能满足演示需求就行。但在转到谷歌之后，团队必须构建一个真正的产品：一个完整的基于可靠内核的操作系统和平台。

幸运的是，早期的原型内核提供了一个不错的起点："我之前做的一切都是以最终能变成真正的产品为出发点的。我不屑于只做一次性的演示。我们没有进程隔离[2]，但我们知道这会有怎样的后果。我们仍然需要内核、引导程序[3]、图形驱动程序，等等。在这个过程中，我们做了一些演示的东西，但又不局限于演示。我们要朝着成为操作系统的方向演进。"

Swetland 的这种远见来自之前公司的经历——当时，业务人员误解了演示和实际产品之间的区别。"做纯演示软件的危险之处在于，有人会认为这就是你最终要交付的东西。然后，你就要厄运临头了。"

所以，Swetland 开发的内核可以作为 Android 的基础："我们一直在完善用来做演示的内核。它基本上就是一个现成的 Linux，上面已经有了一些驱动程序。在加入谷歌后，我还为

---

1 或者至少是谷歌推出的或谷歌帮忙推出的设备，包括 G1、Droid 和 Nexus 系列。在早期，系统团队还为其他厂商设备的引导启动提供帮助，不过现在的厂商在 Android 方面已经有了足够多的经验，可以自己处理这些事情。

2 如果进程不是完全独立的，那么一个应用程序的稳定性可能会影响其他不相关的应用程序（甚至整个系统）。此外，出于安全方面的考虑，你通常会希望应用程序运行在单独的进程中，一个应用程序不应该具备访问其他应用程序内存（或数据）的权限。

3 引导程序用于启动系统——它负责装载内核，并验证文件系统是否处于良好的状态。它还负责显示你在启动手机时看到的动画。

F-Sample[1]的Linux发行版提交过一些补丁 [2]，上面有我的名字。在早期，我们并没有过多地考虑将补丁提交到上游[3]。"

与此同时，Swetland 和他的团队开始看到加入谷歌为他们带来的一些优势。在加入谷歌之前，"作为一家依赖德州仪器的小公司，确实有点痛苦，我们所能获得的支持与加入谷歌后所获得的不可同日而语。"在加入谷歌后，"获得供应商的支持变得非常容易。惊喜连连。人们不再担心需要花多少钱才能拿到开发主板，相反，会有人把硬件双手奉上。这是谷歌最大的优势之一，毕竟它是一家知名的大公司，而不是一家名不见经传的初创小公司。人们会耐心回答你的问题。但我们仍然需要努力争取获得支持，以免情况变糟。"

Brian Swetland 有一个传奇故事：他在 G1 发布前不久"发现"了额外的内存。他在发布之前提交了一个修复方案，将手机的可用内存从 160MB 扩展到 192MB，为操作系统和应用程序增加了 20%的内存，对于这个内存捉襟见肘的系统来说，这是一个显著的提升。

事实是，他知道怎样找到这些内存，因为那是他在一开始就藏好的。内核负责为系统的其他部分分配内存。在将内核带到 G1 上时，他对配置动了手脚，让报告的内存比实际内存少一些。对于系统的其他部分来说，可用内存实际上比物理内存少了 32MB。因为他知道，只要有可用的内存，开发者都会将它们用掉，但如果内存紧张，他们就不得不"抠抠搜搜"。

每个人都要确保自己的软件能在这个缩水版的内存上工作，因为他们能用的内存就这么多。在 G1 发布之前，他释放了剩余的内存，更多的可用内存意味着可以同时运行更多的应用程序。

后来加入团队负责蓝牙开发的 Nick Pelly 回忆说，并不是每个人都对这一结果感到高兴："这引起了很大轰动。浏览器团队不得不在周末加班解决错误的内存预算问题。我记得其中有一个人在 Brian '发现' 额外内存时冲进了他的办公室，并大声说了一些脏话。"

Ficus Kirkpatrick 和驱动程序

内核本身并不需要额外的人手。考虑到内核的复杂性及其在整个系统中的重要性，这可

---

1 德州仪器的一款硬件，早期的原型机都是基于这款硬件的。
2 为 Linux 的开源版做贡献。
3 "提交到上游"是指将代码推送到开源代码库中。当时，团队更专注于把自己的事情做好。

能会令人感到意外。不管怎样，Linux已经在那里了，如果有任何问题，Swetland可以应付。但内核驱动程序需要更多的人手。系统需要各种各样的硬件，内核需要处理好它们。所以Ficus Kirkpatrick在加入Swetland的团队后就开始忙于开发驱动程序，先从摄像头开始。

"我喜欢操作系统和底层的东西，这些也是我最擅长的，在Android的头一两年都是做系统底层的东西。我们决定采用Linux，所以内核方面没有太多的工作量，反倒是开发了很多驱动程序。我开发了第一个摄像头驱动，可以支持OMAP[1]。我还开发了音频驱动。"在有了音频之后，"我们可以传递缓冲，可以获取摄像头数据，我们可以用它们做些什么呢？"于是，Ficus开发了多媒体框架，并提供了可访问设备音频和摄像头的应用程序API[2]。

Arve Hjønnevåg 和通信模块

在早期，系统缺少无线电[3]硬件驱动程序，所以新的手机操作系统无法拨打电话。于是，Swetland请来了一位擅长开发通信驱动程序的人。

Arve Hjønnevåg于2006年3月加入Swetland的系统团队。他在Android团队是出了名的沉默寡言。他的同事Rebecca说，有时她会因为源代码管理系统的事来找他帮忙，在他回答完问题后，她会习惯性地要他"再多说几句"。

在系统可以与无线电硬件通信之后，Arve开始把精力放在电源管理上。因为现在硬件已经能够接打电话了，他还需要确保系统不会在通话过程中进入休眠状态。

当时，Linux是非常好的服务器和桌面系统（包括在笔记本电脑上）。但它不是为手机而设计的，所以需要加入新的功能来应对这种情况。当你合上笔记本电脑的盖子时，你希望它完全进入休眠状态，在再次打开盖子之前，你不希望或不需要系统中有应用程序在运行。

但手机完全不同，在息屏时，你可能不需要它继续运行任何东西，但至少可以继续接打电话[4]，或继续听还没有播完的音乐。

---

1 德州仪器的开放式多媒体应用平台处理器。

2 API = Application Programming Interface（应用程序编程接口）。API是位于应用程序和操作系统之间的一个层，应用程序通过调用它来获得Android平台提供的功能。附录的术语部分对API进行了更多的介绍。

3 澄清一下，这里的"无线电"并不是指调频、调幅和充斥着各种广告的早间DJ节目。这里的无线电是指用来与运营商网络和手机信号塔通信的手机硬件。

4 当然，这也取决于你在和谁通话。

于是，Arve 在 Android 的 Linux 内核中加入了**唤醒锁**的概念，确保息屏时不会完全关闭系统。在息屏时，Android 尽量让应用程序和系统的大部分事物进入休眠状态（因为耗电也一直是个大问题），但唤醒锁可以确保如果有某些东西需要在息屏后继续运行，那么系统可以保持唤醒状态。

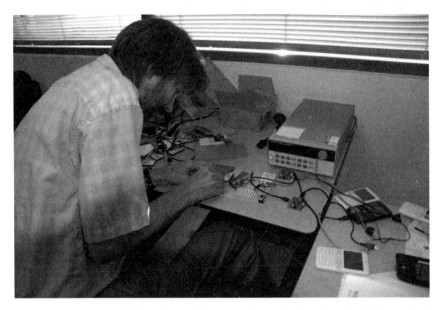

2007 年 10 月，Arve 在调试 G1 原型机，旁边是 TEK 电池仿真器和 Sooner 设备（照片由 Brian Swetland 提供）。

Arve将唤醒锁特性提交到了Android版本的Linux中。这个特性在Linux社区引起了不小的轰动，社区的一些中坚分子把这个特性看作是Android分叉 [1]Linux内核的一个范例。Chris DiBona(他参与过很多开源项目[2])记得当时在一个Linux大会上与社区成员交谈的情形。"有个家伙非常激动，他说'真不敢相信你们在做这个！'"

---

1 分叉是一个常见的软件开发术语，就是复制并修改某些系统的版本，本质上就是多出了一个新分支，出现了两个（甚至更多）具有不同功能的版本。在开源社区，这并非是一种受欢迎的做法，我们应该让每个人都为唯一真实的版本做贡献。但有时候你可能不得不进行分叉，就像那个唤醒锁的例子一样，一方面社区有自己的发展路线，另一方面你又要让自己的事情有所进展。

2 并且一直在参与，Chris 后来成为谷歌的开源主管。

"我说：'三年之后，这将不再是个问题。在这段时间里，Linux 社区要么接受我们的补丁——他们可能会稍做修改或给它起个不一样的名字，要么在市场上落后于所有的移动设备。所以，请和我们一起努力，做出一些可接受的功能。否则，我们将继续改进，因为电池续航对我们来说非常重要。'"

最后，Linux 并没有直接采用 Android 的唤醒锁，但他们确实实现了一些想法，解决的是同样的问题。

Iliyan Malchev 和蓝牙模块

屏幕驱动程序是系统团队需要解决的另一个问题。如果你看不到操作系统在做什么，那么它就算不上有多强大。Iliyan Malchev 加入团队后就开始着手研究这个问题。

来自保加利亚的 Iliyan 在 8 岁时就开始学习编程。父母为家里买了一台电脑，Iliyan 就开始摆弄它。"很神奇，我敲击键盘，屏幕上就会出现一些东西——这激发了我的兴趣。我不知道我在做什么。我也并不是马上就成为一名程序员。保加利亚使用的是西里尔字母，但所有的程序代码都是用拉丁文写的。我不会说英语，也不认识拉丁字母，所以我就一个字母一个字母地拷贝。"

后来，Iliyan 去美国上大学，并在高通工作了几年。这段经历对他后来在 Android 的工作带来了很大帮助，尤其是在系统团队，因为 Android 设备使用了大量的高通硬件。

Iliyan 于 2006 年 5 月加入 Swetland 的系统团队。他的第一个项目是让手机支持第二块屏幕："Swetland 扔给我一部带有两个显示屏的翻盖手机。他说：'让第二块屏幕亮起来。'Swetland 在这部手机上启动了 Linux，但没有给我任何文档。我猜他只是想给我点东西做，让我不要再烦他。"

在那个项目之后，团队很快就收到了 Sooner 设备[1]。Iliyan 接下来的工作是让输入设备可以正常工作：一个方向键（有向上、向下、向左、向右的箭头）和一个轨迹球。与此同时，

---

[1] 原本 Sooner 是第一款搭载 Android 1.0 的设备，G1（代号"Dream"）是第二款。但最终 Sooner 被放弃，这在第 37 章（"竞争"）中有描述。

他发现Android的体积变得越来越大,而设备有限的存储空间快要塞不下了,系统也在不断增长,所以他花了一些时间在优化系统体积上。

这款 Sooner 设备配备了键盘、方向键和很多按钮。

然后,他开始研究蓝牙模块,包括让驱动程序支持蓝牙硬件,以及为应用程序提供可与设备通信的蓝牙软件。"这是 Android 上的第一款蓝牙软件,但不是很好用。蓝牙是一个糟糕的标准。他们发明了这个东西,有着互联网一样的复杂性,却只用来支持无线耳机。它有点过度设计了。但我还是做了,后来把它交给了 Nick Pelly。Nick 接手了蓝牙模块,并让它运行了起来。如果有任何溢美之词,他都受之无愧。"

Nick Pelly 和蓝牙模块

Nick 在澳大利亚的一所大学学习计算机科学,但没想到最终会以编程为生。他在澳大利亚电信找到了一份与通信工程相关的工作,工作时间将从毕业间隔年后开始,也就是从他环游世界回来后。

但当他在加州旅行时,澳大利亚电信的工作泡汤了,所以他需要另找一份。他一直对硅谷很好奇,所以他很快就开始在这个地区寻找新的面试机会。只有一家公司给了回应:谷歌。幸运的是,他得到了这份工作,并于 2006 年加入谷歌搜索设备(GSA)团队。

2007 年 8 月,Ficus 和 Iliyan 在调试一些东西(照片由 Brian Swetland 提供)。

在早期,谷歌的主要业务是搜索,所以他们认为 GSA 是一款可以赚钱的硬件产品。他们向企业出售一种安装在架子上的硬件,用来为企业内部文件提供索引。它将谷歌的互联网搜索功能扩展到了企业内部网站上。后来,谷歌启动了广告业务,GSA 很快就不那么受关注了。在 Nick 加入团队时,这款产品已经不像以前那样有热度了,但 Nick 承认,"对于一名新手工程师来说,这是一个极好的学习谷歌搜索技术栈的方式。"

2007 年夏天,他看到了 Android 团队第一次向谷歌其他员工做演示。Nick 被震撼到了。"我是第一批加入这个团队的人员之一,但我没有相关的背景,既没有做过消费类电子产品,也没有做过平台级别的东西。不像 San、Rebecca 和 Mike[1],他们都来自谷歌的平台团队。我

---

1 San、Rebecca 和 Mike 属于系统团队,后面的章节将会介绍他们。

只有一年半其他方面的工作经验"。

"但我还是加入了 Android 团队，我对他们说：'太棒了。我什么都愿意做，你们有什么需要我帮忙的？'"

"Brian 说：'蓝牙！'"

"我知道他们野心勃勃，但这个东西可能会以失败告终。我告诉我的女朋友和妈妈：'它不太可能成功，但他们都很棒，我能学到很多东西。'"

Nick 接手了蓝牙，并很快就上手了。"在我开始进入正题后才发现这有多难，我被困住了。"他不仅要开发蓝牙驱动程序，还要让它贯穿整个 Android 平台和应用层。这项工作最困难的部分是让蓝牙支持各种各样的外围蓝牙设备。

"大多数蓝牙外围设备都有不少'怪癖'（其实就是 Bug），而且从来都没有推出更新固件，所以我们必须解决这些问题。我想出了一个简单的策略——每当发现蓝牙互操作有问题时，我就把设备买下来放到我的桌子上，把它作为手动测试的一部分。很快，我的两张桌子上摆满了各种蓝牙设备。我把它们都插在电源上充电，确保不会把充电器头弄丢，而且在运行测试之前不需要等待为设备充电。有好几次，在接到消防管理员的检查通知时，我不得不把它们全都清理干净，因为所有充电器都是菊链式的。"

"车载蓝牙设备有点麻烦，因为你不能把车子开进办公室。但很快，汽车厂商给我送来了一个装有汽车信息娱乐系统的派力肯箱子，这样我就可以在办公桌上测试硬件了。它们占满了我的桌子，并蔓延到走廊的各个角落。"

Brian Swetland 是 Nick 的上司。与早期 Android 团队的其他管理者一样，Swetland 也不会事必躬亲，他甚至拒绝与团队成员举行同步会议。Nick 回忆说："我记得几周后，我问他是否可以做一次一对一的面谈。他似乎对这个提议不太在意，但同意我安排一个。我照他说的做了。但他迟到了 10 分钟，而且说的第一句话是'我讨厌一对一……'在那之后，我们再也没有进行过一对一的交流。"

"但我记得 Brian 是我最喜欢的上司之一。他在系统方面的知识无人能及。他宽宏大量，没有微管理者的架势。他对手机项目很专注，对团队成员非常忠诚和友好。为 Brian 工作是我职业生涯中的一个高光时刻。"

2008 年 3 月,Nick 在办公室打盹。左上方是汽车信息娱乐系统,装在汽车厂商提供的保护箱内(图片由 Brian Swetland 提供)。

San Mehat 和 SD 卡机器人

> "当时有 100(华氏)度,正值夏季,我看着手机,听着这个人一遍又一遍地说着废话。"
>
> ——San Mehat

San Mehat的到来为驱动程序和引导系统启动提供了更多帮助。San在 2007 年加入Swetland的团队,大约和Nick在同一时间,也就是在SDK[1]发布之前。

当 San 还是个孩子的时候,他就开始在键盘上随意敲打,并慢慢学会了编程。他的父母在他们家的地下室开了一家电脑店,他经常在那里玩电脑。"有一天,我感到很沮丧。我

---

1 Software Development Kit(软件开发套件):这是与应用程序开发有关的一个通用术语。它是开发者开发、构建和运行应用程序所需的工具、库和 API 的集合。Android 的第一个 SDK 于 2007 年秋季发布。

在无意中按下了 Ctrl+C，然后出现了提示符，我不知道那是什么意思。我输入一些东西，它显示'语法错误'。我就想：'这是什么意思？'我又输入别的东西，它显示'未定义函数错误'。我又想：'这又是什么意思？'"他的表弟建议他输入"LIST"，然后他正在玩的那款游戏的 BASIC 代码就被打印在屏幕上。

San 学习编程的方式为他后来开发驱动程序奠定了良好的基础。开发硬件驱动程序的大部分工作是弄清楚硬件可以做什么以及如何让它们去做。其中大部分的工作都是实验，为了了解硬件的工作原理以及需要通过怎样的规则和协议与硬件对话。从 San 在父母家地下室的电脑上随意敲打开始，他就已经在弄清楚这些规则了。

在儿时，他通过业余爱好项目学习编程，比如破解软件。他之所以这么做，是因为当时加拿大还没有一个强大的软件市场，他只能通过破解才能玩上游戏。上高中时，他一直在编程，后来又为芯片和其他硬件系统开发内核和驱动程序，也在不断学习如何让软件与硬件对话。

San 没有上过大学。但具有讽刺意味的是，正是为了向孩子们展示上大学的优势而创造的实习机会让他决定不去上大学。

他获得了一个在贝尔北方研究公司（BNR）实习的机会，工作内容是 CPU 模拟器。在那里，他学会了新的编程语言，并了解了处理器的内部结构。他非常热爱这份工作，并希望能够留在 BNR，但他知道，他的高中成绩无法让他进入那种足以让他留在这家公司的大学。因此，他决定跳过这一步，和一些朋友做起了互联网服务提供商（ISP）。一路下来，他不断地破解操作系统和一些硬件，积累了一名优秀的驱动程序开发者必备的技能。

"给我一个奇怪的硬件和配套的驱动程序，我可以通过分解软件和分析硬件进行逆向工程，写出另一个可用的驱动程序。"

2005 年，San 加入了谷歌的平台团队，为定制硬件开发驱动程序。2007 年，他转到了 Swetland 的系统团队。

"我加入团队是为了开发G1。一开始，它是基于高通的'冲浪板'，一种手机主板原型，是MSM芯片组[1]的一次重大突破。它就像一部手机，对外部提供了各种各样的测试点，我们可以通过这些测试点加载代码并执行各种任务。"

---

1 MSM = Mobile Station Modem（移动站调制解调器），高通的系统芯片（SoC），集成了所有必需的移动硬件。

2008年2月，San在对电池进行散热测试（用打火机）。高通的"冲浪板"就放在桌子的后边（图片由 Brian Swetland 提供）。

在刚加入团队时，San 的主要工作是引导系统启动。"那时候，引导启动是非常底层的操作，比如时钟控制、电源轨和功耗控制。" G1 的第一个系统异常复杂。它有两个 CPU，分别通过高通的控制器芯片（ARM 9）和 Android 芯片（ARM 11）来控制。要启动 G1 需要先启动高通芯片，然后再启动 Android 芯片。

"我的任务是开发驱动程序。我必须弄清楚如何让这两个东西相互通信，然后把时钟控制和电源轨连接起来，这样就可以打开外设，比如SD[1]控制器（用来识别出SD卡）和图形控制器。我搞定了所有底层的细节工作，然后开始捣鼓SD卡。"

G1 的 SD 卡出现了一个有趣的问题。首先，SD 卡有两个用途：存储和使用 Wi-Fi。SD 卡通常被认为是可插拔的存储介质，但在当时，SD 也会被用来提供 Wi-Fi 功能（存储卡上有 Wi-Fi 芯片，但没有存储介质）。

SD卡很重要，因为它控制着这两个功能，但要搞定它又很难。"Android团队没有人知道SD卡的工作原理。你无法获得SD卡的规格，因为要获得规格，你必须加入SD协会，而协

---

[1] SD = Secure Digital（安全数字），就是 SD 卡，它现在仍然用作相机（和一些手机）等设备的可移动存储。

会不允许你用SD卡做任何与开源有关的事情 [1]。所以我必须对SD卡、SD卡协议和SD IO协议（用于Wi-Fi）进行逆向工程，并对一堆驱动程序进行逆向工程，这样我才能知道如何重写驱动程序。我在这上面花了几个月时间。"

San 让 SD 卡（存储和Wi-Fi）运行起来，但又出现了一个新问题。G1 的 SD 卡对用户来说是可访问的，可以在任何时候被插入或弹出。"有人认为应该把 SD 卡放在侧边，支持热插拔。如果你试图在 Linux 系统中插拔硬盘，日子会很不好过，最糟糕的情况是设备在几乎没有任何警告的情况下被扯掉。你可能正在向磁盘写入数据，比如半分钟前拍了一张照片，这些缓冲数据仍然在操作系统的页面缓存中，但在那半分钟时间里没有被写到磁盘上。"

G1 的 SD 卡插槽上有一个盖子，用户要取出存储卡必须先打开它。在打开盖子时，一个信号会被发送给系统，这个信号可以作为一个提示，告知系统用户有可能要拔出存储卡，系统随即让所有的模块进入稳定状态。但是，要找出代码中所有需要处理这个信号的地方是很困难的。更糟糕的是，要调试这个问题需要进行大量乏味的弹进弹出操作。一遍，一遍，又一遍。最后，San 向其他人求助。

他找到 Andy："'你们都对机器人感兴趣，有没有人能帮我做一个这样的机器人？'他听完给我介绍了一个人。我告诉他我想要的是一个小机器人，我可以通过软件来控制它插拔存储卡，然后我会做一些小的闭环测试。这样我就能够跟踪到所有 Bug。" San 就这样用 SD 卡机器人一个接一个地跟踪 Bug，直到系统可以可靠运行。

San 的 SD 卡机器人，它不断地将存储卡插入拔出，让 San 可以调试 Bug（图片由 San Mehat 提供）。

---

1 这是 Android 的一个整体要求，贯穿团队所做的一切。如果代码不能开源，那么它就不能成为平台的一部分。

G1 之后：Sapphire 和 Droid

G1 上市后，San开始开发代号为"Sapphire"（也就是后来的T-Mobile G2 MyTouch）的设备。这款设备的主要工作是优化性能。"它的速度慢得要命。它本来比G1 稍快一些，但Romain[1]和其他家伙（平台和应用程序团队的人）在上面加了很多笨重的软件，所以在切换应用时总是会出现混乱和延迟。我在那个项目上花了很多时间优化内核，使得性能有了很大的提升。"

G2 上市后，San 的下一个任务是开发摩托罗拉 Droid。他要解决的一个问题是如何处理手机断电问题。这个问题非常复杂。"这些东西大概有 30 个不同的线路，它们都是独立控制的。关掉手机就像是在跳一段曼妙的舞蹈：先关掉这个，等一会儿，再关掉这个，然后关掉这个，然后是这个……一路下来，手机变得越来越迟钝。"

"Droid 的问题是这样的：手机会处于空闲状态或者你会把它关掉，这时来了一个电话，但手机永远不会响。为了降低功耗，我们会停止监听调制解调器，所以它也会被关掉。调制解调器试图唤醒我们，但我们已经不再监听调制解调器了，我们执意要去睡觉。我们去睡觉了，然后调制解调器在喊：'但，但，但，但是……！'"

"最后我们发现，硬件上少了一根连接调制解调器和CPU的导线，而这根导线实际上是用来唤醒调制解调器的。"但要修改硬件已经太迟了[2]，所以他们最终通过其他导线发送唤醒信号来解决这个问题。

San发现Droid的Wi-Fi系统有一个Bug，这个Bug会导致视频出现停顿。"在一场美国小姐选美比赛上，有人对一对男女之间的婚姻发表了非常有争议的评论。这时Hiroshi走进我的办公室说：'我们遇到了一个大问题。YouTube视频出故障了，但只在用Wi-Fi观看时有问题。'我说：'这可能与DMA[3]有关。给我一个参考视频。'"

Hiroshi 把视频和故障发生的时间发给了他，视频刚好是美国小姐选美比赛尴尬的那段。

1　San 说的是 Romain Guy，我们将在第 14 章（"UI 工具包"）中介绍。

2　这是硬件开发和软件开发之间的根本区别。如果你在发布软件的最后期限发现了 Bug，你仍然可以修复它。事实上，你甚至可以在发布后再修复，只要你有办法将更新推送给用户。但对于硬件来说，只要出现了 Bug，就会一直存在，通常无法通过重启硬件来解决，至少无法在不导致大规模延迟和增加成本的前提下解决。因此，硬件故障通常是通过软件临时方案来解决的。

3　DMA = Direct Memory Access（直接存储器访问），一种不依赖 CPU 就可以访问的内存。它对于内存密集型硬件子系统（如存储和显示）来说非常有用，可以让这些子系统在 CPU 忙于处理其他任务时直接读写内存。

San 花了两天时间调试，一遍又一遍地听同一个视频片段。"每当我听到有人提到美国小姐，我就有一种身处酷热的核桃溪市的感觉。当时正值夏季，有 100（华氏）度，我看着手机，听着这个人一遍又一遍地说着废话。"

Rebecca Zavin 和失宠的设备

"我们造了保险箱，却忘记了围墙"。

——Rebecca Zavin

为了推动 1.0 版本的发布，系统团队需要更多的援兵。于是，Rebecca Zavin 于 2008 年年初加入团队。

Rebecca 接触编程的时间比 Android 团队其他人要晚得多。她是在上大学时才开始接触编程的。她一直以为自己会成为一名医生，所以上了大学，拿到了化学工程系的医学预科学位。就在那时，她发现自己讨厌化学。与此同时，她得到了一份为计算机科学系建立实验室的差事。她开始越来越频繁地去计算机系上课，就在那时开始对编程入了迷。

大学毕业后，Rebecca 进入了研究生院，并最终加入了谷歌，与 San 一起在平台团队工作。在 San 转到 Android 团队大约一年后，Rebecca 也想尝试一些新的东西。"我想走出舒适圈，做一些有挑战性的事情。"于是，她于 2008 年 1 月加入 Swetland 的系统团队，也就是在 SDK 发布两个月之后和 1.0 版本发布之前。

加入新团队的第一天，她在办公室里调试内核的一个问题，一直待到晚上 9 点以后。"Swetland 当时的反应是：'好吧，这样就大功告成了。'"

团队刚刚发布了 SDK，现在他们需要让所有东西都能在真正的设备上运行。Rebecca 最开始负责 Android 的显示驱动程序。Swetland 只给了她一个最简陋的驱动程序。在捣鼓了一会儿之后，她向他抱怨说，这东西 Bug 实在太多了。他告诉她那只是个原型，不应该拿它当真的用。她说："你应该早点告诉我。我还以为你一切尽在掌握呢。"

搞定驱动程序后，Rebecca 开始研究内存子系统。在接下来的几年里，她一直在做这个子系统。她的目标是最小化比特位在系统中流动的副本数量（因为拷贝操作开销很大）。例如，用摄像头拍了一张照片，缓冲区里有很多像素需要发送给 GPU（图形处理器），然后是给视频解码器，最后是给显示内存。最简单的做法是将像素复制到每一个目标子系统中，但这需要耗费很长的时间和大量的内存，特别是如果照片的体积很大的话（即使是用当时配置有限的摄像头拍的照片）。最终，她让系统实现了零拷贝。

在 2008 年年底 G1 上市后，Rebecca 开始着手下一款设备的开发工作：摩托罗拉 Droid。

Droid 是一个失宠的项目。团队的其他成员在开发代号为 Passion 的设备，也就是后来的 Nexus One。Passion 将会是一款谷歌手机，将拥有所有最新和最伟大的功能，这让团队兴奋不已。而摩托罗拉的设备似乎备受冷落。

Rebecca 回忆说："没人想碰它，它太丑了。每个人都对 Nexus One 着迷。那么 Droid 该怎么办？我们只能靠自己。不久之后，它却成为团队的一件大事，因为 Verizon 发布的第一款手机就是它[1]。"

它的芯片组来自德州仪器，这家公司为芯片提供了驱动程序。不过诺基亚也提供了一个替代驱动程序，Rebecca 建议使用诺基亚的。

"我们和摩托罗拉开了三方会议，我告诉他们：'我认为我们不应该使用德州仪器的内核，它就是一个烂摊子。我们应该使用诺基亚的'。我接到德州仪器销售人员的电话，他说：'摩托罗拉的人打电话给我，说你说我们的代码是垃圾。'"

"我说：'我觉得我没有在会上说这样的脏话。'"

尴尬的重启 Bug

高效的执行力是早期 Android 团队的一大标志。在 3 年内从无到有发布了 1.0 版本，这已经十分令人惊讶了，而且这一版本为后来奠定了坚实的基础，确保 Android 很快成为世界上发行最为广泛的操作系统之一。

我发现，不小心将咖啡洒在自己身上的概率与我移动的速度成正比。要避免咖啡洒出来，就要放慢速度。在早期，每个人都跑得如此之快，以至于他们有时候注意不到一些只能在谨慎和慢节奏的环境中才可能发现的事情。通过聊天应用程序重启手机这个著名的（至少在团

---

1 那次发布投入了大量的营销资金，进行了大量的宣传，最终卖出了大量的 Android 设备。第 45 章（"Droid 成功了"）有更多关于 Droid 的故事。

队内部众人皆知)"特性"就是一个很好的例子。

在发布1.0版本时，Jeff Sharkey和Kenny Root都是外部开发者（后来都加入了Android团队）。早在发布第一个版本之前，他们就在修补Android。Kenny基于1.0预发布版SDK开发了一个SSH客户端（用来登录到远程计算机的应用程序）。为了能够兼容后续的Android版本，Jeff对它进行了更新，并添加了更多的功能。它最终被命名为ConnectBot，这是Android Market[1]最早的应用程序之一，也是名列前茅的SSH客户端。

在刚开始开发ConnectBot时，他们从一些用户那里收到了一些奇怪的Bug报告。Jeff说："我们收到一个奇怪的Bug，有人说他们在用SSH登录家里的服务器时，只要输入'reboot'，手机就会重启。我们觉得他们一定是吃错药了，于是以不必重现的理由把它们关掉了。"[2]

但这个Bug被证实确实存在，而且对Android来说有点吓人。

Rebecca Zavin说："人们发现，如果在Gchat[3]中输入'root'[4]，就可以获得手机的root权限。然后他们又惊奇地发现，输入'shutdown'或'reboot'也同样奏效。"

Rebecca解释了这个Bug是怎么来的。"键盘事件会被发送到打开的控制台。我们很喜欢打开串行控制台[5]，因为这样很方便。所以，为了方便调试，我们把root控制台留在那里……但其实我们应该记得把它关掉。"

"我们在使用帧缓冲控制台时这个Bug就会出现。你可以切换到另一种模式，在这种模式下可以看到日志输出，就像在Linux系统中看到的那样。你会看到左上角有一个黑色方块。这是

---

1 Android Market是最初的应用程序商店的名称，后来改名为Play Store。

2 软件产品的Bug被记录在某种Bug数据库中。工程师会向数据库中添加更多信息，便于诊断问题。在理想情况下，Bug（最终）会被关闭。在最好的情况下，Bug会以已修复（Fixed）的状态关闭。在最坏的情况下，（对于提交Bug的人来说），Bug会以符合预期（Working As Intended，意思是，"是的，你是对的，现象就是这样。我们认为这个现象是对的。"）的状态关闭。但对于所有人来说，最令人沮丧的情况是不可重现，这意味着"我们相信你……但我们无法在自己的设备上重现这个问题，如果我们不能重现问题，就无法修复它。"

3 Gchat是Google Talk的非正式名称。Gchat最终被Hangouts和Google Chat取代。

4 如果你拥有计算机的root权限，就可以做一些普通用户无法做到的事情，比如删除重要文件、关闭或重启系统。你通常不能通过输入root来获取root权限（黑客很喜欢利用系统的后门安全漏洞，但能够如此轻易地获取root权限不太像是一个后门，更像是一个虚掩着的前门）。

5 串行控制台就是终端窗口，就像Windows上的DOS窗口或Mac上的终端一样，你可以通过它向系统输入命令。

定时器的问题。当你回到图形界面时,一些竞态条件[1]会导致光标闪烁。所以Steve Horowitz会告诉我:'黑色方块,那里有一个黑色方块!'"

"在花了大量时间尝试解决这个问题后,我想:'还是把帧缓冲控制台关掉吧。为什么我们一定要在设备的屏幕上看内核日志?这很愚蠢。我们把它关掉后,这个问题就一定会迎刃而解了。'"

"但是,当我们把控制台关掉,问题还在。我们都一脸茫然。"

"我们造了保险箱,却忘记了围墙。"

Jeff 说:"在 ConnectBot 中输入的'reboot'实际上被发送给了远程服务器和手机,这就解释了为什么会出现意外的重启。"

Nick Pelly 记得这个 Bug:"我们以为这是有人想出来的某种巧妙的黑客手段。你敲入每一个字符都进入了根 Shell。"

Kenny Root 补充道:"这可能为 G1 的第一个'root'打开了大门,但我发誓它不是以我的名字命名的。"

2008 年 3 月,Rebecca 在做调试(照片由 Brian Swetland 提供)。

---

1 竞态条件是导致软件出现 Bug 的常见原因。本质问题是软件(或整个系统)的两个不同(可能不相关)的部分试图同时访问相同的资源。但因为它们是独立运行的(在同一个进程的不同线程中,或者在不同的进程中),所以我们无法预测哪一个会先得到资源。我们一般会把代码写得足够灵活,以处理好任何可能出现的访问顺序问题。但我们很容易忽略代码中随机出现的访问顺序,而且竞态条件出现的概率很低,我们可能永远都不会看到它被触发,但在我们无暇盯着屏幕的时候它却可能碰巧在其他地方被触发。

一路上，Android 也遗漏了其他一些细节。每个人都太忙了，因为有太多的事情要做。幸运的是，这个平台得以生存下来，团队能够时不时地回过头来修复这些问题（至少是我们已经知道的那些）。

Mike Chan 和 B 团队

> "我们感觉自己要改变世界。我们做到了。"
>
> ——Mike Chan

在发布 1.0 版本之前，加入系统团队的最后一个成员是 Mike Chan。

Mike 早在中学时期就想成为一名程序员。当他看到淘金者（Lode Runner）这款游戏时，希望长大后从事电子游戏开发工作。然而，这个梦想并没有持续多久。上高中时，他对管理计算机系统更感兴趣。但在大学里参加了编程课程之后，他又回到了最初的梦想——成为一名程序员。踏出校门后，他在谷歌找到的第一份工作决定了他后来的命运。

他于 2006 年加入 San 和 Rebecca 所在的平台团队。和他们一样，他最终于 2008 年 2 月转到了 Android 团队，比 Rebecca 晚了一个月。SDK 项目已经启动了，但在发布 1.0 版本之前还有很多工作要做。

安全毯

Mike 的第一个项目是在 1.0 版本发布之前确保 Android 的安全性，这看上去似乎没什么压力。

Android 从一开始就考虑到了安全性。Swetland 特别想为 Android 实现一个比他在 Danger 做得更加安全的模型。Hiptop 设备的配置非常有限，没有可用于保护应用程序的硬件，所以只能依赖软件机制。Brian 要求所有的 Android 设备都必须通过 MMU[1] 来提供硬件安全性。

---

1 MMU = Memory Management Unit（内存管理单元）。这种硬件将进程使用的内存地址转换为设备上的实际物理内存。这种方法可以确保一个进程不能（有意或无意地）读写另一个进程的内存，因为它没有对物理内存的访问权限。

另一个安全问题是将所有的应用看成是设备上的独立"用户"。在其他操作系统上，不同用户之间是相互隔离的，但不一定能实现同一用户的自我保护。例如，你在电脑上创建了一个用户，这个用户创建的数据将受到保护，不受系统中其他用户的影响。但是，这个用户安装的所有应用程序都可以访问这个用户的数据。在用户和用户安装的应用程序之间存在一种隐式的信任。

但 Android 的工程师们认为，设备上的应用程序（确实）不应该被信任。因此，Brian 的设计不是让应用程序以安装用户的身份运行，而是将每个应用程序作为一个独立的用户。这种方式（通过 Linux 内核的用户 ID 机制）可以保证同一台设备上的应用程序不能自动访问其他应用程序的数据，即使其他应用程序也是同一个用户安装的。Brian 提供了一个底层服务来创建和销毁用户，或以用户的身份运行应用程序。框架团队的 Dianne Hackborn 将这个服务与应用程序权限集成在一起，并构建了应用程序 UID 管理策略。

硬件保护和应用程序用户机制已经搭建起来了，但还有很多细节需要改进。例如，尽管应用程序进程之间是相互隔离的，但很多内置的系统进程具有更高的用户权限，能够访问设备上超出它们需求范围的数据。

在那段时间，iPhone刚刚被"越狱"[1]，这是一个很好的警示，他们必须在发布 1.0 版本之前完成这项安全工作。

Mike 认为这个项目不仅拉开了 Android 和操作系统安全模型的精彩序幕，也凸显了 Swetland 的管理风格："Brian 喜欢把你扔到深水区，看看你会沉下去还是会游起来。"

作为 Mike 的第一个项目，它确实有点过大了。他不仅肩负着完成任务的压力，因为他必须在首款设备发布之前完成，而且这也影响到了其他开发 Android 平台和应用程序的人。所以，他的压力很大。"一旦我修改一些东西，总是会影响到其他地方。这让人感到很痛苦。所有团队都会抱怨哪里又出了问题，而我要尽快把它们解决掉。"

"Steve Horowitz（当时是 Android 的工程总监）盯着我说：'是你捅了娄子！'我说：'我知道是我捅了娄子，所以我正在补救。但你站在这里看着我，并不会让我更快地修好它。'"

"那是一次艰难的考验。我们学到了很多东西，接触到了系统的方方面面，也搞砸了很多事情。"

---

[1] "越狱"是指通过修改操作系统来移除或改变设备对软件的限制，以便安装没有在 App Store 上架的应用（也就是所谓的 **Sideloading**）。

Mike 的下一个项目是改进电池续航。在 G1 发布之前，电池续航非常糟糕。更糟糕的是，团队之间互相推诿，都把问题归咎于其他团队。"应用程序团队责怪框架团队，框架团队责怪系统团队，系统团队责怪应用程序团队。"

Andy 不在乎是谁的错，他只想解决问题。他把这个问题交给了 Swetland，Swetland 又把它扔给了 Mike。

Brian 问 Mike："你对电源管理了解多少？"

Mike 回答说："一点都不懂。"

"好吧，我建议你现在开始学习，因为这件事现在由你负责了。"

Mike 很快意识到，造成这个问题的部分原因是我们不切实际的期望。"我这样向他们解释这个问题：你们告诉我说，我们必须要有和 iPhone 一样的电池续航。我们能够在后台运行应用程序[1]，我们有更大的屏幕，我们可以运行后台任务，我们是最早支持 3G 的，但我们的电池容量却比它们小。"

Mike 做的一件事情是在系统中添加工具来了解哪些地方在耗电。在此之前，他们也可以看到电池正在被消耗，但不知道是哪里消耗的，所以很难找到和解决根本问题。一旦他们知道问题出在哪里，就知道怎么解决了。

Mike 还和框架团队的 Dianne 之间有持续的争论。很多电池问题都是因为应用程序的不良行为造成的，比如长时间持有唤醒锁[2]，但用户只会把问题归咎于系统。"我一直在推荐一种更显式的系统，如果应用程序进入后台，就要强制释放资源，但这样会导致平台不灵活。Dianne 坚信这不是平台的问题，而是开发者的问题，所以正确做法应该是教育应用程序开发者。"

"这是我们之间多年来的一场争论。"

调速器是 Mike 参与的另一个项目。

调速器是操作系统的一种调节机制，通过改变 CPU 的速度或频率来减少耗电。例如，如果你的 CPU 运行得很快，就会消耗更多的电量，但如果此时设备处于空闲状态，这些电

---

1 当时，iPhone 不允许这样做，但这却是 Android 早期的一个显著特征。
2 唤醒锁（前面已经介绍过）防止系统进入睡眠状态。它是系统的一个强大且必要的组成部分，但如果使用不当，可能会导致严重耗电，因为它会让系统一直保持唤醒状态。而如果使用得当，它会让系统进入睡眠状态，以减少耗电。

量就浪费掉了。调速器可以检测到这些不同的运行模式,然后相应地调整 CPU 频率。

在 G1 发布时,唯一有效的调速器是 Linux 内核自带的被动调速器。它是一个非常简单的系统,只有两种设置:全速和空闲。这总比什么都没有好,但对于 Android 来说还不够好,因为它的设计只考虑到了运行在服务器或桌面机器上的 Linux,并没有考虑到移动设备的特点。

Mike 开始捣鼓调速器,但有一次在 Andy 向谷歌高管们做演示时发生了意外,他不得不把这个项目先放到一边。

Mike提交了一个修改,这个修改会在无意中导致手机变慢。"我在master分支[1]上做了实验,它非常省电,但这以牺牲性能为代价,手机基本上就不能用了。"

与此同时,Andy正要与Larry和Sergey开月度评审会,向他们演示这个项目的进展。Andy拉取了master分支的代码,构建好应用之后直接刷[2]到手机上,就去开会了。

在会议上,他用这个版本做演示,但进展得并不顺利。

"他回来了,很生气。"

这件事给 Mike 狠狠地上了一课。他认识到在提交代码之前对代码进行测试的重要性。同时,他也意识到有一个支持他的上司是多么重要。

"Brian 在走廊里和 Andy 面对面站着,大声说,没有经过任何测试就使用 master 分支的代码是他的错。我们所做的一切都是为了按时发布 Android,我们没有时间去确保你的演示是完美的。我从没见过有人吼 Andy。他没有提及我的名字,但他知道那是我写的代码。"

"后来,他回到我的办公桌前,平静地告诉我,回滚所有修改的代码,在发布之前不要再动它们了。"

---

1 所有的代码变更都会被合并到"master"分支。对于特定的设备或场景,通常会用到不同的分支,但产品主要代码的提交、构建、测试和发布都发生在 master 分支上。将变更提交到 master 可以确保每个人都能获取(无论好坏)。

2 Android 团队用"刷"这个词来表示安装应用(Android 设备使用了"闪存",所以就有了这个词)。如果你的电脑上有一个构建好的应用,就可以直接刷到手机上(通过 USB 数据线将手机连接到电脑)。Android 大楼里还设置了"刷机站点",你可以在这里将最近构建好的应用刷到设备上,为实现不同的测试目的而安装不同的版本,或者如果之前安装的版本不好,可以重新刷,就像这个故事里所发生的那样。

B 团队

Mike加入了Rebecca所在的Droid项目。系统团队被分成了Passion(后来的Nexus One)和Droid两部分。Swetland记得:"我当时决定把系统团队分成两个小组,分别开发Passion和Droid,并在团队会议上说明了这一点:'我们需要一个A团队和一个……'我还没来得及说完,Erik[1]就接过了话茬——'B团队!'让我感到尴尬的是,他们居然还把它当成了一种荣誉勋章。"分到Passion小组的人大多是对这款设备比较熟悉的人。Rebecca开玩笑说,Droid项目归"B团队",因为他们正在开发一款他们并不感兴趣的设备。Passion小组对他们的项目倾注了所有的爱和激情。

Mike 说:"每个人都认为 Nexus 将会是一款重磅手机——第一款谷歌品牌的手机,没有键盘,有着非常漂亮的设计,还有 OLED 屏幕。这将会是一部很好的手机。"

与此同时,Droid 的硬件设计在当时并不算惊艳。"人们总是说这个设计会非常棒。但在公布设计时,它看起来就像是一个丑陋的方形物。我当时想,这只是初始原型,最终的设计应该会不一样,对吧?不,这就是最终的设计。"

最终,Verizon 为 Droid 所做的品牌推广和市场营销超过了谷歌为 Nexus One 所做的一切。我们将在第 45 章("Droid 成功了")介绍更多的细节。

构建健壮的系统

在继续讲述软件技术栈的其他内容之前,有必要回顾一下系统团队的开发方法和他们所取得的成就。首先,他们开发的东西是操作系统其他部分的基础,甚至能让手机启动起来,更不用说自己的正常运转了。同时,他们的工作方式也体现了 Android 团队一贯的工作风格,他们不局限于眼前的需求,而是期待着他们所设想(或期待)的 Android 最终会是什么样子。

例如,他们不只将精力放在眼下正在开发的一两款设备上。Android 团队的其他成员也在适配 1.0 版本之前开发的 Sooner 和 Dream 手机。系统团队让 Android 能够在完全不同的设备上运行,让它变得更加健壮和灵活,以便在未来支持完全不同的硬件。

此外,团队并不只是简单地将硬件厂商提供的驱动程序组合在一起,他们从头开始重写,

---

1 Erik Gilling 是当时系统团队的另一名成员。

力求可靠、健壮。

在谈到团队的这种做事风格时,Nick说:"为什么说系统团队不只是一个做集成的团队?集成更多的是把一些东西拼凑在一起,从厂商那里拿到驱动程序,让它们在 Android 上运行,而不是自己开发驱动程序。"

2007年感恩节,Android被移植到这款诺基亚设备上,这也就是Swetland所说的"节日移植"(图片由 Brian Swetland 提供)。

"我们写了一大堆其他公司不会写的设备驱动程序,他们只会用厂商提供的 Linux 参考驱动程序。在那个年代,那些 Linux 参考驱动程序都是垃圾。这是一个很关键的决策,我们不想只是使用这些参考驱动程序,我们要重写它们,提升它们的质量,把它们推给上游,并提供维护和支持。其他人可以跟随我们,'分叉'我们的驱动程序,或者直接使用它们。"

2008年3月,Android被移植到电脑上。但笔记本电脑的横向屏幕不能完美地显示纵向模式的手机屏幕(图片由 Brian Swetland 提供)。

"我们最终得到了高质量的驱动程序。当然,也会有一些Bug,但程序还是比较稳定的。如果你使用了糟糕的驱动程序,它会让你付出稳定性的代价——外设会出现随机的故障或者设备会重启。如果没有好的驱动程序,没有唤醒锁之类的东西,就很难进行电源管理,这样只会影响电池续航。"

"这个关键性的决策,我认为在很大程度上是Brian的功劳,他引导我们走上了正确的道路。我们正在用正确的方式构建一个高质量的代码库。"

8.
Java

"过完圣诞节,我很早就回来了,兴致勃勃地跟 Rubin 聊天。他告诉我,周末他和 Brian 共进晚餐,决定用 Java 开发所有的东西。"

——Joe Onorato

选择编程语言

编程语言的选择似乎与 Android 的发展密切相关,但又不那么显而易见。毕竟,编程语言只是向计算机输入信息的媒介,这真的有那么重要吗?

是的，很重要。有经验的程序员能够并且确实一直在学习新的编程语言，但即使是这些程序员，也会总结出一些能够让他们更高效地使用自己熟悉的编程语言的模式。一些中间件或开发库可以从一个项目被带到另一个项目，它们的作用也不容忽视。事实上，程序员既可以将某些开发库[1]作为某个项目的依赖项，又可以用它们来启动其他项目，这种做法极大提升了每一个新项目的效率，因为他们不需要不断地重新发明轮子。

所以，选择Java编程语言[2]是一个很重要的决定，因为在Android发布的时候，Java是全世界软件开发者正在使用的主要编程语言之一。开发者可以使用他们现有的编程语言技能开发Android应用程序，从而省下了用于学习一门新语言的时间。

但在早期，采用哪一种语言并不是一个显而易见的选择。实际上，当时在 Android 内部有 3 个选择。

首先是 JavaScript。事实上，他们在一开始只有一个选择，那就是 JavaScript，因为 Android 最初是一个用 Web 编程语言开发的桌面应用程序。

开发者用JavaScript开发我们平常访问的网页。我们可以看到浏览器页面上有东西在移动，这种动画效果通常是用JavaScript实现的。但作为一门编程语言，JavaScript显得有点凌乱。开发者可以用JavaScript实现基本的功能，但JavaScript本身的一些基本概念[3]导致我们很难用它开发更大的系统。

在 Android 平台的开发工作开始之后，他们有了新的选择：C++。

加入 C++这个选项是因为很多开发者都知道它，而且直到今天人们还在用它开发底层的东西。C++开发人员对应用程序的一些重要方面有更多的控制权，比如内存分配，但他们必须管理好这些东西。如果他们为一个对象（比如一个图像）分配了内存，必须确保在使

---

1 在附录的术语部分，面向对象编程一节介绍了开发库的概念。

2 以后直接写成 **Java**，因为"Java 编程语言"太长、太麻烦了。当我们提到 Android 的编程语言时，我们倾向于使用全称，这是因为 Oracle 提供的 Java 平台包含了编程语言、Java 运行时（**HotSpot**）和 Oracle（之前的 Sun 公司，后来被 Oracle 收购）的开发库实现。Android 只使用了 Java 平台的编程语言，没有使用它的运行时和开发库。但为了不降低这本书的可读性，也不人为地增加字数，我直接简单地写成 Java。你只要知道它是编程语言就可以了。

3 我很喜欢阅读一本书的前言，喜欢当中提到的关于作者和主题的上下文信息。在我读过的所有技术图书的前言中，我最喜欢的一句话是 Douglas Crockford 在他的 *JavaScript: The Good Parts* 前言中写的："感谢 XYZ （JavaScript 的发明者），如果没有他，我就没必要写这本书了。"

用完以后将其释放。如果做不到这一点（非常常见的问题），可能会导致**内存泄漏**。如果发生了这种情况，内存会慢慢变少，而应用程序分配的内存会无限制地增长，直到所有可用的内存被耗尽，并在系统没有更多可用内存时发生崩溃。

Java 是一种围绕运行时或虚拟机而构建的编程语言，它会自动管理内存，而在 C++ 中，程序员必须自己完成这些事情。以加载图像为例，Java 程序员只需要负责加载图像，运行时会为它分配好内存。当图像不再被使用时，运行时会**自动**回收内存，这也就是所谓的**垃圾回收**。Java 开发人员可以不用操心内存回收（和内存泄漏）的细节，只需要专注于开发应用程序逻辑。

团队将Java加入备选的另一个原因是J2ME，当时它已经运行在各种设备上。Ficus Kirkpatrick说："当时，要想获得运营商的订单，就必须支持J2ME[1]。"如果选择了Java，就可以在平台上运行J2ME代码，这在Android早期被认为是很有意义的。

最后，当时已经有一些强大且免费的工具可用于开发Java代码，比如Eclipse和NetBeans，而C++没有好用的免费IDE[2]。微软提供了Visual Studio，一个很好的C++开发工具，但它不是免费的。Android希望能够吸引开发者，但又不至于让开发者为昂贵的开发工具买单。

最初的计划不是只提供一种编程语言，而是提供一种选择。Ficus 说："我们最初的想法是，以一种与编程语言无关的方式完成我们的工作。你可以用 JavaScript、C++或 Java 开发，但我们有 12 个人，这样做是行不通的。所以，我们最后决定'还是选择一种语言吧'。"

Andy Rubin认为，只使用一种编程语言可以简化开发人员的工作。Swetland说："我们尝试组合使用Java和C++，但Andy认为我们只需要一种编程语言，一种API，这样才能避免混乱。他认为塞班[3]平台的工具包[4]太多了，有点让人不知所措。"

这些是争论中涉及的技术细节和优缺点，但实际做出决定并没有那么正式。在一天晚上吃饭的时候，Andy 直接打电话把决定告诉了 Swetland。

从选择编程语言这件事就可以看出 Android 团队做决定的速度有多快。这是 Andy 做出的决定。一些艰难的决定往往由 Andy 拍板，然后团队匆忙执行，关键在于他们需要快速做

1　J2ME = Java 2 Platform ，Micro Edition，也叫作 **Java ME**。参见附录的术语部分，对 Java ME 做了介绍。

2　IDE = Integrated Development Environment（集成开发环境），附录的术语部分对它做了介绍。

3　塞班是诺基亚和其他一些厂商使用的操作系统。这个平台有不同的版本，导致开发者难以为它开发应用程序，因为他们不知道给定的塞班设备会有哪些功能。

4　**工具包**通常指平台的可视化或用户界面功能。附录的术语部分对工具包和框架做了进一步的描述。

出决定，这样团队才能继续前进，完成那些无穷无尽的工作。有关编程语言的争论在内部持续了一段时间仍然没有定论，但做出决定本身比让所有人都满意这个决定来得更重要，所以他们就这样选择了 Java。

在谈到这一决定时，Ficus 说："这似乎并不是一种选择，因为运营商希望我们支持 J2ME[1]，而且当时的生态系统已经如此。我们当中有些人之前在 Danger 工作过，开发过 Hiptop，我们知道，我们可以让 Java 在低端设备上运行。"

Dianne Hackborn 回忆起公布这个决定时的情景："Andy 说得很对，他说：'我们不能用三种不同的编程语言。这太荒谬了，我们得选一个。我们要用 Java。'这件事有很多有意思的地方，没人关心 JavaScript，但有很多人关心 C++。"

选择 Java 有很多原因，包括团队专业技能方面的因素。例如，之前在 Danger 工作过的工程师已经学会了如何用 Java 为那些配置非常有限的早期设备开发操作系统。最后，再加上其他方面的决定，团队选择了一条务实的路。正如 Dianne 说的："不是因为所有人都喜欢它，而是因为这样可以让平台取得成功，所以我们就遵从这样的决定。"

尽管 Java 被选为 Android 的主要开发语言，但仍然还有很多用其他语言编写的代码。首先，平台的大部分东西都是用 C++ 开发的（有些地方甚至使用了汇编语言）。此外，大多数游戏都是用 C++ 开发的，其他一些应用程序的全部或部分代码也是用 C++ 写的。对于很多开发者来说，C++ 是一种流行的编程语言，因为它为底层代码提供了一些性能优势，并能够与现有的 C++ 库和工具集成。但主要开发语言变成了 Java，特别是大多数非游戏应用程序和 Android API 用它来写。

并非所有人都对这一决定感到满意。San Mehat 并不是很喜欢 Java，特别是对于他所做的底层系统编程来说。"编程语言本身对我来说没有什么问题。或许有一些，因为它隐藏了很多细节，而这些细节对于编写灵活可运行的代码来说至关重要。"他为自己的车子申请了一张新牌照，上面写着 JAVA SUX。"在去取车牌时，机动车管理局问我这个车牌号是什么意思。我说我曾经在 Sun 公司工作，我们开发了 Java，车牌号的意思是二级用户扩展（Secondary User Extensions）。然后，他们说：'好吧。'"

---

[1] Android 从未支持过 J2ME 应用。在 Android 发布时，J2ME 不再是一个值得人们考虑的方案（这与 Android 无关，只是在后 iPhone 智能手机世界里，人们对这个平台不感兴趣）。

San 的车牌。San 并不是很赞同 Android 选择了 Java（图片由 Eric Fischer 提供）。

运行时

要理解什么是运行时（Runtimes），你需要先了解什么是编程语言。程序员用他们选择的编程语言（C 语言、Java、C++、Kotlin、Python、汇编语言等）编写代码。但是，计算机并不理解这些语言，它们只理解二进制代码（0 和 1）。二进制代码表示计算机要执行的指令，比如"将这两个数字相加"。为了把编程语言转换成能够被计算机理解的二进制指令，程序员需要使用一种叫作编译器的工具。

编译器将程序员使用的编程语言转换成能够被计算机理解的二进制指令。例如，你可以用 C 语言写一段代码，然后把它编译成 PC 机的二进制表示，编译后的 C 语言代码就可以在 PC 机上运行。

同样的编译代码不一定能在其他类型的计算机上运行，比如 Mac 或 Linux 服务器，因为它们的 CPU 可能不一样。所以，编译器生成的二进制指令对于其他系统来说可能没有意义。我们需要将源代码编译成不同的二进制版本，这样才能在不同类型的硬件上运行。

Java

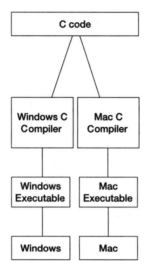

不同的编译器为不同类型的机器编译可执行文件。

于是，Java 问世了。Java 编译器不是将源代码转换成机器可读的代码，而是转换成一种称为**字节码**的中间表示。字节码可以在任何装有运行时的计算机平台上运行。运行时负责解释字节码，并将其编译成计算机的二进制表示，这个编译过程基本上是在运行时进行的。这种可以在不同硬件上运行的能力就是 Sun 公司（James Gosling 在开发 Java 时就在这家公司工作）所说的"编写一次，到处运行"。代码将被编译成字节码，然后在任何装有 Java 运行时的计算机上运行。

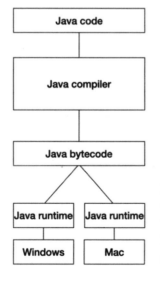

Java 代码只需要编译一次。它将生成一份字节码，可以在所有装有 Java 运行时的机器上运行。

因为 Android 团队想要使用 Java，所以他们还需要一个运行时。事实上，他们尝试过好几种运行时。

起初，团队直接使用现成的运行时。第一个是Waba[1]。后来，JamVM[2]取代了Waba。Mike Fleming支持使用JamVM："Dan Bornstein的虚拟机还需要一段时间才能准备就绪，而我们需要编写大量的代码。如果我们想要成为一个Java平台，就需要一个能用上一阵子的运行时。Swetland和Fadden也支持我。"于是，Android一直使用JamVM，直到 2007 年Android运行时Dalvik正式亮相。

Dan Bornstein 和 Dalvik 运行时

> "打开一个文件，随机地敲打键盘，然后调试，直到完成"。
>
> ——Dan Bornstein

尽管 Waba 和 JamVM 对于原型设计和早期的开发来说已经足够了，但团队希望在必要的时候能够控制和定制运行时。Brian Swetland 在 Danger 工作时参与了 Java 运行时的开发工作，但在 Android，他的全部精力都放在了开发内核和系统上。因此，团队招来了 Dan Bornstein，他是 Brian 在 Danger 的同事。

Dan（"Danfuzz"）在 Danger 工作时曾接手 Brian 的运行时。"入职后不久，我就开始称自己为'小 Brian'。他不喜欢这样，所以我才一直这么说。"

Dan 在七岁就开始接触编程。他和哥哥喜欢玩电子游戏，最终其父母买了一台 Apple II。在父母看来，这台电脑既能玩游戏，又能教育孩子。事实证明父母是对的，因为 Dan 不只是用它来玩游戏，他还开始用它编程："我写的都是一些蹩脚的游戏，主要是文本和低分辨率的图形。"Dan 和哥哥最后都成了软件工程师。

从 20 世纪 90 年代到 21 世纪初，Dan 在硅谷的多家公司工作过，Danger 也是，他在

---

[1] 在其开源网站上自称是"一款小型、高效、可靠的 Java 虚拟机，面向便携式设备（但也可在桌面电脑上运行），作者是 Wabasoft 公司的 Rick Wild。"

[2] 由 Robert Lougher 开发的JamVM 也是开源的，相关说明："JamVM 是一款开源的 Java 虚拟机，目标是支持最新版 JVM 规范，同时又比较紧凑，易于理解。"

那里开发 Java 运行时。因此，当 Dan 在 2005 年 10 月加入 Android 团队时，自然就成了开发运行时的最佳人选。

Dan 的第一个任务是评估可行的运行时方案。当时的 Android 团队并不清楚是应该直接使用现成的（无论是开源的还是去收购已有的技术），还是应该自己开发。Dan 双管齐下，一边评估现成的运行时，一边从头开始开发新的运行时。

尽管 Waba 和 JamVM 可以快速为团队提供他们需要的东西，但他们并没有考虑长期使用它们。这两个运行时都是直接解释 Java 字节码，但团队认为，将 Java 代码编译成另一种格式更优的字节码可以提升性能且节省内存。新的字节码格式意味着需要新的运行时，所以 Dan 忙着开发新的运行时。

于是，Dan 开始开发新的运行时，并将其命名为 **Dalvik**："我刚看完一期《麦克斯文学杂志》，里面有现代冰岛小说的英文译本，所以我的脑海里出现了冰岛的影子。我看着冰岛的地图，试图找到一些既短又容易发音，而且没有奇怪的字符的单词，然后我找到了 Dalvík[1]（读成 "Dal-veek"），应该是个不错的小镇。"

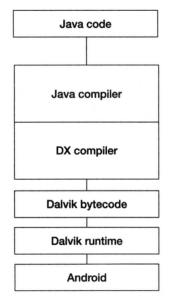

为 Android 编写的 Java 代码需要经过两个编译步骤：一步是编译成 Java 字节码，另一步是将字节码转换成 Dalvik 字节码，然后运行在 Android 的 Dalvik 运行时上。

---

1 Dan 说："一个冰岛人以为我拼错了单词而斥责我。我告诉他，小镇的名字是 'Dalvík'，而这个虚拟机的名字是 'Dalvik'。"

Dalvik虚拟机运行的不是Java字节码,而是从Java字节码编译而来的另一种形式的字节码。那时候,设备的存储空间非常宝贵,使用自己的字节码格式可以节省很多空间。Dalvik字节码需要一个额外的编译步骤(使用另一种编译器,叫作DX),将Java字节码编译成Dalvik可读的格式,即dex[1]。

Dan Bornstein 在冰岛的 Dalvík 小镇外。在完成 G1 的开发工作(还没有上市)后,Dan 去 Dalvík 打了个卡(图片由 Dan Bornstein 提供)。

终于,Fadden 也加入到运行时的开发工作中。"Danfuzz 的字节码转换器已经做好了,需要有人帮忙开发虚拟机。我主动要求加入,但坦白说,我对 Java 和虚拟机知之甚少,不太确定应该从哪里入手。他说:'打开一个文件,随机地敲打键盘,然后调试,直到完成。'"

团队里的另一名工程师 Dave Bort 开发了 Dalvik 垃圾回收器的第一个版本。这个垃圾回收器随运行时 1.0 版本一起发布,并在后来的几年进行了改进和优化。

---

[1] dex = Dalvik Executable(可执行文件),可被 Dalvik 运行时理解的字节码格式。

在这段时间里，运行时在不断发生变化。从Waba到JamVM，再到Dalvik，虽然变化很大，但那些为平台开发的Java代码都可以运行。Romain Guy说，尽管团队正在修改系统的关键部分，[1] "我不记得我有遇到过什么严重的Bug，甚至根本就没有。我不记得Android上还有什么东西能够运行得这么稳定。" Dan说："虚拟机在一定程度上起到了作用——如果虚拟机不转了，天都会塌下来。"

Zygote

Zygote[2]是Dalvik小组为Android 1.0 开发的另一个东西。Zygote就像你做三明治时用的面包片。当然，你也可以在每次做三明治时从头开始烤面包，但如果是这样的话，每次你想吃三明治都要花大量的时间和精力。很明显，如果有现成的面包，你只需要把它切成片，并更快更容易地做出三明治。Zygote就像做三明治用的面包。

Dan的这个想法来自Emacs[3]（UNIX系统上的一个非常流行的文本编辑器）的一个特性，我们可以随时转储编辑器的状态，稍后可以从这个保存点启动Emacs（这个过程被巧妙地称为反转储（**undump**））。这意味着Emacs可以更快地启动，因为它只需要从磁盘上恢复状态，不需要在启动时重新执行一大堆代码逻辑。"我的想法是我们实现一个具有反转储功能的系统，就像Emacs最'著名'（至少对我来说）的那个特性。Mike Fleming说：'我们跳过转储和重新加载这些步骤，怎么样？'说完他就开干了。"

Mike 让系统跑了起来，从根本上改变了应用程序的启动方式。原先的每个应用程序在启动时都需要加载必要的代码，并进行初始化。Zygote 创建了一个包含大部分核心平台代码的进程，并几乎预加载和初始化了所有这些代码。每当有应用程序启动时，都会通过**分叉**（将其复制到一个新进程中）Zygote 进程，让应用程序立即进入即将就绪的状态。

---

1 在团队其他成员开发应用程序的同时，修改运行时有点像给大脑做外科手术，只不过不是修复病人的大脑，而是医生用一个新大脑替换旧大脑，缝合好，然后让病人立即开车回去工作。

2 维基百科对 Zygote 的定义是 "两个配子受精形成的真核细胞"，这个定义一点用处都没有。但它又写道："包含形成一个新个体所需的基因信息"。这个就有点接近它在 Android 里的含义。

3 Emacs 是一款经典的文本编辑器，很受某些程序员的青睐。其他程序员喜欢用 vi，还有一些人对他们的 IDE 附带的编辑器更感兴趣。一小部分程序员并不关心这个问题，他们更愿意把他们的宗教热情留给与非文本编辑器相关的问题，比如在缩进代码时使用空格而不是制表符。好了，我不想挑起口水战。

Bob Lee（他从事核心库的开发，我们将在下一章讲述他的故事）在谈到Zygote时说："它就是这么简单！就像调用一个API一样！我们之所以能够这么做，是因为内存是写时复制[1]的。所以，只要你不去碰Zygote进程的内存页，它们就可以在整个系统中共享。这个利用现成资源的解决方案是多么的聪明和优雅。"

但 Zygote 并没有完全像最初设想的那样。Bob 发现了一个与垃圾回收器有关的问题："在垃圾回收之后，我的应用程序又占用了很多内存！这是因为垃圾回收器会回收每一个内存页。"也就是说，运行时的常规操作包括了内存页写入，但这些内存页必须是只读的才能保证 Zygote 的内存共享机制奏效。

Fadden 想到了一个解决办法。在分叉 Zygote 进程后，每个新进程都将自己的堆内存与垃圾回收器隔离，将其从垃圾回收器的检查清单中排除。共享内存甚至都不存在新的应用程序中，也就不会被回收。

在那之后，Bob和Fadden继续优化Zygote，想办法找出哪些类[2]需要驻留在Zygote中，以便让所有应用程序都能共享它们。Bob说："我修改了虚拟机，做了一些增强，能够知道每一个类初始化花了多长时间，并计算出每个类分配了多少内存，然后通过一个算法确定需要预加载哪些类。你不会希望只被一个应用程序使用的共享进程占用太多的内存。"

Bob 也对 Zygote 赞美有加："Zygote 帮了很大的忙，它通过共享内存让小小的设备从只能运行几个 Java 进程到可以运行几十个。我们不需要等待整个虚拟机启动，应用程序的速度看起来也更快了，它们几乎可以即时启动，因为只需要分叉一个进程，一切都已经预热好了。"最后，Zygote 不仅共享代码，还共享图像等。随着平台的发展，Zygote 继续为 Android 提供内存使用效率和启动速度方面的优势。

---

1 写时复制是一种优化技术，一个公共资源可以被完全不同的客户端共享，只要没有客户端对其进行写操作（修改）。因此，只要每个进程都只读取 Zygote 的数据或内存，而不去修改它，那就不需要进行复制，从而避免了高代价的复制操作。

2 在附录的术语部分，面向对象编程一节介绍了类的概念。

9.
核心库

为平台选择编程语言是一件非常重要的事,特别是如果选择的编程语言为大多数开发人员所熟知。即便如此,程序员仍然希望有标准的函数库,这样他们就不需要在每次开发应用程序时重新发明轮子。编程语言赋予程序员编码逻辑的能力(如条件语句、循环、等式),但更高级的功能,如数据结构、网络或文件读写,应该由核心库提供。

虽然Android团队采用了Java语言,但没有使用Sun[1]的JDK。JDK中有一个**ArrayList**类,它实现了一种常见的数据结构,但Android没有使用这个类,所以他们需要提供自己的版本。

---

1 Sun 公司于 2009 年 4 月被 Oracle 收购,但在开发 Android 时,它仍然是一家独立的公司,所以我将继续称其为 Sun。

Bob Lee 和 Java 核心库

因为 Android 需要用到标准 Java 库，所以请来了在谷歌工作的 Java 专家 Bob Lee。

Bob（"Crazy Bob"[1]）的编程生涯从中学时代（20 世纪 90 年代初）就开始了，主要是因为他想开发电子游戏。很快，他学会了各种编程语言。在上高中时，他不再开发电子游戏，而是为附近的一所大学创建网站。这所大学很看好他，给了他全额奖学金，让他继续努力。但这所大学并不适合 Bob，所以他离开了那里，开始做咨询、写书和开发流行的 Java 库，这让他在 2004 年获得了谷歌的工作机会。

Bob 想进入移动领域，所以在广告团队工作了几年后，于 2007 年 3 月转到 Android 团队。

在 Bob 加入团队时，Dalvik 还没有上线，Android 还在使用 JamVM。核心库基本上还只是一些随机的实用程序的集合，它们都是人们为一次性目的而编写的。"它们完全不兼容。如果有人需要什么，就只实现自己需要的部分。它们看起来像 Java 库，但显然缺了很多东西。"

幸运的是，当时有一些现成的标准库可以用，所以 Bob 和团队对它们进行了评估。"我们看了 GNU Classpath，但最终还是选择了 Apache Harmony[2]。但它有很多东西不是很好，所以我们需要重写部分东西。我们把重写的部分合并回去。我们重写了 ThreadLocal 和 Runtime.exec()。重写并将它们合并回去也占了工作内容中的很大一部分。"

"团队的其他工程师也会将一些 API 添加到核心 Android 平台中，因为他们当时觉得这是个好主意。如果有人认为某些东西可能有用，就会把它们加到平台中。但是，当中的一些东西真的非常糟糕。"

WeakHashMap 就是一个很好的例子。它是一个数据结构类，开发人员会在内存有限的系统中使用它，比如当时的 Android。与传统的 HashMap 类相比，它的优势在于可以自动清理（垃圾回收）不再使用的对象。它就像堆内存的 Roomba（iRobot 公司的智能扫地机器人），可以帮你清理房间里的垃圾。注意，这里的"弱"（Weak）来自术语"弱引用"。弱引

---

[1] Bob 在上高中时就有了这个昵称，他甚至还把它作为工作电子邮件地址。

[2] GNU Classpath 和 Apache Harmony 都是 Java 的开源库。

用是一种对象，当它不再被使用时，可以将其回收。

WeakHashMap是框架团队的Joe Onorato添加到核心库里的（某种程度上可以这么说）。他说："我有个库依赖了WeakHashMap，需要链接[1]它，所以我创建了WeakHashMap类。"问题是，Joe的这个类不是一个"弱"的HashMap，而是一个标准的HashMap。它继承了HashMap，但没有加入任何会使它变"弱"的逻辑。一段时间后，Jeff Hamilton（也是框架团队成员）开始编写需要用到WeakHashMap的代码。他发现核心库中有这个类，就用了。后来出现了内存问题，他做了大量的调试，最后发现Joe的WeakHashMap根本没有清理内存。它只是一个普通的HashMap，没有做任何Jeff所期望的垃圾回收工作。

Bob 继续说："我知道 Android 的 API 可以做得更好……但也可能更糟。"Bob 的大部分时间都用于防止公开这些 API。"我会从 API 中找到并移除一些东西。如果有一个类只被单个应用程序使用，我会把它移回到那个单个应用程序里——如果它不会被多个应用程序使用，就不应该被放在框架库里。"

作为核心库的一部分，Bob 实现了重要的网络功能，并在实现过程中修复多个 Bug。其中有一个会让所有手机都无法启动的 Bug。"手机在第一次启动时，必须连接到一个时间服务器，但设备的初始时间被设置成了 2004 年的某个时刻。"手机通过安全连接通道连接服务器，需要验证服务器端的安全证书。手机的初始时间比服务器端的证书颁发时间早，所以无法建立连接，手机也就无法启动。Bob 的解决方案是捕获连接异常，将手机的初始时间设置为他修复 Bug 的那一天。

Bob 还发现了一个与移动数据有关的网络问题，Android 手机遭遇的严重宕机似乎与运营商糟糕的网络基础设施有关。

网络协议内置了容错功能，因为网络可能会出现故障，或者数据包可能会丢失或延迟。Android 采用的是 Linux 系统的**拥塞窗口**方法，在遇到中断时，它会将数据包的大小减半，然后再减半，再减半，直到从服务器获得响应。在每一次成功获得响应后，它都会将包的大小加倍，直到最终恢复到原来的大小。

这种算法对于常规的网络流量来说是合理的，因为它是以毫秒为单位来度量延迟（从发送消息到接收到响应之间的时长）的，而且发生中断的频率不是很高。但它不适用于蜂窝网

---

[1] 编译代码涉及依赖项链接，代码需要在所有依赖项都存在的情况下才能编译通过。如果代码引用了一个类，那么编译器必须能够访问到这个类才能编译成功。

络，因为蜂窝网络通常会出现一秒或更长时间的延迟，而且发生短时间中断的频率比较高。Bob 通过一些分析手段来追踪这个问题。在减小数据包后，"每次收到成功的响应，就把缓冲区的大小增加一倍。但由于移动网络的高延迟，在 2.5G 或 3G 网络中，一个往返就需要一到两秒。所以，它只会在每次成功往返后加大缓冲区。当你遇到中断，可能需要 30 秒才能将缓冲区恢复到原来的大小。"

Jesse Wilson 和糟糕的 API

> "我们在维护这些糟糕的 API 的同时，也花了很长时间重新实现它们，让它们变得更好。"
>
> ——Jesse Wilson

一开始只有Bob一个人在维护核心库，但在 1.0 发布之后，有更多的人加入了进来。Josh Bloch[1]于 2008 年年底加入，Jesse Wilson 于 2009 年年初加入。

在 Bob 加入 Android 之前，Jesse Wilson 和 Bob 都在谷歌的 AdWords 团队。"在 Android 的前景看起来还不是很明朗的时候，Bob 就决定离开 AdWords 去开发 Android。我跟着他去了那里，更多的是为了能够和 Bob 一起工作，而不是为了 Android。"

Bob和Jesse最终都离开了Android和谷歌。Bob成为Square的首席技术官，Jesse再次跟随Bob加入了Square。[2] "我猜，我一定是有什么把柄落在他手上。"

Jesse 回忆起他在核心库团队的日子："在 Android 的第一年，人们把他们认为需要的库都引进来，并作为公共 API。我们有一个叫作 kXML 的 API，它是一种拉取式解析器。我们还有一个叫作 org.json 的 JSON 解析库和 ApacheHttp 客户端。所有这些库的 2006 年快照版本我们基本上都有，它们后来引入了成千上万个特性，对于 Android 来说，已经变得太

---

[1] Josh 之所以在软件界很出名，是因为这几个原因。首先，他是很多 Java 内置 API 的作者，在 Java 开发的早期，他曾在 Sun 公司工作。此外，Josh 还写了 *Effective Java*，它是人们仍在购买和阅读（程序员已经习惯于通过在线搜索、复制粘贴的方式来解决大多数软件问题）的为数不多的编程书籍之一。

[2] 在这一章里，Jesse 再次追随 Bob，这就对了。

大了。它们当时的版本在很多方面不兼容。如果你要发布一个 Web 服务器，你可以控制使用哪个版本，如果修改了版本，只需要让客户端也相应修改一下即可。但 Android 的版本控制不一样，如果我们修改了一个 API，比如 JSON 库，即使新的 API 更好，应用开发者也不一定会选择做出相应的修改，所以你必须保证百分之百向后兼容。因此，我们在维护这些糟糕的 API 的同时，也花了很长时间重新实现它们，让它们变得更好。"

"我们继承了 Apache Harmony 所有的代码，但它从来就不是一个真正的产品，而是一个用来构建产品的库。要把半生不熟的东西改造成成熟的产品，需要做很多工作。"

"这需要大量的重新实现和优化工作。标准库中的 org.json 代码都是全新的。有一天，Dan Morrill 找到我说：'注意了，我们正在使用的 JSON 开源库中有不作恶的条款，这说明它不是开源的，因为开源不会有这种区别对待。'所以，我必须重新实现它。"

10.
基础设施

对于任何一个软件项目来说,特别是一个由不止一两个人参与的项目,基础设施是构建产品不可或缺却不那么显而易见的部分。基础设施包含了很多东西,包括:

- 构建:如何接收工程师不断提交的代码并构建项目?如果产品需要在各种不同的设备上运行,该怎么办?对于不同的场景,如测试、调试和发布,分别需要在哪里构建项目?

- 测试:产品构建好以后如何进行测试?如何进行持续的测试,以便在隐藏的 Bug 造成严重的问题之前将其捕捉(或者追踪到问题代码提交的时间,进而把它们找出来并修复)?

- 源代码控制:在哪里存储代码?如何让团队成员可以同时修改相同的源代码文件?

- 发布:如何将产品发布到设备上?

Android 需要有人专门负责解决这些问题。

Joe Onorato 和构建系统

一开始，Android 有一个脆弱且耗时的构建系统，用于构建内核、平台、应用程序和它们之间的组件。这个系统在早期还不错，因为当时还没有太多东西需要构建，但随着 Android 的规模越来越大，这个系统就扛不住了。所以，在 2006 年春天，Joe Onorato 开始着手解决这个问题。

Joe 认为自己注定会成为一名程序员，因为他的父母都毕业于麻省理工学院。"他们是在铁路技术模型俱乐部[1]认识的，属于一见钟情。很明显，我要成为一名计算机科学家。"

在上高中时，Joe 和他的朋友 Jeff Hamilton（后来一起在 Be、PalmSource 和 Android 共事）一起开发年鉴，发布了第一款完全数字化的 Jostens[2] 年鉴。他们的系统包含了一个自定义搜索算法和一个数字化系统，简化了发布流程，降低了学生的购买成本。Joe 后来在 Be 和 PalmSource 工作（再次与 Jeff 一起），从事操作系统开发，与他后来在 Android 所做的工作类似。

Joe 对 PalmSource 的发展方向并不感兴趣，2005 年年末，他联系了 Be 的一位前同事。这个人认识 Swetland，并把 Joe 引荐给了 Android 团队。Joe 得到了这份工作，但不确定他要做什么，所以负责招聘的人让他联系 Andy。在得到保密保证后，Andy 告诉 Joe："我们要开发有史以来最好的手机。"于是，Joe 加入了 Android 团队。

在早期，Joe 参与了几个项目，包括框架和 UI 工具包。2006 年春天，他发现构建系统需要进行一次深度重构。

"我们有一个很大的递归[3] make 构建系统。我对他们说：'让我们开发一个真正的构建系统吧。'问题是这真的可能吗？"幸运的是，Joe 在 Be 的时候有过类似的经验。Be 有一个

---

1 这个俱乐部是麻省理工学院的一个黑客社区，它的历史可以追溯到 20 世纪 40 年代。
2 Jostens 公司主要销售学校纪念品，比如班级纪念戒指和年鉴。
3 递归是一个常见的软件技术术语，就是让一个函数调用它自己。举个非常简单的例子：要计算从 0 到 x 之间所有整数的和，可以用 x 加上从 0 到（x-1）之间所有整数的和，并以此类推。递归是一种非常强大的技术，但可能不太好掌控，它需要确保存在终止条件。

类似的构建系统,是由一群人一起开发的,其中就包括后来加入 Android 的工程师 Jean-Baptiste Quéru("JBQ")。Joe 记得:"我想,Danger 的一些人(也曾在 Be 工作)在这个系统做好之前就离开了,他们认为这是不可能的事情。你怎么可能用一个 make 文件做所有的事情?似乎一切都会变得一团糟。但事实证明,它确实可行。"

Joe 开始投入其中,并做出了这个构建系统。因此 Android 项目的构建过程更快了,也更健壮了。Joe 在这个项目上花了几个月时间,最终做出了这个叫作"完全依赖意识"(Total Dependency Awareness)的构建系统。

Ed Heyl 和 Android 的基础设施

> "第一个猴子实验室就是我的笔记本电脑和 7 台 Dream 设备。我写了一些脚本和工具,把它们打得屁滚尿流,直到崩溃。"
>
> ——Ed Heyl

Joe 开发的构建系统运行得还不错。但是,随着团队和代码提交数量的增长,他们需要一个可以在开发人员提交代码时自动构建项目的系统。例如,如果有人提交了有问题的代码,最好可以针对这个变更进行构建和测试,而不是等变更越堆积越多,把问题的根源都掩盖了。

2007 年 9 月,为了让构建和测试系统变得可控,团队请来了 Ed Heyl(他当时在微软工作)。

Ed 在大学学习计算机科学,但他迫不及待地想要快点毕业。"我想尽快进入职场。我在学校表现得不错……在工作上应该会更出色。"

Ed 于 1987 年加入苹果公司,并在那里工作了 5 年。"公司处于一种非常奇怪的状态。他们还在靠 Apple II 赚钱,但大家的注意力已经转移到了 Mac 上。"几年后,Ed 加入了 Taligent[1],不久之后又去了 General Magic,"他们当时在 IPO,它创下了 IPO 涨幅纪录,但在随后几个月大幅下跌。那时,这家公司本身已不是很健康了,所有人都已经有点失望了。对 IPO 的大肆炒作导致很多人失望而归。"

---

1 Taligent 是一家由苹果公司和 IBM 联合成立的公司,目标是开发新的操作系统,因为当时苹果公司需要一款新的操作系统来取代老旧的 macOS。Taligent 最终失败了,苹果继续在内部尝试,后来收购了乔布斯的 NeXT 电脑公司,采用了 NeXTSTEP 操作系统。

Ed 在 General Magic 待了大概 10 个月，然后加入了 WebTV。在 WebTV 被微软收购后，他又在微软待了 10 年，直到后来加入 Android 团队。在 WebTV 和微软，Ed 曾与未来的 Android 成员共事，包括 Andy Rubin、Steve Horowitz、Mike Cleron 和 Andy McFadden。

Ed 是在 2007 年 10 月 Android 发布第一版 SDK 时加入 Android 团队的。在 Ed 加入的时候，Android 已经有了一个叫作 **Launch Control** 的自动化构建系统。它每天构建 3 次已提交的代码，并生成可供自动化测试系统使用的报告。

有Launch Control总比什么都没有好，但它离满足Android的要求还差得很远。"QA可以用它做测试，但它不是一个可以用来展示整体状态的仪表盘。它的可追溯性太弱了。持续集成[1]的目标是进行尽可能多的构建和测试，以便提供尽可能多的数据点。"

团队需要一个能够进行更频繁构建和测试，并支持规模扩展的系统。当时，构建系统只用于 Sooner 这一款设备，但很快，团队便有了 Dream（也就是与 1.0 版本一起发布的 G1），而且这个系统将面向更多的设备。

Ed 一开始孤军奋战，后来成了构建系统小组的负责人。Ed 说："是 Dave Bort 把它做成了可以构建产品的基础，它健壮，有着良好的设计和布局。Dave Bort 把它从一个粗糙的构建系统变成了一款产品。"

"在重构构建系统的同时，他也重新组织了整个源代码树。他搭好了架构层面的东西，为开源打好了基础。尽管他做的是构建系统，却融入了架构思想，并贯穿了整个平台。他基本上为 Android 的开源做好了准备。"

测试、测试

另一个需要解决的问题是测试。来自系统不同部分的工程师持续地向构建系统提交代码，那么该如何验证它们会不会对已有的东西造成破坏？任何一个软件系统都有必要使用某种自动化测试框架[2]来快速捕获问题。Android当时还没有自动化测试，所以Ed找了一些"猴子"来做测试。

---

1 持续集成（Continuous Integration，CI）是一种软件开发实践，就是尽可能频繁地对团队做出的所有代码变更进行构建和测试，这有助于保持产品的质量和稳定性。

2 在理想情况下，测试应该是自动化的，这样可以确保代码变更不会对系统造成破坏。手动测试成本更高、更耗时、执行频率更低，因此自动化测试更为可取。

"在WebTV，我们把它们叫作猴子[1]。它们会找到网页上的链接，然后开始疯狂地冲浪。"

"我不记得 Dianne 是早就为 Android 平台做了这个东西，还是在我们和她说过之后才做的，但她确实把随机化和事件注入系统放进了框架中，也就是我们现在所谓的'猴子'。"

"我建了第一个猴子实验室，也就是我的笔记本电脑和 7 台 Dream 设备。我写了一些脚本和工具，把它们打得屁滚尿流，直到崩溃。我一边收集崩溃报告，一边继续测试。我会分析和总结这些报告，所以我们每天都能知道它处理了多少事件，以及发生了哪些崩溃。我和 Jason Parks，以及后来的Evan Millar，开发了一套工具，并用它们获得了我们的第一份稳定性数据。虽然它们不怎么样，但我们还是坚持了一年又一年。它们只不过是一些用于分析错误报告并生成HTML结果的Python[2]脚本。2008 年年末，我找来了 Bruce Gay（也来自微软），他把它变成了真正的测试实验室[3]。"

多年来，Bruce 将实验室从最初的 7 台设备发展到 400 多台。他说，在那段时间里，他们会遇到一些意想不到的情况。"有一天，我走进猴子实验室，听到一个声音在说：'这里是 911，你有什么紧急情况？'"因为这个，Dianne 在 API 中加入了一个新的函数 **isUserAMonkey()**，用于防止猴子在测试期间做一些不该做的动作（包括拨号和重启设备）。

早期的猴子测试在崩溃之前可以运行 3000 个输入事件。到了 1.0 版本，这个数字上升到了 5000 左右。Bruce 说："我们的目标是 12.5 万个事件，我们花了几年时间才实现这一目标。"

在谈到猴子测试对 1.0 版本起到的重要作用时，Romain Guy说："那时候我们非常依赖猴子测试。每天晚上我们都会进行猴子测试，然后第二天早上会看到很多需要修复的问题。我们的目标是增加猴子测试的数量，并看看可以坚持多久不崩溃。到处都在发生崩溃，从小

---

1 Bruce Gay 最终建立了猴子实验室，他说，这个名字来自"无限猴子理论"——让无数只猴子随机敲打键盘，最终会敲出莎士比亚的作品。这似乎与给操作系统找 Bug 略有不同。

猴子测试的想法可不只来自 WebTV，Dianne 在 PalmSource 时就用过猴子系统，Andy Hertzfeld 在他的《硅谷革命：成就苹果公司的疯狂往事》一书中也提到过猴子，可见猴子在平台测试方面有着悠久的历史。初版 Mac 有一个叫作"The Monkey"的桌面工具，它会随机生成输入事件来冲击系统，以此来测试系统的健壮性。谁会知道猴子竟然如此有用，如此普遍，如此擅长测试，而且如此随机呢？

2 Python 是一种编程语言，被用于开发很多东西，包括 Ed 在这里描述的小程序。

3 猴子测试实验室仍然是 Android 测试的重要组成部分。在安静的实验室角落里，一群虚拟的猴子敲打着一排排设备，直到它们发生崩溃，然后这些猴子会收集崩溃日志，并提交 Bug。这些该死的猴子！

部件到内核或 SurfaceFlinger[1]，特别是当我们转到触摸屏时，事情变得更加复杂了。"

除了猴子测试，团队的其他成员也在进行其他类型的测试，以验证平台行为的正确性。2007 年年初，Evan Millar 研究生毕业后加入了团队，负责开发早期的性能测试框架，以及计算应用程序启动需要多长时间。他还开发了一个早期的自动化测试系统，叫作 Puppet Master，可以通过测试脚本来驱动 UI（如打开窗口、点击按钮），并与黄金镜像[2]对比，以此来验证程序的正确性。因为与黄金镜像对比存在一定的难度，并且测试和平台是异步的，所以得出的结果好坏参半。测试脚本会请求某种 UI 操作，比如单击按钮或启动应用，但平台对事件做出反应可能需要一些时间，这加大了正确性验证的难度，而且容易出错。

2009 年 5 月的猴子测试实验室（照片由 Brian Swetland 提供）。

1　SurfaceFlinger 是底层图形系统的一部分，在第 11 章（"图形"）中有描述。
2　黄金镜像测试的原理是先将一些已知正确的测试结果保存下来，然后将后续的运行结果与这个镜像进行对比，通常允许出现一些与故障无关的微小差异。这种测试技术对于底层测试是有效的（例如，验证图形 API 与绘制形状的行为是否一致），但测试涉及的内容越多，就会越脆弱，因为可能会引入太多与故障无关的变化。

陈钊琪在 Android 市场和服务团队工作过一段时间后加入了地图团队，她在测试过程中也遇到了一些困难。她一直在捣鼓一个系统，希望用它来自动化测试地图应用，但在这样一个不是为了测试而设计的系统上测试应用程序的难度是非常大的，这让她越来越沮丧。她说："测试？根本就没有测试这回事儿。"

CTS（兼容性测试套件）是Android整体测试的重要组成部分。这个系统最初是由外部承包商（Patrick Brady[1]负责管理）开发出来的。CTS测试很重要，因为它不仅测试系统的内部功能，而且可以在出现测试失败时捕获回归[2]，它还要求合作伙伴必须通过测试，确保交付的Android设备符合Android定义的平台行为。例如，如果有一个测试要求将屏幕显示成白色，并且测试结果必须是白色像素，那么设备就不能将"白色"解释成红色，并仍然通过测试。

精益的基础设施

与 Android 的其他东西一样，Android 的构建、测试和发布基础设施也是由这个资源有限的小团队做出来的。在需要优先考虑做出产品的情况下，他们将有限的预算放在了正确的地方，这是一个有意识的决定。Ed 说："我们不知道我们所做的是否会成功。我们只是想做一款有意义的设备。苹果公司吸引了所有人的眼球，微软也不会轻易放弃，他们在那个时候都处于最有利的位置。所以，我们只有一个想法：尽我们所能向前进。我们没有把精力放在寻求最好的解决方案上，我们只是想'让它运行起来，证明我们可以迭代和交付'。我们从来没有停下来说，我们需要在构建系统上投入更多，因为 Python 脚本不会让我们走得太远，所以我们应该考虑使用谷歌的后端基础设施。我们从来没有这么想，我们只是在全速前进。"

"如果它是核心产品的一部分，我们就会投入更多。但如果它只是为了测试或构建，那就只能投入最少的精力。这就是我们做事的方式。"

---

1 Patrick 后来成为 Android Auto 的副总裁。
2 回归是软件测试中经常出现的一个术语。我们通过测试来捕获软件中的故障。回归是指已有代码出现了新故障，这些代码之前可以正常运行（测试也可以通过），但在后续的测试中出现了导致测试失败的故障。这通常是因为最近提交的代码里有 Bug（或者没有经过稳定的测试，会随机出现故障）。

11.
图　　形

当Android团队里的人说到"图形"时,他们可能指的不是同一个东西,因为有很多图形功能层是由不同的小组实现的,例如,基于OpenGL ES[1]的3D图形系统,以及后来可以支持游戏、地图、虚拟现实和增强现实的Vulkan。UI工具包也有图形功能,用于绘制文本、形状、线条和图像等内容,应用开发者可以用它来填充用户界面。然后是系统最底层的图形,它提供了最基本的在屏幕上显示像素和窗口的能力。

我们将从最底层的图形开始说起。这一层是 Mathias Agopian 的功劳,他之前在 Be 和 PalmSource 工作,于 2006 年年末加入 Android 团队。

---

[1] OpenGL 是一个用于执行图形操作(通常是 3D 的,如游戏当中使用的,但也有 2D 的)的 API。图形操作本质上就是形状和图像的组合绘制,OpenGL 负责在 GPU 上执行命令来完成这些操作。OpenGL ES 是 OpenGL 的一个子集,主要针对像智能手机这样的嵌入式设备。

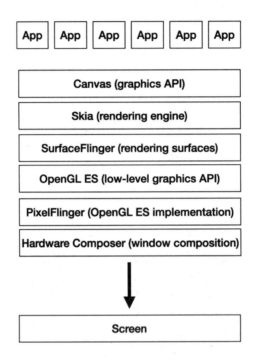

Android 图形系统的一个极简视图。应用程序通过调用 Canvas API 来绘制东西。Canvas API 的底层使用了 Skia 渲染引擎，负责将形状和文本等内容转换成像素。SurfaceFlinger 为像素绘制提供了一个缓冲区，或者说表面。SurfaceFlinger 调用 OpenGL ES，一个可以渲染三角形的底层图形 API。OpenGL ES 使用 PixelFlinger 来绘制缓冲区（在 GPU 成为智能手机的标配后，PixelFlinger 被 GPU 取代）。最后，所有需要绘制到屏幕上的表面（包括前台应用、状态栏和导航栏）都在硬件编配器（Hardware Composer）中被组合在一起，显示在屏幕上，这样用户就可以看到它们。

Mathias Agopian 和 Android 的图形

"在我看来，软件渲染即将消亡。"

——Mathias Agopian

图 形

Mathias 是一个安静的人,他总是很晚才到办公室,也待到很晚,几乎完全专注于写代码(尽可能避开电子邮件和开会)。

在早期,Mathias偶尔会发脾气。[1]有什么事让他心烦意乱,他就会冲出去,有时会离开好几天,甚至几周。有一次,Mathias对Brian Swetland很生气,他扔掉手机,大步走出办公室,但几分钟后又回来拿手机,因为他需要用手机的存储卡。[2]

Mathias在童年时期就开始学习如何在各种电脑上编程,从Armstrad CPC到雅达利的几款电脑,再到BeBox。他为他的雅达利猎鹰电脑开发了图形和音频程序(包括"疯狂音乐机器"[3],一款收费的声音追踪程序),并为法国计算机杂志撰写文章,也因此而出名。[4]作为爱好,他还为雅达利和BeBox开发爱普生打印机驱动程序,并被这两家公司正式采用。他为Be开发的打印机驱动程序为他带来了一个工作机会。1999年,他离开法国加入了Be。

Mathias 一直待在 Be,直到 Be 被 Palm 收购,并继续在 PalmSource 与团队的其他成员一起工作,主要开发图形软件,直到他不再看好 PalmSource 的发展方向。2005年年底,他几乎与 Joe Onorato 同时离开,并加入了谷歌的 Android 团队。

系统基础

在刚加入 Android 时,Mathias 的工作是开发操作系统底层的东西。那个时候,操作系统基本上还不存在,所以加入的每一个人都一起开发最基础的东西。

例如,当时的平台还没有 C++核心数据结构(Vector 和 HashMap)。桌面或服务器端不需要这些东西,因为它们已经提供了开发人员经常使用的标准库。但在 Android 上,特别

---

1 我还没有亲眼见过,这可能与早期的压力以及每个人在交付产品时投入的所有时间有关。

2 Swetland 回忆说:"他把手机从我身旁扔了过去,不过我没有躲闪。我当时在费劲地处理 1.0 版本的一些问题,所以我对他说:'我现在没时间。'我想这可能是导致他那天怒不可遏的原因。"

Hiroshi 会定期将硬件有问题的设备返回 HTC 检修。Swetland 记得那部被扔坏的手机:"我按照正常程序把 Mathias 的 G1 放在 Hiroshi 的桌子上,显示屏已经碎了,还贴了一张便条,上面写着导致手机损坏的原因:'愤怒管理不当'。"

3 由巴黎应用系统公司发行。

4 Nicolas Roard 是早期 Android 浏览器团队的一名开发者,来自法国,他在加入谷歌之前就知道 Mathias,因为他在上高中时读过 Mathias 写的文章。

是在那个时候，平台只有一些绝对必需的代码和库。添加标准库将会引入太多不必要的东西，占用本来就不大的存储空间。因此，Mathias 实现了这些数据结构，让每个人都可以在开发 Android 时使用。

Mathias还对memcpy[1]和memset进行了优化，它们是用来操作内存块的底层函数。对于整个系统来说，memcpy是一个非常关键的函数，[2]在内存紧张的情况下经常会成为性能瓶颈。Bob Lee这样评价Mathias的工作："他为memcpy手写汇编代码，让它的速度变得非常快，性能也有了巨大的提升，真是棒极了。"

PixelFlinger[3]

对于图形系统，Mathias 的主要目标是实现 SurfaceFlinger，用于显示应用程序生成的图形缓冲区（或者叫**表面**）。但这个系统需要依赖的一些底层功能在当时还没有，所以他决定先从这些东西开始。

Mathias假设SurfaceFlinger需要用到GPU[4]，它将用OpenGL ES执行一些底层操作，把应用程序的图形数据搬到缓冲区，再把缓冲区显示在屏幕上。问题是，Android设备没有GPU。在当时，包括在SDK的发布过程中，Android的目标设备是机型Sooner，它没有配备GPU，所以也就没有OpenGL ES。

---

1 UNIX 命令通常会采用缩写的形式，而且晦涩难懂。为什么 "memcpy" 比全拼 "memcopy" 更有用，尤其是在今天？这个问题的答案并不好猜。在 20 世纪 70 年代初，UNIX 的很多命令采用缩写形式可能有多方面的原因，包括存储空间的限制和通过电传打字机传输字符的时间。Brian Swetland 也将其归因于 "老程序员的懒惰——我最近做了一个用来测试无线电接口的小程序，我管它叫 **rctl**，而不是 **radio-control**——这与他们反复输入的内容有关。"

UNIX 的设计者之一 Ken Thompson 在《UNIX 编程环境》一书中回答了 "如果让他重新设计 UNIX，他是否会采取不同的做法" 的问题："我会在 '**creat**' 后面加个 **e**。"

2 不仅 Android 是这样，而且 memcpy 是所有操作系统的基础函数，因为在软件系统中，复制内存通常是一个重要的操作。

3 Mathias 选择 PixelFlinger 这个名字是为了向图形软件 Bitflinger 致敬，Bitflinger 是他在 Be 和 Android 的同事 Jason Sams 在 Be 工作时开发的。

4 GPU 可以加速图形操作。自 20 世纪 90 年代末以来，GPU 一直是桌面电脑的标准配置，但在 Mathias 开发这个东西时，GPU 还不是手机硬件的标准配置。

但Mathias预感GPU在未来会成为智能手机的标准配置。"在加入Android之前,我对移动平台有一些经验。所以非常明显的是,在未来,我们将使用硬件来渲染图形。[1]在我看来,软件渲染即将消亡。"

"我的想法是:当硬件到来的时候,所有东西都应该准备就绪。问题是,我们现在还没有这些硬件。我们真的不知道什么时候会有。所以我想,我是负责开发图形的,我要假装我有一个GPU。所以我写了一个GPU,这样我就能够使用'GL'开发SurfaceFlinger。它使用的是真正的OpenGL ES,只是默认为软件模式。然后,真正的硬件开始慢慢出现。"

Mathias说他写了一个GPU,实际上是一个虚拟GPU,可以执行与GPU相同的任务,只是使用的是软件而不是硬件。GPU并不是什么魔法,它能做的事情用软件也能做到,只是它能更快地完成任务,因为它的硬件针对图形操作进行了优化。[2]在编写虚拟GPU时,Mathias提供了一个软件层来处理通常由GPU处理的图形操作,将命令翻译成Android显示系统可以理解的底层信息。

他编写的OpenGL ES层会将命令发送给底层的PixelFlinger(负责绘制纹理三角形[3])。这个额外的抽象层需要一些额外的工作和开销,如果这款设备是Android唯一的目标设备,那么这么做就没有太大意义。但在未来,这个领域肯定也会出现GPU硬件,那么SurfaceFlinger只需要针对OpenGL ES编写一次即可。一旦未来如Mathias所设想的那样,那么它将继续发挥作用,而且执行速度会更快(使用硬件模式而不是软件模式的PixelFlinger)。

Mathias编写虚拟GPU的方式体现了产品思维与Android早期秉持的平台思维之间的不同。[4]产品思维就是指团队尽快把手机做出来,不要花太长时间。但Mathias的平台思维,即构建比最初版本更大规模的软件层,从长远来看对Android是非常有利的。"为了能在更好的

---

[1] 这里要澄清一下,所有的渲染都发生在手机的硬件上。但 CPU 渲染(由一个通用系统负责计算像素值)和 GPU 渲染(由一个专用的图形处理器负责计算像素值)之间有很大的区别。GPU 在这方面做得更好更快。这就是 Mathias 所说的*硬件渲染*。

[2] 具体地说,当时的 GPU 优化了纹理映射,绘制的几何图形与图像数据是重叠的。我们在屏幕上看到的大多数图像,从复杂的游戏到简单的 2D 按钮,都可以归结为几何图形数据。

[3] GPU 和 OpenGL ES 的底层渲染引擎本质上是三角形渲染器,它们绘制的三角形通常包含某种图像数据(纹理),通过绘制很多不同纹理的三角形可以创建出复杂的视觉场景。当然,它还有更多的功能,但渲染场景,甚至是游戏或电影特效中的复杂 3D 场景,基本上都是由纹理三角形组成的。

[4] 详见第 29 章("产品与平台之争")。

硬件出现时准备就绪，走这一步是很有必要的。但我们也要让人们相信，这是必然会发生的。"

图形系统和平台的其他部分所秉持的长期思维反映了团队早期的做事风格。总的来说，团队非常好斗，他们更喜欢短小精悍的团队，在奔赴1.0版本的路上快速做出务实的决定。团队在早期做出的一些决定以及他们付出的努力都是为了平台的未来而做的正确的事，尽管没有人为未来打包票。因此，尽管团队的目标是发布1.0版本，但他们也在努力开发一个在发布之后能够继续存在的平台，而Android最终也实现了这一目标。

但是，PixelFlinger在Android手机上存在的时间很有限。它对于团队早期开发的Sooner设备来说至关重要，但与1.0版本一起发布的G1已经配备了Mathias所期待的GPU[1]。PixelFlinger的重要性不在于它为特定的产品提供了什么功能，而在于它对平台的意义：构建具有前瞻性的功能，推动架构和生态系统进入硬件加速的未来。[2]

SurfaceFlinger

有了PixelFlinger和OpenGL ES之后，Mathias就可以开始实现SurfaceFlinger了。应用程序将它们的图形对象（按钮、文本、图像等）绘制到内存缓冲区中，SurfaceFlinger再将这些缓冲区显示在用户可见的屏幕上。本质上，SurfaceFlinger是应用程序图形操作和OpenGL ES层之间的黏合剂，负责复制缓冲区并将它们显示给用户。将应用程序的渲染与屏幕上的像素显示分开是有意而为之的，Mathias的设计目标之一是确保任何一个应用程序都不会导致其他应用程序的渲染性能受到影响，以此来实现流畅的图形渲染（这与Android平台的整体安全性一脉相承——应用程序之间总是相互隔离的）。所以，应用程序将图形绘制到缓冲区中，SurfaceFlinger再从那里接手后续的工作。

---

1 然而，G1的GPU有一个限制，即一次只有一个进程可以使用它。

2 事实上，PixelFlinger在1.0版本发布之后仍然使用了很长一段时间：手机启动时看到的启动动画，设备升级时看到的UI和模拟器。模拟器运行在开发者的电脑上，无法访问GPU，所以它用了Mathias的虚拟GPU很多年。

硬件编配器

Mathias 为图形系统编写的另一个东西是硬件编配器（Hardware Composer，HWC）。SurfaceFlinger 负责将 UI 图形绘制成屏幕上的窗口，但最终绘制的像素是由几种窗口组成的。

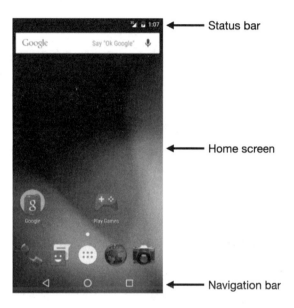

一个 Android 屏幕示例，包含了典型的状态栏、导航栏和主屏幕。

用户看到的一个典型的 Android 屏幕包括一个状态栏（显示当前时间和各种状态、通知图标）、一个导航栏（上面有后退和主屏幕按钮）和前台应用（或主屏幕）。除了这些，也可能有其他窗口，比如前台应用的弹出菜单。

它们都是独立的窗口，通常运行在独立的进程中。例如，导航栏和状态栏属于系统进程，而应用程序窗口属于应用程序进程。它们需要以某种合理的方式显示在一起，而这就是硬件编配器的工作。

Mathias的想法是使用一种叫作硬件图层[1]的硬件，为每一个应用程序提供专有的显示内

---

[1] 图层是专门用于显示不同图形窗口的显示硬件，特别是带有快速移动画面的窗口，比如视频和游戏。

存，这样就不需要在应用程序之间共享显示内存。使用这种硬件还可以减少耗电量，并为应用程序提供更好的性能。系统也因此可以避免使用非常耗电的GPU来执行这些简单而频繁的窗口操作，省下的GPU资源可用于在应用程序中加速游戏或其他图形密集型的操作。[1]

HWC 将窗口发送到不同的图层，而不是直接在屏幕上或让 GPU 通过 OpenGL ES 来绘制它们。然后，显示硬件将这些图层组合在一起并显示在屏幕上，让它们看起来像是一个无缝衔接的屏幕，而不是几个完全不同的进程，尽管它们实际上就是。

问题是，在实际中使用图层存在一些困难，因为每种设备的图层数量和功能是不一样的。但考虑到 G1 的 GPU 限制和它对图层有较好的支持，Mathias 和 Jason Sams 想出了一个巧妙的办法。与其让 HWC 处理各种各样的图层，不如告诉底层硬件 HWC 需要什么，这样就会出现两种情况：要么硬件满足 HWC 的需求，要么 HWC 退回到使用 OpenGL ES。随着时间的推移，硬件厂商看到了直接在硬件中处理图层操作的好处，而这也成为厂商提升他们的设备性能的一个必争之地。

Mike Reed 和 Skia

Mathias 的所有工作都是关于如何在屏幕上显示应用程序的图形。他还需要创建一个由应用程序为其 UI 绘制图形的系统。为此，Android 使用了一个叫作 Skia 的渲染系统，这个系统是团队早期从 Mike Reed 那里收购来的。

如果说这个世界上有所谓的"连续图形企业家"，那么非 Mike Reed 莫属。

Mike 很晚才开始接触编程，至少相对于许多早期的 Android 工程师来说。Mike 在大学里拿到了科学和数学学位。1984 年，初代 Macintosh 电脑发布，并出现在他的校园里。"它改变了一切。我想要从事图形开发工作，因为那就是 Mac 展示给我们的东西。所以我拿到了一个数学学位，并自学编程。"

研究生毕业后，Mike被苹果公司录用（"我是侥幸得到那份工作的"）。在那里，他遇到

---

[1] 使用图层实际上是 G1 的要求。因为同一时间只有一个进程可以使用 GPU，所以如果 HWC 使用了 GPU，应用程序就不能使用。使用图层硬件就可以跳出这个约束。

了Cary Clark，后来的Skia联合创始人[1]。在工作了几年之后，Mike离开了苹果公司，创办了HeadSpin，为光盘游戏开发游戏引擎。后来，HeadSpin被Cyan（游戏《神秘岛》的开发商）收购，Mike又创办了一家叫作AlphaMask的图形技术公司。AlphaMask后来又被Openwave（一家为移动设备提供浏览器软件的公司）收购。

2004年，Mike离开了Openwave，和苹果公司前同事Cary一起创办了Skia，开发了一个图形渲染引擎。Skia将渲染引擎授权给各种客户，包括加州的一些客户。有一次Mike去加州旅行，Cary建议他去拜访一家叫作Android的初创公司，这家公司是由Cary在WebTV的几位前同事（Andy Rubin和Chris White）创办的。

2004年年末，Android的规模还很小，只有两位联合创始人和两名新员工Brian Swetland和Tracey Cole。Android的方向正在从相机操作系统转向手机操作系统。Andy知道他们需要一个渲染引擎来显示UI，所以他向Mike支付了Skia的许可费用，并表示会再联系他。但Mike并没有收到他的回复："Andy就这样消失了，邮件也没有回。"

几个月后，也就是在2005年夏天，Andy终于联系了Mike。"他说：'很抱歉中途断联了，我现在用一个新的邮箱地址给你发邮件。'果不其然，邮件地址是谷歌的邮箱。他说：'我的公司被收购了，之前的许可应该要终止了。'"

但谷歌并没有作为Skia渲染引擎的另一个被许可方，而是直接收购了Mike的公司。毕竟，Android当时正在招人，而收购是一种有效的快速招到人的方式（只要你有钱）。

收购是在2005年11月9日宣布的，Skia的4名工程师（Mike、Cary、Leon Scroggins和Patrick Scott）于12月加入谷歌。

谈判的一个主要内容是工作地点。几年前，Mike和Cary决定离开加州，迁到北卡罗来纳州，他们并不想回到旧金山湾区。谷歌同意团队留在北卡罗来纳州，于是他们在那里设立了教堂山办公室[2]。

在加入谷歌后，他们就开始着手让Skia成为Android的图形引擎。底层的渲染模块已经很完整了，可以全面支持用C++实现2D绘图操作（线条、形状、文本和图像）。事实上，Skia在Android上的原始图形功能自早期以来就几乎没有什么变化（尽管在这一过程中有一

---

1 Cary也是谷歌Skia团队的工程师。
2 随着Skia团队的壮大和图形渲染项目的发展，教堂山办公室也在不断扩大。

些重大的改进，比如硬件加速）。但因为Android选择将Java作为应用程序的主要编程语言，需要在Java而不是C++中调用Skia，所以团队提供了Java绑定[1]。

为Skia提供绑定，并将引擎集成到Android平台的其他部分并不算太难，所以Skia团队很快就接下了其他几个项目。其中的一个项目，新的UI系统，只存在了一小段时间。Mike的团队建议Android使用Skia现有的系统来显示UI。他们已经有一个现成的系统，允许开发人员使用JavaScript和XML进行混合编程。但选择Java作为主要编程语言，再加上Joe Onorato[2]的一些努力，让团队走上了一条不同的道路。

1　绑定是 Java 中封装底层 C++功能的函数。调用绑定函数本质上是将代码执行从 Java 转移到 C++。
2　我们将在第 14 章（"UI 工具包"）中看到更多有关 Joe 的故事。

12.
多媒体

当软件工程师谈到媒体时，他们通常指的是多媒体，也就是音频和视频。这些技术之间存在非常大的区别，都需要软件工程师具备深厚的领域专业知识。因此，工程师通常只研究其中一种，而不是两种都研究。然而，音频和视频工程师通常会在同一个"媒体"团队工作。也许是因为他们都需要设备提供的电池、内存和极度优化的软件，这样才能为用户提供可靠的视听享受。

Dave Sparks 和铃声

Dave Sparks一生中只上过一门编程课程，也就是高中二年级时的Fortran。在上这门课时，为了编写程序，需要把代码打在穿孔卡片上，用橡皮筋捆扎好，送到学区办公室，然后在那里的计算机上执行代码。几天后，学生们会得到打印出来的结果。[1]

Dave 对教室后面的老式 Monrobot XI 系统更感兴趣，那是一台 1960 年前后生产的机器，使用磁鼓作为存储介质。他喜欢研究如何在那个旧系统上编写机器码，以至于差点挂了 Fortran 这门课。

---

[1] 现在的开发者还抱怨大型 Android 应用的编译速度太慢，可能需要花上几秒钟，有时候编译复杂的应用需要更长时间。当然，还有比这个更糟糕的。

他的编程生涯从高中毕业之后开始。他当时在 Radio Shack 找到了一份工作。有一天，Ray Dolby[1] 来到店里，他想要一个可以把股票数据下载到电子表格里的程序。经理指着 Dave 说他可以帮忙。一个程序卖了 50 美元，在此之后，Dave 成了一名专业程序员。

在 21 世纪初，运营商要求手机支持多种铃声格式。不同的运营商采用了不同的格式，这让情况变得复杂，所以手机厂商必须支持多种格式，才能将他们的设备卖到不同的市场。

雅马哈提供了一种可以满足这种需求的合成器芯片，每块芯片的成本是几美元。设备厂商总是在寻找各种方法来降低成本，因此一家叫作 Sonivox 的公司推出了一种基于软件的解决方案，售价仅为一美元。

当时，Dave Sparks 正在 Sonivox 负责这个产品，Andy Rubin 打电话联系到了他。

由于 Android 计划开源操作系统，Andy 的需求与 Sonivox 的一般客户不一样，他既想要这个产品，也想要把它的源代码公布出来，但这样会遏制 Sonivox 未来的销售量。Dave 觉得这笔交易就像是："将来它会被开源。这些钱拿去吧。"

这笔交易发生在 2007 年年初。3 月份，Dave 来到谷歌，和 Ficus Kirkpatrick 一起花了几小时将软件集成到系统中。就这样，Android 可以播放铃声了。

几个月后，Andy 打电话给仍在 Sonivox 工作的 Dave，邀请他加入 Android，组建一个媒体团队。于是，Dave 于 2007 年 8 月加入了 Android。

Marco Nelissen 和音频

用 Sonivox 的软件把铃声弄好后，Ficus 还做了一个 MP3 铃声：Gnarls Barkley 的 *Crazy*。Joe Onorato 解释说："播放 MP3 涉及大量的工作。在可以播放 MP3 的时候，我们刚好需要一个铃声。他刚好提交了 *Crazy* 的 MP3，所以就成了 Android 的铃声。"

所有的 Android 手机在接到电话时都会播放同样的铃声，这首歌驱使着每个人的行为……你懂的。

团队需要有人帮忙普及铃声系统，所以他们请来了已从事音频软件开发多年的 Marco Nelissen。

---

[1] 杜比降噪系统的发明者和杜比实验室的创办者，就是这个 Ray Dolby。

在上高中时，Marco的父母给他买了一台Commodore 64。起初，他只是用它玩游戏，但很快他就开始在上面编程，学习BASIC和汇编语言。他先是开发了一个文本编辑器，然后又开始开发多媒体应用，包括一款叫作SoundTracker Pro[1]的音乐序列化程序。

大学毕业后，他继续从事多媒体开发工作，先是在一家为飞利浦 CD-i 平台开发软件的公司，然后去了 Be，和 Be 的许多同事一样，在 Be 被收购后加入了 Palm。他在 PalmSource 工作的时间比团队中的大部人都要长，大部分人是在 2006 年年初加入谷歌的，最终 Marco 也于 2007 年 1 月加入了 Android 团队。

Marco 一头扎进了 Android 的音频系统。他的第一个任务是，添加可以选择不同铃声的功能，因为这个功能变得越来越重要。"不是我不喜欢这首歌，但是每隔几分钟就有手机响起这首歌，你不得不再听上一遍，难免会感到厌烦。"

他继续做着在声音和多媒体方面的开发工作。他为模拟器（团队用它来调试软件）添加了声音功能，并最终为 Android 开发出了第一款音乐应用。之后，他还为 Eclair（Android 2.1，随 Nexus One 一起发布）开发了首款动态壁纸（可视化的声音和音乐）。

AudioFlinger

G1 上有另一个需要解决的音频问题。最初的 HTC 音频驱动程序漏洞百出，即使是一些简单的动作，比如在播放一个声音时尝试播放另一个声音，也会导致设备重启。Android 团队没有这个驱动程序的源代码，所以他们在这个驱动程序上面添加了一个叫作 AudioFlinger 的层，解决了这个问题。

Mathias 基于之前开发 SurfaceFlinger 的经验想出了这个名字。SufaceFlinger 解决了图形方面的一个问题——应用程序生成像素缓冲区，SurfaceFlinger 将它们显示在屏幕上。类似地，AudioFlinger 将系统的多个音频流组合成一个，然后发送给驱动程序，但不会导致设备重启（这是关键的部分）。Mathias 和 Marco、Arve、Ficus 一起成功地让它运行在 G1 上。但是，它只是针对特定设备的一个临时解决方案，它的存在不会超过它发挥作用的那一刻。最终，它经过重写，让系统可以直接与驱动程序对话，而不会出现那些历史遗留问题。

---

1 SoundTracker Pro 现在仍然可以下载，并在 YouTube 上为所有多媒体系统用户提供了教程。

遭人唾弃的代码

视频的处理过程非常复杂。首先,加载和保存视频需要用到编解码器(Codec[1])。视频软件需要为编解码器加载的内容提供播放功能。有了这些东西,你还需要优化它们,因为播放不流畅的视频只会让人感到沮丧。

软件还需要能够与硬件对话,这个问题很棘手,因为不同设备的视频硬件可能差别很大。

对于这个小组来说,要实现所有这些东西有很大的困难。所以,Andy 决定对外购买必需的技术,而不是自己开发。他让 Ficus Kirkpatrick 看看有哪些选择,并把重点放在一家叫作 PacketVideo 的公司上。当时,PacketVideo 有一整套可以满足 Android 需求的软件。

在获取许可的过程中,Ficus 做了调研,但只是做了一些基本的检查,没有进行深入的分析。Ficus 记得:"Andy 告诉我,无论如何都要做成这笔交易。"和团队的其他成员一样,他当时正忙于其他事情,而且这笔交易似乎已经是个定局,所以他也没有花很多时间做评估:"我认为这并不重要。虽然我觉得他们的代码不够好,但我没有把我的看法提出来。"

他也简要地调研了其他替代方案。他直接否决了其中一个替代方案,因为他们的代码不太好。另一家公司太过专注于 Windows 平台,以至于在软件中植入了一些假设,导致他们的产品无法在其他操作系统上运行(比如 Linux,而这正是 Android 所需要的)。相比之下,PacketVideo 是一个更好的选择。"它可能是这些媒体框架中最不糟糕的一个。"

Andy 提出的条件对 PacketVideo 来说很尴尬,他要他们放弃核心业务,而这家公司是通过授权视频软件来赚钱的。Android 不仅想要软件的功能,还想要它们的代码。Android 计划开源平台所有的代码,包括 PacketVideo。所以 Andy 提出的条件意味着 Android 将会把他们的软件公开出来,这实际上摧毁了他们未来收取许可费用的可能性,因为任何潜在的客户都可以复制 Android 的代码。Ficus 说:"Andy 是这样说服他们的:'你们的业务将从授权转向专业服务,我们会给你们一些钱来完成过渡。'"

---

[1] Codec 是"编码器和解码器"的简称,一种可以保存(编码)和加载(解码)某些格式文件的软件。例如,视频系统通常需要用 Codec 来保存和加载 MP4 文件。

交易终于达成（在Tom Moss[1]的帮助下），代码也被整合进来，但Android团队并不开心。[2]Ficus记得："代码不是很好，要优化它们真的很难。"

Mathias Agopian 同意其观点："从技术角度来看，这是一场灾难。PacketVideo 表面看起来确实很好，它有编解码器、回放、录音、视频和音频等功能，表面上看什么问题都解决了。但我们花了很多年时间对它进行修修补补，并最终重写了所有东西。"

Ficus 继续说："或许，我唯一的贡献就是拒绝公开它们的 API，最后只公开了最简单的 MediaPlayer 和 MediaRecorder API。这是一个非常简单且功能很弱的 API。"他的意思是，只向应用开发者提供简单而通用的视频功能，而不是直接公开 PacketVideo 的所有高级功能，这样就可以确保团队在空余时间可以修改视频的实现细节。

事实上，事情最终确实朝着这个方向发展。几年后，这个多媒体层被完全重写，变成了一个叫作 **StageFright** 的组件。当时，媒体团队的工程师 Andreas Huber 一直在重写 PacketVideo 的部分代码。最后，剩余的旧代码不再被调用，他就把它们删掉了，从此也就没有 PacketVideo 的代码了。

---

1 Tom Moss 为 Andy 处理业务问题。我们将在第 28 章（"商业交易"）中读到更多关于 Tom 的故事。

2 一个软件项目交付了，但这不代表它就已经完成了（至少在项目取得成功时，它并不能算已经完成）。只要产品的功能还在，团队就必须继续提供支持。尽管代码可以做它们需要做的事情，但它们还会持续地出现 Bug 或性能问题，在未来还会有额外的功能需求和维护工作，所以团队仍然需要提供支持。

13.
框 架

当每次造访山景城的办公室时,Dan Sandler 都会留下一些白板画。这是他其中一次留在框架团队的画。

框架[1]是指包含了操作系统底层功能(除内核以外的被系统其他部分依赖的底层功能)和应用程序用来访问这些功能的API的核心平台部分。以下是框架提供的一些功能:

---

1 在软件开发(和 Android 团队)中,框架这个词随处可见。附录的术语部分对这个词做了更多的介绍。

- 包管理器，负责安装和管理设备上的应用程序。
- 电源管理，例如控制屏幕亮度设置（屏幕是设备上耗电最多的硬件）。
- 窗口管理，在屏幕上显示应用程序，并在它们打开或关闭时使其动画化。
- 输入，接收来自触摸屏的信息，转换成事件，再发送给应用程序。
- 活动管理器，管理多任务，在设备内存过低时决定哪些应用程序应该被关闭。

2005 年，在框架工程师们加入 Android 时，这些东西都还没有，所以他们必须一点一点地开始构建。

Dianne Hackborn 和 Android 框架

> "在很大程度上，Dianne 的工作决定了 Android 平台的发展方向。
> 我肯定她会淡化她在这方面的影响力，但她错了。"
>
> ——Ficus Kirkpatrick

到了 2005 年年底，框架的部分开发工作已经启动，但还有很长的路要走，他们还需要提供应用程序使用的 API 和系统必需的其他功能。然后 Dianne Hackborn 加入了团队。

正如团队大部分人所认为的那样，Dianne（"hackbod"[1]）是最了解Android框架和整个平台的人。一方面，她非常了解平台的组件是如何组合在一起的。另一方面，她在操作系统和API方面的知识也很渊博。

而且，她编写了框架的大部分代码。

Dianne 出身计算机世家。她的父亲在惠普创立了打印机部门，曾有出任首席执行官的机会。当其他孩子还在玩电脑游戏时，她开始研究系统设计。"我会研究系统的工作原理，以及它与应用程序和线程之间的关系。"

大学毕业后，她在朗讯科技工作，并在业余时间研究 BeOS（"开发框架和一些应用程

---

[1] Dianne 的昵称是在她上大学时计算机系为她自动生成的账户名。系统使用她姓氏的前 6 个字符加上名字的第一个字符为她生成了账户名。这种超级英雄式的结果纯粹是一种巧合。

序。UI 布局框架……诸如此类的东西"）。后来，她不想把这些事情仅仅当成兴趣，于是加入了旧金山湾区的 Be 公司。

"当时正值互联网泡沫时期。你在一家不赚钱的公司工作，不知道怎么赚钱，但每个人都想做操作系统。他们在那里工作不只是为了赚钱。"[1]

Dianne 在 1999 年年底加入 Be，后来和同事一起到了 PalmSource，然后又一起加入了 Android。她在 Be 和 PalmSource 时都一直在开发框架。

Dianne 在 Be 的工作是开发 BeOS 的下一个版本，但那也是这个操作系统的最后一个版本。"他们试图与微软竞争。但你无法与微软这样的平台竞争，除非他们搬起石头砸自己的脚，否则这是不可能的，因为他们的生态系统动力十足，但凡你做出了什么比他们更好的东西，他们都有充分的时间对你进行反击。"

"这是鸡和蛋的问题。你首先要有用户，这样才能吸引到开发者。而为了吸引用户，你必须要有开发者。你可以想办法获取一些用户，但无论怎样，大平台都有可能瞄准这个市场并杀死你。你不可能竞争得过他们。"

最终，Palm 收购了 Be，因为 Palm 计划为设备开发一个更强大的操作系统，并且需要掌握了相关专业知识的工程师来实现这一目标。Dianne 就是在这个时间进入了移动计算领域。"当时我从未想过要进入移动领域。我是在开始关注了 Palm 之后对它感兴趣的。这似乎是与微软竞争的正确打开方式。它是一种全新的设备，如果你能为这种设备提供一个平台，你就拥有了一个比 Windows 更大的生态系统，也只有这样你才有机会。你可以看到一些征兆。硬件变得越来越强大，它的市场已经比 PC 市场大。"

但PalmSource却举步维艰。他们最初从Palm拆分出来是为了给Palm（和其他公司）提供操作系统。但当PalmSource推出Palm OS 6[2]时，Palm决定继续使用拆分之前的操作系统。后来，团队几乎为一款潜在的三星设备开发出了一个产品级的操作系统，但没能如愿。在那

---

[1] Dianne 在 Be 的经历与许多涌入湾区，希望通过加入一家互联网初创公司发家致富的人形成了鲜明对比。

湾区的生活成本要低得多（虽然也不算很低），所以工程师更有可能不太在乎钱，（至少在理想情况下）更看重工作乐趣，而不是工作报酬。那里有大量的技术工作机会（至少在当时和最近是这样），所以为什么不找一个你感兴趣的呢？

[2] PalmSource 开发 Palm OS 6 多年，一直没有发布。维基百科对 Palm OS 的介绍是这样的："Palm OS 6.0 改名为 Palm OS Cobalt 是为了表明最初开发这个版本不是用来取代 Palm OS 5 的。"

之后,再没有其他买家愿意购买这个操作系统,所以这家公司开始四处寻找收购金主。

当时,Dianne 和团队不得不面对一个有趣的局面,这种局面后来在 Android 上也出现过。"让手机厂商对别人的平台感兴趣真的很难。他们自己开发软件,担心手机市场会变得跟 PC 市场一样,整个硬件商品化平台会被一家软件供应商独占。"

在软件还没有那么复杂的时候,硬件公司自己开发操作系统的模式是可行的。为翻盖手机处理电话和联系人这些简单的功能都在这些公司的能力范围之内。但随着功能变得越来越复杂,特别是在 iPhone 发布之后,这些公司就很难跟得上技术的发展了。在 iPhone 发布之后,那些需要新操作系统的公司正在寻找超出他们能力范围的东西,因此他们更愿意与 Android 合作。

"软件变得比硬件更有价值。大部分投资都花在了软件上。如果真的是这样,那么谁在软件上投入得最多,谁就最有吸引力,而这样的公司很可能把主要精力放在了跨硬件平台上。"

Palm OS 6 提供了一个强大的 UI 框架。作为 PalmSource 的潜在收购金主,摩托罗拉对这个框架和 Palm OS 6 很感兴趣。但摩托罗拉的收购企图失败了,最后收购 PalmSource 的是 ACCESS 公司。"如果被摩托罗拉收购应该会很有趣,我们都希望是这样。他们会继续使用我们开发的东西。"与之相反的是,ACCESS 并不看好当时的方向。

在收购之后,ACCESS 改变了团队的操作系统策略。Dianne 和她的团队完蛋了。"PalmSource 结束了。手机厂商不想使用别人的平台,因为他们不想成为推动者。我看着团队成员一个接一个地离开(我在那里管理框架团队)。当时 Mathias 和 Joe 也要离开,他们走过来对我说:'你应该去谷歌看看,他们正在做一些很酷的东西。他们暗示我'那是一个平台……它是开源的……'在谷歌开发一个开源的移动平台,还不用操心钱的事情,你怎么能拒绝呢?这太完美了。"

于是,Dianne 加入了谷歌,并于 2006 年 1 月加入 Android 团队。

她很早就知道谷歌的 Android 战略。"在我加入时,从 Larry 和 Sergey 谈论它的方式,以及 Andy 展示它的方式就可以看出,他们想要的不仅仅是一款产品,而是谷歌的未来。他们不希望谷歌变成一家通过封闭的专有平台来控制某个领域的公司,比如像微软控制了 PC 平台那样。这与赚钱与否无关。"[1]

---

1 在之前讲述谷歌收购 Android 以及之后讨论 Android 取得成功的因素时,我都提到了这一点。收购 Android 以及谷歌想要实现的目标背后存在一些原因。这些原因可以总结为他们想要一个公平的竞争环境。也就是说,他们希望谷歌服务的潜在用户能够访问这些服务。占主导地位的玩家可能会让这一目标变得非常难以实现。例如,如果微软在移动领域做到了他们在 PC 领域所做的事情,那么他们可能会让用户很难在这些设备上访问谷歌服务。

Activity

> "当 Dianne 进入状态的时候,你很难阻止她。只要她对自己想要的东西有清晰的愿景,她就会把它做出来。"
>
> ——Jeff Hamilton

加入 Android 后,Dianne 开始开发框架的一些基本组件。其中的一个组件是 Activity,是她从 Joe Onorato 那里接手过来的。

Activity 这个概念是从团队早期(在 PalmSource 时)的一个想法演化而来的,它是 Android 管理应用程序的一种方式。在传统的操作系统中,应用程序在启动时会调用 main() 方法,然后在一个循环中处理一些事情(绘图、轮询输入、执行一些必要的计算,等等)。在 Android 中,一个应用程序被分成一个或多个 "Activity",每个 Activity 都有自己的窗口。Activity(和应用程序)没有 main() 方法,操作系统会调用它们对事件做出响应,比如 Activity 的创建和销毁,以及用户输入。

Activity 的另一个重要元素是它们定义了可以被其他应用程序调用的入口,比如系统 UI 中的通知或快捷方式,用户可以通过它们跳转到应用程序的某个位置。

Dianne 说:"Palm 非常了解移动设备。我们在那里学到了很重要的一点,即移动应用与桌面应用有本质上的不同——用户每次只能访问一个应用,而且它们往往很小,只专注于一个特定的任务。这催生了让应用协同工作的需求。Palm OS 采用了一种叫作'次级启动'(SubLaunching)的方式,允许一个应用通过调用另一个应用来达到一些目的,比如向用户显示添加联系人信息的 UI。我们认为这是移动应用的一个重要功能,但需要把它变成一个正式的概念,这样它才会更加健壮,并能够在复杂的多进程保护内存(和应用沙盒)环境中正确运行。于是就有了 Activity 这个概念,它定义了一个应用向其他应用(和系统)暴露自身的方式,让它们可以在需要的时候启动它。"

Activity 对于 Android 来说是一个强大的概念,但也是工程团队存在争议的地方。与一些人喜欢的传统方式相比,Activity 当然更复杂一些。特别是 Android 应用程序的生命周期(处理 Activity 的创建和销毁等)难以理解,对于许多 Android 开发者来说,处理好它们往往是一项困难且容易出错的任务。

Jeff Hamilton(框架团队的工程师,我们很快会读到他的故事)说:"在 Android 的早期，存在两种截然不同的操作系统愿景。一种是基于 Activity 的，另一种是调用 main() 方法。Dianne 和 Joe 力推更加模块化的基于 Activity 的模式。"

"另一阵营中的一些人，比如 Mike Fleming[1]，更倾向于选择简单的模式。这种争议持续了一段时间。"

Mike Fleming 说："我对应用程序生命周期持怀疑态度，因为它太复杂了。"黄威[2]表示赞同："在某些方面，我认为 Activity 的生命周期过于复杂，有点难以控制。"

但团队决定采用 Activity 模式。Jeff 解释了这个决定是怎么来的："只要 Dianne 对她想要的东西有清晰的愿景，她就会把它做出来。这个决定就是这么来的。她很干练，总能把事情做成。"

这个决策模式也发生在其他地方，比如 Joe 最初实现的 View 系统。团队没有太多的时间浪费在会议和讨论上，所以最终会有人提出解决方案，然后就从那里继续向前发展。就像 Dianne 说的那样："因为就那么些人，如果你想做，就放手去做。大家会有很多讨论，但这些讨论是由做这件事情的人发起的。"Romain Guy（后来加入 Android，开发 UI 工具包）补充说："在 Android 团队里，最令人敬佩的人是能做成事情的人。"通常，那个人就是 Dianne。

资源

Dianne 还参与了资源系统[3]的开发。资源是另一个 Android 特有的概念。在 Android 上，应用开发者可以在*资源文件*中定义不同版本的文本、图像、大小和应用的其他元素。

例如，你的应用程序中可能有一个带有"**Click**"字样的按钮，这样用户就知道这个按钮是可点击的。但只有当用户看得懂英语时，"**Click**"这个词才有意义。如果他们只懂俄语呢？或者法语呢？或者其他非英语语言呢？开发者可以通过资源文件为这个字符串定义不同的语言版本。在为按钮渲染文本时，资源系统会根据用户设定的系统语言选择一个合适的版本。

---

1 Mike 负责开发电话功能和 Dalvik 运行时。
2 黄威当时正在开发 Android 浏览器，详见第 17 章（"Android 浏览器"）。
3 Fadden 实现了最初的资源系统，一个可以基于语言选择文件的系统。Dianne 说她："接手了，并把它变得更复杂。"

类似地，开发者也可以为不同的屏幕定义 UI 观感，根据不同的屏幕配置使用不同大小的图像。同样，资源系统会根据不同的用户设备在应用程序启动时加载合适的图像。

资源系统不仅灵活，而且有效解决了可变密度的问题，这很好地说明了 Android 是一个软件平台，而非仅针对某一款手机的产品，即使是在 1.0 版本发布之前。如果只是针对一款设备（就像当时的大多数厂商所做的那样），那么资源系统存在的意义就不大。但如果真的只针对某一款设备，那么在开发应用时就会以这款设备作为假设，当未来出现不同尺寸的屏幕时，这些应用看起来就会不太对劲。

Dianne 说："移动设备与桌面设备不同，移动设备对应用程序的影响比桌面设备要大得多。台式机可以有更大的屏幕，但对应用程序没有太大影响，因为你可以随意调整窗口的大小。但如果移动设备的屏幕变大了，那么应用程序就需要在更大的屏幕上绘制合适的 UI。"

另一个影响因素是屏幕的分辨率。[1] "桌面设备的屏幕分辨率不会发生变化，但移动设备会。我们在 Palm 就遇到了这种情况。我们需要设计一些能够让平台持续演进的东西，因为我们已经经历过 Palm OS 遭遇的问题，要让它支持不同的屏幕分辨率简直就是一场灾难。我们对 Android 平台的态度一直是：'我们为移动设备开发这个平台，但我们希望它具备长期的扩展能力和满足各种需求的能力。'"

相比之下，iOS 和 iPhone 在一开始并没有考虑分辨率问题。"苹果公司没有考虑过这些东西。苹果是少数几家能够同时开发高质量软件的硬件公司之一。大多数硬件公司专注于硬件产品本身，软件只是硬件的附属。苹果将软件作为长期的战略，而不只是硬件产品的附属。但你仍然会看到一些只面向硬件的东西，比如'我们想要改变屏幕大小……但我们不会去考虑密度问题'。"

窗口管理器

> "Dianne 说，'我要做一个窗口管理器。'然后她开始敲键盘，于是就有了一个窗口管理器。"
>
> ——Mike Cleron

---

[1] 分辨率是指每英寸像素的数量。两部手机可以有相同尺寸的屏幕，但如果其中一部手机的分辨率更高，那么它的像素就会比另一部手机更小、更丰富。如果系统只能绘制原始像素大小，那么分辨率较高的屏幕上显示的东西就会较小，这通常不是开发者或用户想要的。

早在Android 1.0版本发布之前，Dianne就开发了窗口管理器，用于管理窗口的打开、关闭、动画显示和动画淡出。它之所以值得我们关注，是因为它解决了一个非常复杂的问题，而且它是Dianne开发的众多项目当中的一个[1]。

软键盘

在 Android 1.0 版本发布之后，团队还有很多工作要做。当时，Dianne 和 Amith Yamasani 在框架团队一起开发软键盘，也就是全触控设备上的屏幕键盘。

最初的 G1 配备了一个实体键盘，在输入文本时需要把它翻出来，这种设计本身并没有什么问题（事实上，许多智能手机用户在之后的几年仍然更喜欢使用实体键盘，尤其是黑莓手机的粉丝们）。但市场想要更大的屏幕和更小的体积，这意味着为带有屏幕键盘的全触控设备提供支持变得至关重要。事实上，后来发布的 Cupcake（Android 1.5）设备就没有实体键盘。

按照 Android 典型的开发方式，软键盘并不是通过某种侵入式的手段嵌入框架中的。Android 以权衡性能和发布速度而闻名，但团队一直优先考虑构建一个通用的平台，而不只是针对特定的产品，他们的键盘解决方案也是如此。团队构建了一个系统，为输入提供灵活和可扩展的支持。例如，键盘不叫键盘，叫作输入法编辑器（Input Method Editor，IME）。它不仅支持普通键盘输入，也支持其他类型的输入机制，比如语音。

同时，输入支持不仅是框架的内部机制，也是一个可以被开发者扩展的特性。Android 提供了输入法框架（Input Method Framework，IMF），可以接受用户提供的任意一种 IME，而不仅仅是 Android 系统自带的键盘。也就是说，Android 不只是为用户提供了一个软键盘，还为开发者提供了 API，让他们可以创建自己的键盘应用供用户使用。短期的需求是为大多数场景提供足够好的输入系统，但团队意识到可能还存在其他用户想要的体验或开发者可以帮助他们实现的功能，所以他们基于这样的前提构建了这个系统。即使当时的市场上只有几款 Android 设备，但团队打的是持久战，他们预计设备和用户生态系统可能会变得非常庞大和多样化。

Dianne 说："我们并不想把它硬编码到平台中。从满足不同语言的需求出发，我们认为应该把它做成一个可让用户选择的组件。"

---

1 Dianne 最开始独自编写和维护窗口管理器的代码。现在整个团队的人都在维护这些代码。

对 IME 的支持是 Android 早期吸引开发者（和用户）的一个很好的例子。G1 等早期设备并不是最漂亮的智能手机，但强大和灵活的开放生态系统吸引了许多用户和开发者。iPhone 后来也在 iOS 捆绑的输入法之外提供了键盘应用，但那是很久之后的事了。

2009 年，IBM 的翟树民在研究输入替代方案时，开发了一款叫作 ShapeWriter 的应用。这个应用允许用户在键盘上滑动手指，通过连接不同的字母勾勒出整个单词的形状，而不是一个字母一个字母地输入。他的键盘将这些形状解释成单词，并通过概率和试探法来确定用户想要输入的单词。

翟树民和 Per Ola Kristensson 在 2004 年一起开发了 ShapeWriter，最初在 Windows 平板电脑上发布。2008 年，他们开发了 iPhone 版的 ShapeWriter，但只能与他们开发的一款笔记应用一起使用，因为当时的 iPhone 没有类似 Android 的 IMF，所以不能取代系统键盘。2009 年年中，支持 IMF 的 Cupcake 发布，翟树民将 ShapeWriter 的重心转移到了 Android 上，并在那年晚些时候在 Android Market 上发布了这款应用。[1]

翟树民特别喜欢为 Android 开发这款应用，[2] 因为 Android 为他提供了试验的可能性，他可以将系统键盘换成他自己的应用。不过，翟树民是一名研究人员，他不太会去追求巨大的目标市场。但大约在同一时间，一家公司发布了一款叫作 Swype 的 Android 热门应用，这款应用具有类似的手势输入功能。

翟树民最终加入了 Android 团队，并领导团队为 Android 的 IME 实现手势输入。现在，Android 的键盘默认内置了手势输入功能。但 Android 仍然允许开发者提供他们自己的键盘应用，让他们能够定制他们想要的功能。

自下而上的 Jeff Hamilton

尽管 Dianne 有着传奇般的效率，但要让整个框架得以成形，仍有许多工作要做，而这些是她单枪匹马无法完成的。还有其他一些人也在开发框架代码，Jeff Hamilton（"jham"）

---

1 ShapeWriter 也是 2009 年年末第二届 Android 开发者挑战赛的获胜者之一。在第 39 章（"发布 SDK"）中有更多关于 Android 开发者挑战的内容。

2 这是他当时告诉我的。我当时在 IBM 阿尔马登研究所演讲，他把我叫到一边，给我看了他的项目。当时我对键盘、输入系统甚至 Android 都一无所知，我当时只是 Adobe 的一名图形工程师。但我记得，当 Android 平台为他提供了试验和超越产品核心功能的可能性时，这位研究员感到很兴奋。

就是其中之一。

Jeff 和 Dianne 是同一天入职谷歌的。他们在 Be 和 PalmSource 工作时都写过框架代码，所以在 Android 继续合作。

Jeff 是在大学期间去 Be 公司实习时开始从事平台开发工作的。他实际上没有通过面试，因为他没有回答好一个与 BeOS 的中断处理程序 [1]（与 Linux 的工作原理不同）有关的问题。他回家研究了其中的差别，并给出了正确答案，团队也因此改变了主意。他们给了他实习的机会，实习期从那年夏天到第二年。在他大学毕业后，实习变成了全职工作。

在 Be 公司，Jeff 是内核团队的成员，负责开发硬件（如触摸屏和 USB）驱动程序。他的职业生涯就这样从一家充满活力的硅谷公司开始了："第一天，他们带我去看我的办公隔间，里面有一个盒子和一个键盘。他们说：'那边有个主板，去找 George 要个 CPU。'他们没有内存，我只能在 Fry's[2] 买了一些。"

大学毕业后，Jeff 成为 Be 公司的全职员工，2001 年 Be 被收购后加入了 PalmSource。但和团队的其他成员（Joe、Dianne 和 Mathias）一样，Jeff 最终也厌倦了 PalmSource。"到了 2005 年 8 月，很明显他们没有客户。"他去了得克萨斯州的奥斯汀，开始在那里找工作，并在摩托罗拉找到了一个看起来很完美的机会。"这是一份本地工作。他们想要打造一个全新的现代智能手机操作系统，可以支持所有手机，而不只是一次性的买卖。我加入的团队签署了收购 PalmSource 的协议 [3]，他们说我很适合留在这里。这一切听起来都很不错，所以我离开了 PalmSource，于 2005 年 8 月加入了摩托罗拉。"

但在收购 PalmSource 的交易完成之前，ACCESS 突然杀出来，给出了更高的价格。PalmSource 自然是价高者得。摩托罗拉的智能手机操作系统梦就这么破灭了，Jeff 也没有继续留下来的意思。幸运的是，他在 Be 和 PalmSource 的前同事当时正在谷歌面试。Jeff 从他的朋友 Joe 那里听说了这个机会。"我说我对搜索和 Web 一无所知，也不想远程工作，特别是团队里的人我一个也不认识。Joe 说：'关于第一点，你无须担心，至于第二点，其实一半以上的人你都认识。来面试吧。'"多年前，Jeff 帮助 Joe 通过远程的方式加入 Be 公

---

[1] 中断处理程序用于从系统的一个地方转移到另一个地方，它们是系统中传递控制权的信号。例如，按下按键会导致硬件中断，硬件中断将控制权传给负责处理按键事件的输入软件。

[2] Fry's Electronics 是硅谷的电子产品中心，极客们喜欢来这里购买或欣赏货架上的极客物品。后来，网上购物取代了它，你不用离开电脑就能买到你想要的东西。

[3] Jeff 当时并不知道，他是在加入摩托罗拉后才知道的。

司，所以这次是Joe在报答Jeff当年的好意："他说服Andy录用我，允许我在奥斯汀的家中工作。"

在Jeff刚加入团队时，Android还不是一个平台，只有一堆杂乱的代码、原型和演示。"Joe在做一个通过窗口管理器在屏幕上绘制正方形的演示程序，有一个家伙[1]在捣鼓电话功能，Mathias在研究图形，但没有一个功能是能用的。当时还没有真正的操作系统。"

Jeff的第一个任务来自Brian Swetland——为运行在设备上的Android应用开发一个调试协议。[2]Jeff并没有从头开始实现，而是直接使用了gdb（一个标准的调试工具）。这意味着他需要搞定一大堆gdb需要的东西，比如线程和对调试符号[3]的支持。

在搞定了调试协议之后，Jeff开始开发Binder。

Binder

之前在PalmSource工作过的工程师对Binder这个概念都很熟悉[4]。Binder是一种IPC[5]机制，当操作系统发生涉及多个进程的活动时，IPC用于在这些不同的进程之间发送消息。例如，当用户在PC上敲击键盘时，系统进程将这些信息发给前台应用进程处理。IPC系统（在Android上就是Binder）定义了这种通信机制。

1　指 Mike Fleming。

2　协议是一种非常古怪的语言表达方式。协议本质上是指标准的系统间通信方式，让系统的每一方都知道如何发送能够被对方理解的信息。Jeff 正在构建一个调试协议，让使用桌面电脑的开发者能够调试运行在 Android 设备上的应用程序，这个协议在系统之间建立了标准的通信机制。

3　**调试符号**是指在调式应用程序时必须知道的与代码相关的信息。它们就像是应用程序的语言字典，用于翻译机器码和人类可读的函数名。例如，如果你的代码在执行到某个函数时发生了崩溃，那就需要知道这个函数的符号名称（例如 **myBuggyFunction()**），而不仅仅是这个函数在系统中的位置（这是唯一存在的信息）。系统不需要符号，但人们在调试代码时需要。

4　事实上，Binder 的概念可以追溯到 Be 公司。George Hoffman 是 Be 公司图形和框架团队的负责人，他需要一种机制让 Be 的互联网设备的 JavaScript UI 层与底层系统服务发生交互，于是就有了 Binder。随着 Be 公司的工程师后来加入 PalmSource 开发 Palm OS，再到后来加入 Android，Binder 也都一直在演化。

George 最终没有参与开发 Android，但他与 Be 和 PalmSource 的未来 Android 工程师一起设计了许多概念，这些概念最终都出现在 Android 上，比如 Activity 和 Intent。

5　IPC 是指进程间通信（Inter-Process Communication），它是操作系统的标准元素，让不同的进程之间可以互相发送消息。

Android 设备上始终运行着许多进程，负责处理系统的各种任务。系统进程负责进程的管理、应用的启动、窗口的管理和其他底层的操作系统功能。电话进程负责保持通话正常连接。运行中的前台应用进程为用户提供交互功能。系统 UI 进程负责处理导航按钮、状态栏和通知。还有很多其他进程，它们都需要在某个时刻与其他流程通信。

通常来说，IPC 机制是一种简单而底层的东西，而这也正是 Danger 前工程师们想要的。黄威说："Danger 做事喜欢速战速决，但主要还是要简单。"但来自 Be 公司的工程师，包括 Jeff、Joe 和 Dianne，更喜欢他们在 PalmSource 实现的功能更全面（也更复杂）的 Binder。况且，Binder 是开源的，可以直接用在这个新平台上。

这一分歧造成了团队之间的摩擦。Mike Fleming 站在 Danger 一边："我对 Binder 持怀疑态度。我认为它没有经过深思熟虑。这确实是他们在 Palm 做的，但并没有被用在真正的产品中。"

"我感觉特别糟糕的是对Binder的阻塞调用[1]会导致另一边也阻塞。我觉得这导致了很多不必要的线程开销，而且没有为我们带来任何价值。另外，初始的Binder Linux内核驱动程序也不是很健壮。为了让它更健壮[2]，我们也是费了很大一番功夫的。"

对Binder持怀疑态度的人并没有赢得这场战斗，Jeff和他的小组奋勇向前，实现了Binder，成为Android框架的一个基础部分。与此同时，Mike在他的电话功能中跳过了Binder："我在Java进程和本地接口进程之间开了一个UNIX域套接字。"[3]

数据库

Jeff在搞定了最初的Binder模块后，又转向了数据库。应用程序通常需要存储信息，如果这些信息不是可有可无的，那么就需要有一个强大且功能齐全的数据库来保存它们。Jeff在PalmSource做过与数据库相关的东西，但PalmSource想要自己开发一个。Android并不打算重

---

1 阻塞调用是指对某个函数的调用必须在调用者执行其他操作之前完成。阻塞调用意味着被调用的函数必须快速执行并且必须成功执行完，这样才不会导致调用者被卡住。Binder 最终（在 1.0 版本之前）也支持非阻塞调用。

2 Arve Hjønnevåg 后来完全重写了这个驱动程序，解决了健壮性问题。

3 套接字是一种比 Binder 更简单的机制，更像是网络连接，信息通过它在两个进程之间流动。

新造轮子,他们只需要一个解决方案。"我对SQLite[1]进行了调研,我想,如果我们想要尽快做出手机,就不应该自己从头开发数据库系统。SQLite就挺好的。"于是,Jeff移植了这个库,让它运行在Android上,并为应用开发者提供了API,然后又开始下一个项目的工作。

联系人及其他应用

因为 Jeff 已经在做与应用程序数据相关的工作,所以又被拉到另一个项目中,帮忙解决应用程序的共享数据问题。用户的联系人信息需要能够被设备上的其他应用访问(比如给联系人打电话或发短信)。于是就有了 ContentProvider API,这也成了 Jeff 开发联系人应用的基础。"显然,我们需要一个地址簿和一个通话记录,所以我开发了 Contacts ContentProvider。有了地址簿,你就可以直接用它拨打电话。"做完这个以后,他继续自下而上,开始开发联系人应用的 UI。

在开发完联系人应用后,Jeff 继续开发平台的其他部分和核心应用。他曾帮助黄威开发短消息应用,帮助 Mike Fleming 开发电话功能和拨号程序。

当时,拨号程序和联系人同属于一个应用。Jeff想让拨号程序的操作更简单些,所以添加了一个备受争议的UI特性,他称为"Strequent"。"拨号程序中有一个拨号标签页、一个通话记录标签页和一个联系人标签页。我加了另一个叫作Strequent的标签页。它其实就是你收藏的联系人,后面是你经常拨打的联系人。每个人都觉得它很奇怪。我记得Steve Horowitz[2]一点儿都不喜欢它,但Rich Miner喜欢。"Rich后来劝说Steve接受它。

Jeff 开发过大部分核心应用,最终成为应用团队的负责人。他记得日历应用出现过一个问题:"Sergey(谷歌联合创始人)来找我们,因为日历应用崩溃了。他的妻子通过 Outlook 向他分享日历信息,Outlook 中的重复性事件可以有例外,但我们从未遇到过这种情况,所以我们的事件解析器就崩溃了。"

Jeff 去找 Sergey 解释这个问题。"'我们找到了问题所在:你的日历中有一些我们之前从未遇到过也没有预料到的数据,导致应用崩溃。'他说,'不是我的数据导致你的应用崩溃,而是你的应用在我的数据上栽跟头了!'"即使是在多年之后,Jeff 仍然清楚地记得当时的情

1　SQLite 是一种现成的开源数据库引擎。

2　在 1.0 版本之前,Steve 是工程总监。

景。与谷歌创始人争吵，这样的事情总是让人难以忘怀。

Jeff的经历，从系统最底层的本地调试器开始，到核心框架和API，再到数据功能和API，最后基于他之前构建的底层基础开发应用程序[1]，这正是团队开发历程的真实写照。实际上，在Jeff加入之前，这里什么都没有，是他帮忙创建了一个又一个组件，随着更多的功能上线，在前一个组件的基础上构建了另一个。类似地，团队里的每一个人都是从最底层的东西开始，在夯实基础后一步步向上移，最终开发出了标志Android用户体验的应用程序。

破坏王 Jason Parks

另一个在 Dianne 的框架团队里帮忙的人是 Jason Parks，他之前也在 Be 和 PalmSource 工作，于 2006 年春天加入 Android 团队。

Jason Parks（"jparks"）有一句口头禅："这不是我搞砸的，但我知道如何修复它！"他一直是这种风格，最终导致他开发的操作系统代码（打了 JPARKS_BROKE_IT 标签）出现了错误。

Jason 很早就开始编程，六年级时就开始学习 BASIC。从孩童时期到上大学，他一直都在编程，但他没有念完大学。"我不太擅长自然语言，甚至没有修完英语课。我还有 22 个学分要修，但因为一个偶然的机会申请了一份工作。" Jason 一直在研究 BeOS，当他看到 Be 的招聘启事时，就去申请了。

"但我申请的职位不对，我申请了一个经理或架构师的职位。在他们的系统中，一次只能申请一个职位。我想，'只能先这样了，等他们重置吧。'后来，我收到了一封要我去参加电话面试的电子邮件，但我知道我完全不能胜任那份工作。"最后，他还是参加了面试，并被录用了，只是职位不是他申请的那个。他问他们，为什么他明明申请了错误的职位，还叫他来面试。他们告诉他，他之所以引起了他们的注意，是因为他非常不适合这个职位。[2]

Jason 曾在 Be 公司与其他未来的 Android 成员一起工作过，比如 Dianne、Jeff 和 Joe，

---

1 随着时间的推移，Jeff 一直在折腾来折腾去。他还参与近场通信（Near Field Communication，NFC，一种近距离网络技术，你可以直接用手机支付咖啡的费用。我听说也可以用它来支付其他东西）和游戏的开发，并最终成为 Google Play 服务的负责人。

2 要进入一家公司，首先要获得公司的关注。任何一家科技公司都会不断收到大量的简历，关键是要引起他们的注意。我通常不建议为了达到这个目的而去申请不合适的职位，但这似乎对 Jason 很管用。

后来和他们一起到了 Palm，最终又离开 PalmSource 加入了 Android 团队。

与 Jeff 和 Joe 一样，Jason 也开发过平台的多个不同部分。在入职的第一周，他解决了时区问题。在第二周，他搞定了电话功能数据。然后，随着时间的推移，他又在框架和应用的各个部分之间轮转。

Jason 还在整个团队中扮演了一个重要的角色——推动人们做事情。他承担的一个角色是作为不同小组之间的调解人。当小组之间出现分歧时（例如 Danger 与 PalmSource 的各种派系冲突），Jason 会试图解决这些问题。"当开发电话功能的人对 API 感到不满时，他会来找我，让我去跟框架团队的人谈谈。Swetland 也一样。Horowitz 会找我去跟 Swetland 谈，让他冷静一下。Mike Cleron、Dianne 和我之间有着良好的工作关系。我会向他们解释一些事情应该怎么做。"

"当时有很多人很冲动，容易发生冲突。除了 PalmSource 和 Danger 的派系冲突，谷歌的人也会跑过来说'你必须这么做'之类的话。但我认为，这些冲突对我们是有益的。"

Steve Horowitz 还会让 Jason 搞定一些有难度的事情。"团队里有些人叫我牛头犬，因为我是 Steve 的攻击犬。当他遇到难缠的事情时，他会让我去搞定它们。"

框架工程

框架团队的项目不胜枚举，因为它确实是 Android 平台的心脏和灵魂。系统的大部分东西都依赖这个团队的 Dianne、Jeff、Jason 等人所搭建的基础。这一切都是从这些人在 2005 年年底加入团队后从无到有开发出来的。与此同时，平台的其他部分和应用程序都是基于这个框架而构建的，就像建造一架满载乘客的飞机，所有人都希望它能够在落地之前到达目的地。

14.
UI 工具包

UI 工具包提供了屏幕上显示的大多数可视元素。按钮、文本、动画和用于绘制这些东西的图形都属于 Android UI 工具包。

团队在 2005 年年末的时候还没有 UI 工具包（其他很多东西也都没有），只有一些使用 Skia 库在屏幕上绘制东西的底层图形功能。关于如何基于图形引擎构建 UI 工具包，团队里出现了两种不同的想法。

一方面，Mike Reed 的 Skia 团队已经有了一个系统，它用 XML 描述 UI，用 JavaScript 代码编写逻辑。

另一方面，框架团队更倾向于一种以代码为中心的方法。

与Android的许多决定一样，这个决定来得也很突兀。Andy Rubin已经决定将Java作为Android的主要编程语言，Joe Onorato觉得是时候用Java实现UI层了。"这基本上又是一次狂暴的'让我们搞定它'。我花了一天时间，一个 24 小时的马拉松[1]，就把View在屏幕上显示出来了。"

Mathias Agopian 这么说 Joe："他没有告诉任何人。一天早上，他突然冒出来说，'问题解决了，是用 Java 写的。现在我们不需要再讨论了，因为它已经在那里了。'"

Mike Reed 记得当时决定采用 Joe 的实现方案的情景："Joe 的想法非常清晰，又因为我们是远程（Skia 团队在北卡罗来纳州）办公，所以我们决定拭目以待，看看它会怎样。"

Joe向Andy做演示，但结果并不像他期望的那样顺利。"当我第一次演示给Rubin看时，他并没有被打动。我先是在屏幕上画了一个红色的X。很明显，以前Danger的设备在陷入内核恐慌[2]时也会显示这个东西。我向他展示了我认为是一项重大成就的东西：'看，我实现了一个View层级结构！'但对他来说，这就像是手机崩溃了一样。他说：'你让系统陷入内核恐慌了。'"

但 Joe 的工作是有意义的，团队的其他工程师现在可以基于他的成果开发需要 UI 功能的系统的其他部分。

当然，在早期，系统的很多部分都在持续地发生变化，UI工具包也是。Joe构建的UI系统是多线程的[3]，这在UI工具包中并不常见，因为它需要非常谨慎地编码才能正确地处理随意传入的请求。

2006 年 3 月，也就是在 Joe 开发 View 系统三个月之后，Mike Cleron 加入了 Android。他看到了 Joe 的多线程 UI 工具包导致代码库的复杂性不断增加。

Mike Cleron 重写 UI 工具包

Mike Cleron 在上大学之前从未想过自己会进入计算机领域。"我本以为自己会主修经济学，直到我选修了 Econ 1（经济学入门课程）。"他对计算机课程更感兴趣："我真的很喜欢

---

1 Joe 说："我一边写代码，一边反复播放 The Postal Service 的 CD 专辑 *Give Up*。当我再次听到这张专辑时，会有一种奇怪的谵妄回忆。"

2 内核恐慌是指操作系统发生了彻底的崩溃。Linux 的内核恐慌相当于 Windows 的蓝屏。

3 多线程编程的概念已经超出了本书的范围。不过可以这么说，多线程架构比单线程架构要复杂得多，因为 UI 代码无法控制应用程序的其他部分会在什么时候调用它，而且应用程序可能会在不同的线程中进行并行调用。

大一的课程，我们不仅学了编程，还学了数据结构和算法。我认为二叉树遍历最酷了，它简直就是个时间大杀器。"

"这是我唯一能拿到学位的专业，因为这是我在大脑疲劳时还能做得很好的唯一一件事。我上了一堆政治学课程，几乎把它当成我的专业，但凌晨一点钟的 500 页阅读作业经常会让我读到一半就睡着。但当我已经在一个编程任务上花了 16 个钟头时，我的大脑仍然允许我在VT100[1]上继续用Emacs[2]编程。我想：'我最好主修这个专业，因为我有把握毕业。'"

他继续主修计算机课程，最终拿到了硕士学位，并在斯坦福大学担任讲师，为本科生开发可以帮助他们进入计算机殿堂的课程。"作为一名讲师，我的使命是努力让跟我一样的人少经历一些困难。基本上，斯坦福除了研究生课程和服务性课程，本科生的计算机课程并不多。他们都假设你已经接受过计算机教育，现在只需要多了解一点有关编译器或自动机的知识。"

Mike 离开学术界后去了苹果公司，然后在 1996 年跳槽到了 WebTV，在那里他认识了许多未来的 Android 工程师。1997 年，微软收购了 WebTV，Mike 就到微软待了几年。

2006 年年初，Mike 的上司 Steve Horowitz 离职，并加入了谷歌的 Android 团队。"Steve 的离开让我觉得我也该走了。我在微软再也找不到更多的乐趣了，Steve 的离开也不会让这一切变得更好。"

Steve 说："我记得在我去谷歌之前和 Mike Cleron 有过一次谈话，'Mike，我必须告诉你，我刚刚接下了谷歌的工作，担任 Android 收购项目的工程主管。'我还没来得及说完，他就说，'这是我的简历！'Mike 是我招的第一个人，在我加入谷歌后不久他也加入了。"

Mike在加入Android后的工作是开发UI工具包和其他一些东西，包括Launcher[3]和系统UI。最后，他成为"框架团队"的负责人，这个团队做的东西包括UI工具包、框架[4]和系统UI的各个

---

1 VT100 是一种视频终端，连在密室里的大型计算机上，可以显示文本字符。这些终端在 PC 普及之前（更不用说笔记本电脑之前）非常常见，在 macOS 和 Windows 普及之后，图形界面才跟着普及。
2 Emacs 是一款经典的文本编辑器，受到某些程序员的青睐。其他程序员喜欢一个叫作"vi"的软件，还有一些人对他们的 IDE 附带的软件有强烈的兴趣。很少一部分程序员对此并不关心，他们更愿意将他们像对宗教一样的热情留给与非文本编辑相关的问题，比如在缩进代码时使用空格而不是制表符。别让我开口。
3 Launcher 就是团队所说的主应用，它由主屏幕和应用屏幕组成。Launcher 负责在用户点击应用图标时启动应用。
4 是的，在框架团队里还有一个小框架团队。递归是一个很重要的软件概念，但有时候也会被用在组织结构中。刚开始时只有一个小框架团队，他们负责开发所有的东西。随着团队的发展，不同的人开始专注于不同的方面（如系统 UI 和 UI 工具包），然后这个大团队就有了几个子团队，包括"框架"子团队，负责开发 API 和操作系统的非 UI 部分。

部分，比如锁屏、Launcher和通知系统。[1]

Mike 在 2006 年 3 月加入 Android 后的第一个项目是，重写 Joe Onorato 的 UI 工具包代码。团队里关于工具包架构的分歧越来越多，有些人认为多线程导致代码和应用程序过于复杂。

Mike 认为 UI 工具包可以分为三种。"一种是线程安全的 UI 工具包，可以很容易地支持多线程，这种最好。第二种虽然是单线程的，但至少好理解。最糟糕的是第三种，虽然它是多线程的，但有很多 Bug，遇到问题很难调试。我们现在就属于第三种。"

在谈到为多线程系统编写代码的情景时，Mathias Agopian说："在使用View时，你不能用传统的方式编写代码，也就是不能使用成员变量。[2]那样会导致一些多线程问题，因为应用开发者不习惯这种方式。Chris DeSalvo[3]是多线程的强烈反对者。Joe和Chris一直在吵架，Chris说那是垃圾，根本不管用。Mike试着参与进来，看看能做些什么。"

作为团队主管，Steve Horowitz 也加入了："选择哪一种，需要由我来拍板，因为他们无法说服彼此。老实说，我们选择哪一种都可以，但我必须拍个板。"

Mathias 继续说："Joe 撒手不管了，他的态度是'你想怎样就怎样，现在我说了不算'。"

然后，Mike把UI工具包重写成单线程模式。"这是我见过的最差的CL[4]，你要让所有东西以一种完全不同的方式运行。"从那时起[5]，Mike的代码就成为Android系统UI工具包的基础。

一路下来，Mike 编写或至少继承和增强了 Android UI 工具包的其他组件，如 View（UI 类的基本构建块）、ViewGroup（View 的父容器）、ListView（用户可以滚动和拖动的数据列表）和各种 Layout 类（定义子元素大小和位置的 ViewGroup）。

1　Mike 继续管理整个框架团队，直到 2018 年。我在 UI 工具包团队的那几年，他一直是我的上司。

2　多线程编程的复杂性在于，任意线程可以在任意时刻修改成员变量的值。因此，如果一个线程假设了某一个值，然后另一个线程修改了它，就会出现不一致和不可预测的结果。

3　Chris 是框架团队的工程师。

4　CL = Changelist（变更列表），附录的术语部分对其进行了介绍。

5　直到今天仍然如此。当然，随着团队的发展壮大和大家的不断努力，在过去的许多年里添加了更多的功能并修复了很多问题，它的规模变得更大了，但它仍然是那个由 Joe 彻夜编写，然后由 Mike 重写成单线程的 View 基础系统。

2007 年 8 月，Mike Cleron 在首次内部技术大会上做了一次有关 Android 的演讲（图片由 Brian Swetland 提供）。

但 Android 的 UI 工具包不仅仅是关于视图和布局的，它还负责处理文本。

Eric Fischer 和 TextView

Mike Cleron 说，在他加入 Android 时，"据我所知，Eric Fischer 是在某座山上的石窟里发现了 TextView，它是现成的。我从未见过任何人创造了 TextView，它一直都在那里。"

几年前，Eric 曾与 Mike Fleming 在 Eazel 共事。这家初创公司是由 Macintosh 早期团队的一些成员创办的。2001 年，在 Eazel 破产后，Eric 和 Mike 都去了 Danger。

对于他们来说，Danger 的一大吸引力是他们能够参与多种不同类型的项目，和只为一款大产品提供支持的团队相比，这将给他们带来更多的机会。在 Danger 的时候，Eric 参与了很多项目，从文本、国际化到构建系统，再到性能优化。多年后，在 Danger 的工作经历让 Eric 能够适应 Android 快速的开发节奏。"Android 承诺提供更快、更灵活的开发，最终开发出来的东西有任何后果，一切由谷歌承担，而不是运营商。"

Eric 于 2005 年 11 月加入了 Android 团队。"我为 Android 编写的第一份代码是一个 C++ 文本存储类。在头几周，我们以为我们要把用户界面元素写成支持 JavaScript 绑定的 C++ 类。"几周后，Andy 决定对 Android 进行 Java 标准化。

"在决定使用 Java 后，要让系统运行起来，首先要重新实现 Java 标准库的核心类，而我做了其中的一部分工作。在第一次公开发布之前，除了处理时区的代码，其他的都用 Apache Commons 的实现替换了。"

"我也接触了其他部分，但大部分工作都与文本显示和编辑系统有关。最早的开发硬件是配备了 12 个数字键盘的直板手机 [1]，这也就是为什么会有一个用于处理慢文本输入的 MultiTapKeyListener类。幸运的是，我们很快就有了配备小型QWERTY键盘的Sooner设备。"

左边是早期的直板手机，绰号 Tornado（龙卷风），团队一直使用它，直到后来有了 Sooner 设备。右边是 HTC Excalibur（亚瑟王神剑），经过一些工业设计修改（并将 Windows 手机操作系统替换成 Android）后就成了后来的 Sooner（图片由 Eric Fischer 提供）。

---

[1] 直板手机就是所谓的"糖果棒"形状的手机，上半部分是屏幕，下半部分是键盘，因其矩形的形状而得名，有点像巧克力糖果棒（如果你真的饿了，使劲眯着眼睛有可能会觉得它就是甜点）。

"我确保从一开始就支持双向文本布局,因为单向布局对希伯来语来说足够了,但对阿拉伯语来说还不够。[1]"

软件工程师往往会对他们的代码产生情感依恋,Eric也一样,他在他的汽车牌照上投入了非常大的热情。"我有一张个性化的加州车牌EBCDIC。EBCDIC是IBM在20世纪60年代推出的字符编码标准。44号大楼里还有一个人的车牌是UNICODE。"[2]

谷歌停车场里的 UNICODE 与 EBCDIC 文本标准之争(Eric Fischer 的车是 EBCDIC 那辆)(图片由 Eric Fischer 提供)。

文本渲染(在屏幕上绘制文本像素)是在另一层由Skia负责处理的,这在第11章("图形")中提到过。Skia使用了一个叫作FreeType[3]的开源库将字符渲染成位图(图像)。

性能是Android早期普遍存在的一个问题。当时,有限的硬件能力对很多软件设计和实现决策造成了束缚。这些决策直接影响了平台和应用程序代码的编写方式。正如Eric说的:"我在通用性方面付出的所有努力都被迫切的性能问题给破坏了,它们必须运行得足够快,才能被用在配置有限的硬件上。在布局和绘制没有样式和转换(如椭圆或密码隐藏)的纯

---

[1] 阿拉伯语需要双向文本支持,在 Fabrice DiMeglio 和谷歌国际化团队的工程师的努力下,最终在 2011 年发布的 Ice Cream Sandwich 版本(Android 4.0)中实现了。

[2] ASCII 和 EBCDIC 都是计算机文本字符编码标准,二者之间存在竞争关系。EBCDIC 提供了更大的字符集(256 对 128),但对程序员来说更复杂且不直观。UNICODE 是国际文本编码标准,包含了 ASCII 和其他字符。

[3] 巧合的是,FreeType 是 David Turner 开发的,他在 2006 年年底加入 Android,负责开发与文本渲染技术完全不相干的 Android 模拟器。

ASCII 字符串时，我必须使用各种特殊的捷径来避免内存分配和浮点运算。"

Eric 注意到，团队因为对如何构建平台存在分歧，在其内部形成了一种紧张的气氛。"有时候我甚至觉得它不应该取得成功。这是一种典型的'第二系统效应'，我们当中的很多人都做过类似的事情，并认为可以再来一次，而且不会犯下之前犯过的错误。Danger 派系的人想要开发另一个基于 Java 类继承结构的 UI 工具包，但这次要以一个真正的操作系统和一个健壮的服务架构为基础。PalmSource 派系的人想要再次采用 Activity 生命周期模型和进程间通信模型，但这一次要把它们做好。Skia 派系的人想要再次使用 QuickDraw GX，但这一次也要把它做好。但我们都错了，错在我们的冲突方式上。我们花了很多年才看清楚早期的这些糟糕的决定以及它们之间的相互影响所带来的后果。"

Romain Guy 和 UI 工具包的性能

2007 年，Romain Guy（他当时还只是一名实习生）为刚起步的 UI 工具包提供了更多帮助。

Romain 在高中时就成为一名技术撰稿人，写过很多关于各种编程语言、操作系统和编码技术的文章。这份自由职业让他接触到了当时的很多流行的平台和编程语言，并积累了相关经验。他接触了 Linux、AmigaOS 和 BeOS 等操作系统，并成为 Java 方面的专家。

Romain 上的是法国的一所大学，主修计算机科学。那所学校更专注于培养领导力和项目管理技能，而不是单纯的编程技能，但 Romain 更喜欢编程，所以他来到了硅谷。[1]

Romain 在 Sun 公司[2]实习，花了一年时间研究 Swing——Java 平台的 UI 工具包。

---

1 开发人员与管理人员之间的这种对比关系一直持续到今天。我有很多其他国家的朋友，我也和很多国家的开发人员交谈过，作为开发人员，他们并不像管理人员那样受到同样的尊重或得到同样的报酬。能够成为优秀的程序员并不代表一定也擅长（或有兴趣）管理程序员。所以，那些对编程充满热情，并希望在挣到更多钱和获得更多尊重的同时，能够继续从事这份工作的开发者，最终要么成立咨询公司（咨询公司向企业收取的费用远远超过企业支付给全职程序员的薪水），要么去一个编程工作更受尊重（同时提供了更高报酬）的地方（比如硅谷）。

2 2005 年，我在 Sun 公司认识了 Romain。我和他在同一个团队，负责开发图形系统。我们一起写了一本关于 Java UI 技术的书，写完这本书后他回到法国继续完成他的学位。这本书就是 *Filthy Rich Clients* ……，不过那完全是另一个故事了。

UI 工具包

第二年，也就是 2007 年 4 月，Romain 回到美国，在谷歌实习。他加入了谷歌的图书团队，任务是开发一个与 Gmail 相关的桌面应用。他对这个项目并不感兴趣，只做了一周。他认识谷歌的一些人，比如 Bob Lee（当时刚调到 Android 的核心库团队）、Dick Wall（负责 Android 开发者关系）和 Cédric Beust（当时正在开发 Android Gmail 应用）。他们说服 Romain 加入 Android 团队，并跟管理层说团队需要他。Cédric 请 Steve Horowitz 牵线搭桥，促成了这件事。[1] 于是，Romain 被调到 UI 工具包团队，给 Mike Cleron 帮忙。

在夏末，Romain 飞回法国拿到了学位，然后回到谷歌[2] 开始他的全职工作。虽然 Sun 和谷歌都给了他工作机会，但他还是决定加入谷歌。"Sun 给我开的条件比谷歌更好。我之所以加入 Android 团队，是因为我喜欢它的愿景。选择谷歌有很多原因，但这也是其中的一个想法：在这里可以使用开源操作系统，而且当时还没有像这样可以被消费者大规模使用的产品。"

"Linux 已经有了一些东西，但对我来说，这是一个更好的机会，因为它更专注于一个特定的产品。它不是一个规范，也不只是一个操作系统概念，它也包含了产品。这显然是一个巨大的挑战，而且很可能不会成功，即便如此，至少我们尝试过了，而让它成功的最好方法就是给它提供帮助。"

"这也是为什么早期的工作会如此有趣。直到 Gingerbread[3] 甚至 ICS[4] 的发布，我们都不确定它是否能够继续存在下去。对于每一个发布的版本，不说是'决一死战'，起码也是'做了，然后小心接下来会发生的事情'。"

2007 年 10 月，Romain 成为全职员工，初始版本的 SDK 也即将发布。但要发布 1.0 版本，平台方面还有很多工作要做。他的第一个任务是搞定触控输入功能，这也是 1.0 版本的一个难啃的要求。

1　Dick Wall 也跟 Steve 提过这件事。或许 Romain 之所以能调过来，不是因为他们的极力推荐，而是因为 Steve 不想有人再来问他这件事情。

2　与此同时，我回到了 Sun，并希望他也回到 Java 客户端团队。但他决定加入谷歌和 Android。事后看来，他的选择可能是对的（我在几个月后也做出了同样的选择，我于 2008 年离开 Sun，并最终在 2010 年加入 Android）。

3　姜饼，也就是 Android 2.3，于 2010 年年底发布。

4　ICS = Ice Cream Sandwich（冰激凌三明治），也就是 Android 4.0，于 2011 年年底发布。

他还花了很多时间和精力优化UI工具包的性能。"Mike要我提高作废[1]和重新布局[2]View的性能。invalidate()[3]方法的效率非常低,它只会沿着组件层级向上遍历,把所有东西都标记为已作废。如果你再调用一次,它会再遍历一遍,速度真的很慢。所以我花了很多时间在添加作废标记[4]上,让性能有了很大的提升。"

要完成这个任务,他需要借助一些工具,但当时并没有这样的工具。

Android 团队有很多用途单一的小型工具,每一种工具的用途都有所不同,而且不能协同使用。随着时间的推移,这种情况发生了变化,大多数工具现在被集成到了 Android Studio IDE 中,开发者终于有了一个一体的工具。但在早期,这些工具是由需要它们的人单独开发出来的。

要提升作废View的性能,Romain需要一个新的工具。"我开发了一个'hierarchyviewer',因为当时真的很难知道哪些节点被作废了。因此,我做了这个查看器,它可以显示View树结构,在进行绘制或调用requestLayout()[5]时,它会让打上作废标记的节点以不同的颜色闪烁。在进行优化时,我就可以看到里面发生了什么。它会闪烁得越来越少!"

Romain 优化的另一个 UI 元素是 ListView。

ListView 是一个包含了一系列其他元素的容器,对性能非常敏感。它唯一的作用是用来包含大量的数据项(图像和文本),并能够快速滚动。关键是要"快"。当数据项出现在屏幕上时,UI 工具包必须创建并放置好它们,并在它们滚动到屏幕的另一端时让它们消失。这些动作涉及大量的操作,但在早期的硬件上,工具包无法实现理想的滚动速度,所以用户体验不是很好。

Romain 从 Mike Cleron 那里继承了这个小部件,它能够包含、渲染和滚动数据项,但性能远不能让人接受,所以 Romain 投入了大量精力来优化它。出于性能方面的考虑,当时

---

1 当 UI 对象发生变化(比如按钮上的文本发生变化)时就需要进行"作废"(Invalidation),并且可能需要进行重绘。

2 在添加或删除 UI 元素、调整 UI 元素的大小或重新放置 UI 元素时,需要进行"重新布局",促使其他容器和元素相应地重新定位和调整大小。

3 invalidate()是用来触发作废的方法。

4 UI 绘制代码非常脆弱,因为有很多"标志"保存着与每个 UI 元素绘制状态有关的信息。这种复杂的逻辑让 Android 变得足够快,能够运行在早期的设备上。但这样的代码非常脆弱,难以维护。很多时候,有些人为了避开这些标志却无意中破坏了作废逻辑。

5 requestLayout()是用来触发重新布局的方法。

的 Android 开发普遍都避免创建对象和 UI 元素，而我们可以从 ListView 看出为什么会出现这种模式。

Launcher 和应用程序

与团队里的其他人一样，Romain在早期（以及之后）也参与了许多Android项目。除了核心的UI工具包，他还从Mike那里接手了Launcher（Mike开始领导框架团队，担起了编码之外的职责），并帮忙开发了Email[1]应用（原先的外包人员离开了）。幸运的是，Romain在担任技术撰稿人期间已经积累了相关经验。"我写过关于如何实现IMAP协议的文章，所以我并不是完全不擅长这个，但它的优先级最高，难免有点让人措手不及。"

他还帮忙开发了其他应用程序。因为是新平台，很多功能都是为了满足应用程序的需求而开发的。应用程序需要平台提供什么特性，他就与平台团队一起实现这些特性。

当时，应用团队一直在解决性能问题。"满足他们的需求固然很重要，但也要让他们知道这些是需要付出成本的。这就是为什么我开发了hierarchyviewer，因为应用程序创建了太多的View。View层次结构对于我们的设备来说太昂贵了。这是在告诉他们'你看看你创建的这棵怪物一样的树，这对我们来说太昂贵了。'尽管我们做了很多优化，但仍然非常昂贵。所以这是一种帮助他们找出如何优化代码的方法，我还提供了 **merge**、**include** 和 **ViewStub**[2] 来帮他们实现他们需要的东西，并尽量减少性能消耗。"

屏幕密度

在 1.0 版本发布之后，为了让平台达到团队最初设想的状态，团队仍然有大量的工作要做。虽然他们很早就打算支持不同的屏幕密度，但在 1.0 版本中还没有完全实现，这在第 13 章（"框架"）的"资源"一节有过描述。在 1.0 版本发布之后，Romain接手了Dianne之

1　在当时和之后的几年，Email 与 Gmail 是相互独立的。Gmail 是用来为 Gmail 账户收发电子邮件的应用，而 Email 可以连接其他邮件服务，如 Microsoft Exchange。

2　merge、include 和 ViewStub 本质上就是所有 UI 元素在层次结构中的占位符，它们有助于减少 View 的数量，从而减少工具包的开销。

前的工作,并在 2009 年秋天发布的 Eclair[1] 中顺利实现了对屏幕密度的支持。

屏幕密度对屏幕上显示的图像质量有直接影响,密度更高的屏幕可以用同一个空间表示更多的信息,从而呈现出更清晰的图像。在过去的几年,高密度的屏幕为手机和笔记本电脑带来了高质量的显示效果。高密度的相机传感器也带来了更高质量的照片,因为这些传感器产生的像素数量有了数量级的飞跃。[2]

最初的 G1 以及 Droid 之前的 Android 设备的密度都是每英寸 160 像素(PPI),也就是说,屏幕的每一英寸都有 160 个不同的颜色值(垂直和水平)。Droid 的密度是 265 PPI。更高的密度意味着可以表示更多的信息,可以获得更平滑的曲线和文本,或带有更多细节的图像。为了能够支持各种密度,开发人员需要用一种方法来定义他们的 UI。

Dianne 和 Romain 实现的系统以 **DP**(与密度无关的像素)为单位,开发人员可以用这个系统来定义 UI,并且不依赖设备的实际像素大小。系统将根据设备的实际密度对 UI 进行适当的伸缩。这种处理屏幕密度的机制、资源系统基于密度提供不同资源的能力和独立于屏幕大小的 UI 布局系统,在 Android 的发展过程中起到至关重要的作用。随着厂商不停地为他们的用户推出不同格式的屏幕,Android 从只能在一种设备(G1 和后续配备了相同尺寸和密度的设备)上运行变成了可以支持各种屏幕尺寸和密度。

工具包的性能

UI 工具包由很多部分组成,它基本上就是整个框架的可视化部分。对于当时的团队(Joe、Mike、Eric、Romain 等人)来说,真正意义上的工作是开发工具包 API 和核心功能,然后就是优化性能、性能和性能[3]。Android 的 UI 基本上就是用户能看到的东西,所以前端的性能对于这个平台来说更为重要,因为一旦出了问题会很容易被注意到。所以,团队一直在优化性能……从某种程度上说,现在还在优化。

---

1 Eclair 是与 Droid 一起发布的版本。Droid 的屏幕密度比之前的设备高,所以必须在那个时候完成与屏幕密度相关的工作。

2 Romain 非常适合这份工作。他的爱好是风景摄影(你可以在 Flickr 官网和 ChromeCast 屏保中看到他的一些作品),所以他既能从硬件像素密度的提升中获益,也能帮助 Android 更好地利用这些提升。

3 每个人都有责任去提升平台的性能,但在 2006 年年末,Jason Parks 成立了海龟团队,专门负责评估和改进应用程序性能。

15.
系统 UI 和 Launcher

Android 的系统 UI 是指应用程序之外用户可与之发生交互的可视元素，包括导航栏、通知面板、状态栏、锁屏界面和 Launcher。

在早期，这些东西都是由框架团队开发的，当时这个团队只有少数几个人。状态栏、锁屏界面和 Launcher 这些功能也都是由开发核心框架和 UI 工具包[1]的人开发的。这种开发方式非常高效，因为开发这些东西的人同时也在开发相应的平台功能，可以在两边实现他们需要的一切。当然，这也意味着他们都忙得不可开交。

Launcher

2008 年，在 1.0 版本发布之前，Launcher（用于查看和启动应用的主屏幕应用程序）只是 UI 工具包的另一个重要组件。Launcher 最初是由 UI 工具包团队的 Mike Cleron 开发的，后来 Mike 把它交给了 Romain Guy。Romain 一边完成由他负责的部分 UI 工具包代码，一边继续开发和改进 Launcher。[2]

---

[1] 事实上，这些东西甚至连个名字都没有。Dan Sandler 说，当他在 2009 年年中加入团队时，它们都只是独立的组件。他和 Joe Onorato 把这些东西合在一起叫作 System UI，并一直沿用至今。

[2] 最后，在 2010 年年中，谷歌收购了 BumpTop 公司，并指派了大部分工程师开发 Launcher，Launcher 就交给了这个专门的团队。

Romain一直在优化Launcher（以及系统的其他部分）的性能。他还记得Steve Horowitz给他定下的限制条件："Launcher需要在半秒内冷启动。[1]Launcher需要加载每个apk[2]的图标和字符串，所以会涉及很多多线程代码，还有UI线程的批次和延迟更新。"

Romain 还不断地为 Launcher 添加新功能，比如用于组织应用图标的文件夹、应用小部件、快捷方式（主屏幕上的图标），以及壁纸背景和主屏幕页面之间的视差滚动效果。

后来，在发布 Nexus One 时，Andy Rubin 想要一些酷炫的东西。Joe Onorato 解释说："Rubin 想让 Eclair 看起来光鲜一点。"Andy 没有透露太多细节，Joe 记得他说："做点酷的东西就行了。"在两个月的时间里，他们利用新设备的 3D 功能开发了一个新的 Launcher。"GL 运行得还不错，所以我们做了 3D 的 Launcher。"

Nexus One 应用程序屏幕的 3D 效果，顶部和底部的应用程序在远处渐渐淡出。

3D Launcher 为应用程序屏幕带来了一种特殊的效果，并持续了几个版本。用户看到的

---

1 **冷启动**是指应用程序在设备重启之后的第一次启动。这是应用程序最糟糕的时候，因为它必须加载所有的东西。而热启动的优势是应用程序已经在后台运行，它的大部分东西都在内存中，所以启动速度更快。

2 apk，也就是 Android Package，是 Android 应用程序的文件格式。它包含应用程序启动和运行所需的所有代码、图片、文本和其他东西。开发者将源代码构建成 apk 文件，并上传到 Play Store，然后由用户下载到自己的设备上。

是一个普通的 2D 应用网格，但当他们上下滚动列表时，顶部和底部的应用逐渐在远处消失，与《星球大战》开场的文本效果一样。它微妙而强大，隐示了系统背后隐藏的 3D 能力（以及潜在的大量应用），但又不至于太招摇或太难操作。

通知

在智能手机出现之前，我经常会错过各种会议或迟到。我在电脑上安装了一款日历应用程序，但它似乎更擅长在我已经错过了会议之后才告诉我，而不是在我即将错过会议时通知我。我当时多么希望能有一个可以实时通知这些事件的东西，这样我就不会再错过它们了。[1]

这种事件数据与及时数据更新之间的联系最终通过智能手机的通知机制实现了。当然，需要通知机制的除了日历事件，还有电子邮件、短信，以及手机上的各种应用程序和服务。

从一开始，通知系统就是 Android 的一个独特而强大的功能，它会将应用程序的信息展示给用户，即使他们当时没有在使用这些应用。

在智能手机出现之前，设备的通知机制非常简陋（也没那么有用）。早期的数据设备，比如 Palm Pilot，它们的日历和告警应用都有提醒功能。用户可以配置这些应用程序，让它们播放声音、显示对话框或让 LED 灯闪烁。因此，这类告警仅限于用户输入的内容。设备上的所有数据都是由用户创建和同步的，没有任何来自设备以外的信息。但是，随着设备开始连接到互联网，新的信息，包括电子邮件、短信甚至是新的日程安排，可能会异步到达设备上，这些事件必须让用户知道。因此，对通知机制的需求和解决方案应运而生。于 2009 年加入 Android 并成为系统 UI 团队负责人的 Dan Sandler 说："Danger 的 Hiptop 和 Sidekick 设备在用户提醒这个功能上迈出了试探性的一大步，它们的滚轮下面有一个彩虹灯，可以用来通知短消息和电子邮件。Android 把它捡了起来，然后带着它跑得更远。"

应用程序和操作系统之间总是存在着一种矛盾关系。每个应用程序都假设自己是用户生活中最重要的东西，所以用户肯定希望能够随时了解应用程序中发生了什么。但是，当用户刚安装了一款游戏，就收到通知说有新的关卡，他们会感到惊讶和气恼。多年来，系统 UI 团队的一部分工作是对应用程序做一些限制，并为用户提供能够对噪声太多的应用进行静音的工具。事实上，正如 Dan 所说的，操作系统的一部分工作是"限制应用程序。通常是共

---

[1] 或者我至少可以选择我想要错过哪些。

享设备的资源，如文件、CPU 时间和网络。Android 通过通知机制将用户的注意力引导到由操作系统控制的那些事情上。"

Dianne Hackborn实现了第一个通知系统，在触发通知时，图标会出现在屏幕顶部的状态栏中，提醒用户应用程序中发生了一些事情。然后，Dianne和Joe Onorato又开发了通知面板，用户从屏幕顶部向下拉出这个面板可以看到更多的通知。用户可以点击面板中的一个项目，启动对应的应用程序，然后查看新的电子邮件、短消息等。Joe解释说："Dianne做了初始的下拉面板功能，但我花了很多时间为它添加物理效果。"[1]

Ed Heyl 说："我记得 Joe 不停地工作，周末也不休息，终于把它做出来了。他在办公室里四处向大家展示，'看，你觉得这个怎么样？就像这样，你拉一下，它会显示所有的东西，然后再缩回去。'"

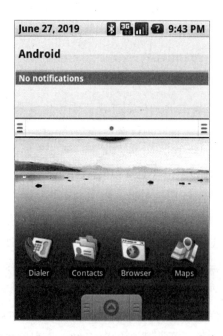

这是 Android 早期的通知功能，可以从屏幕顶部拉出面板，显示应用程序的通知。

---

1 Joe 必须弄清楚如何让面板平稳地显示和隐藏，这在这样配置有限的硬件上是很难做到的。他的诀窍是为面板的三个部分（背景、项目和状态栏）预先分配三个完整的窗口。即使面板不显示，它仍然占着这些宝贵的资源，当用户需要它出现时，它就可以正常显示，不会让用户失望。

系统 UI 和 Launcher

从一开始，通知功能就被认为是 Android 有别于其他系统的一大特色。The Verge 的一篇文章 Android: A 10-Year Visual History 写道："几乎所有人都承认，Android 在第一天就确定了要做通知系统。iOS 花了三年时间才推出能够有效过滤应用程序消息和提醒的设计。这个秘密就藏在 G1 的状态栏中，它可以向下拉出一个显示了所有通知的列表，其中包括短信、语音邮件、告警等。这一设计一直延续到今天（经过改良）。"

动态壁纸

Android 1.0 包含了**壁纸**功能，用户可以选择一张图片作为主屏幕的背景。壁纸为展示和个性化智能手机的大屏幕提供了绝佳的途径。

但 Andy 希望 Nexus One 能有一些特别的东西。Nexus One 于 2010 年 1 月发布，搭载 Eclair 2.1 系统。他要求带上**动态壁纸**功能。既然智能手机不仅提供了更大的屏幕，在屏幕后面还有一块功能强大的芯片，那么用它来实现更丰富的图像体验，给人们带来感动和娱乐，不是更好吗？

于是 Andy 要求框架团队去实现它。Dianne Hackborn 和 Joe Onorato 负责底层系统部分，Romain 和其他人负责壁纸部分，包括设计、整体外观和第一组功能。

他们有五周时间来实现动态壁纸。

Andy 最初要求用图形渲染系统 Processing 来实现。单从功能方面来看，这个主意不错，但 Romain 在 Android 上试了一下，发现速度不够快。因为移动的速度只有每秒一帧，壁纸看起来死气沉沉的。于是，Romain 又想到了另一个办法。

Jason Sams（团队的图形工程师，也曾在 Be 公司和 PalmSource，与 Mathias、Dianne、Joe 等人共事过）在当时已经开发了一个底层的图形系统，叫作 RenderScript，应用程序可以通过它充分利用 CPU 和 GPU 来快速绘制图形。Romain 使用 RenderScript 实现了流畅的动态壁纸动画，并为 1.0 版本做了四款壁纸。

- 草地（Grass）：小草的叶子在天空的背景下轻轻摇曳，天空的颜色会根据手机的时间发生变化。
- 叶子（Leaves）：叶子轻轻飘落，在水面上泛起涟漪。这是团队共同努力的结果，Mike Cleron在一张壁纸上加入了涟漪效果（最初是Mathias Agopian做的，也可能是 Jason Sams），落叶的图片是他给自家院子里的一棵日本枫树拍的。[1]
- 银河（Galaxy）：显示了宇宙的"3D"[2]视图，一个巨大的恒星场围绕中心旋转。
- 极坐标时钟（Polar Clock）：以一种非常有趣的方式显示时间。

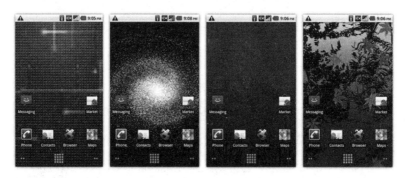

Nexus One 发布的四款动态壁纸：粒子、银河、草地和叶子（图片来自 2010 年 2 月 5 日的 Android 开发者博客）。

除了这些，Mike Cleron 还做了一款叫作粒子（Particles）的壁纸，Marco Nelissen（为平台开发音频）也做了三款，包括两款声音可视化壁纸。

在第五周结束时，团队做出了一个功能完整的动态壁纸系统，包括一个 API，外部开发者可用它开发自己的壁纸。遗憾的是，Romain 在这五周的时间里只做了四款壁纸，在发布设备时壁纸没有达到 Andy 所要求的十款。

Android 的脸

Android 的系统 UI 为用户控制他们的设备提供了图形化功能。从登录到实时通知，到

---

1 Mike 是一位颇有成就的摄影师，他说："我急需一些图片，但又不想经历烦琐的法律和版权审查过程。"我觉得之所以鼓励开发者培养摄影爱好，是因为有时候他们需要在应用程序或演示中使用一些简单的图片，而获得使用他人作品的许可对于这种偶然的需求来说太过烦琐和耗时了。

2 我给"3D"加了引号，因为虽然星系看起来是 3D 的，但实际上只包含了 2D 图像。正如 Romain 所说的："对你来说，图片的本质就是'如果它看起来不错，那就真的不错'。"

UI 跳转,再到启动应用,系统 UI 是用户与设备发生交互的第一个看起来像应用程序的东西。用户可以获得他们需要的功能和信息,而这些就是智能手机能够带给他们的全部。

Dan Sandler 寄给我这幅画,他说:"在我多次将系统 UI 描述成'Android 的脸'之后,我画了这个非官方的 Logo,大部分团队成员都对它感到不适。"

16.
设　　计

> 设计就是一切。设计决定了人们如何看待产品和他们在使用产品时的感受。它也是导致某些东西成功或失败的部分原因。
>
> ——Irina Blok

Irina Blok 和 Android 吉祥物

Android 操作系统最有识别度的一个东西是 Irina Blok 设计的绿色机器人吉祥物。

这个 Logo 已经为全世界所熟知，但它最初只是为开发者设计的。Irina 说："我们当初的目的是点燃开发者社区的热情，做一个类似 Linux 企鹅那样的东西。"

在设计方面并没有太多限制。Android 团队来到 Irina 所在的内部品牌团队，向她提了一个请求。他们说产品的名字是 Android，他们想要有一个引人入胜的起源故事。他们建议让它看起来像人类，并能够让开发者看到之后热情澎湃。

在提交终稿之前，Irina 花了大约一周时间尝试各种各样的设计。

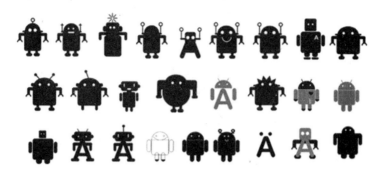

在确定最终的吉祥物（第二排最后一个）之前，Irina 画过的一系列草图（图片由 Irina Blok 提供）。

在草图中看到的黑色 Logo 并不代表它们真的就是"黑色"的，黑色只是她在迭代早期形状和想法时使用的中性色。你可以看到 Android 的"A"被融入其中的多个设计理念中（尽管不是最后确定的那个）。你还可以看到一个黑色版的最终 Logo（第三排中间那个）。它与最终版（加了两根天线）很接近，但 Irina 记得那只是她最初的想法之一。

形状是最终版 Logo 的一个重要设计元素。"这个 Logo 的灵感来自一个国际符号。它是一个非常简单的人形符号。我试着也为 Android 设计一个类似的。" Irina 曾经在其他品牌项目中使用过象形文字，这种设计非常有影响力，因为"人们可以看懂象形文字和符号，它们可以在没有文字的情况下传达信息。它们非常简单，却可以跨越所有的文化"。

Irina 也追求简单："因为 Logo 是一种蓝图，所以形状本身不能太复杂。"

蓝图也意味着另一方面的东西：它是开源的，他们会鼓励开发者们使用它，并基于它创建出各种变体。"它可以被加上各种各样的装饰。这个 Logo 系统就是这样的一种东西。"

她的蓝图系统之所以能够奏效，是因为以下这些因素。其中的一个因素是这个 Bugdroid[1]

---

[1] 这个机器人有很多名字。例如，最初的设计文件直接叫它机器人（Robot）。但 Android 团队只使用 Bugdroid 这个名字，这是 Fadden 发明的。

采用了知识共享（Creative Commons）许可，允许被公开使用。Android的品牌指南网站上写道："绿色Android机器人可以被复制和（或）修改，只要包含以下知识共享归属说明……"

这个许可允许任何人使用和修改机器人。但是，如果它只是一个很小的 JPEG 文件，人们就很难基于它设计出其他有趣的变体。于是就有了第二部分内容：Logo 以多种文件格式发布，便于人们对它进行重新设计。首先，他们提供了一个 PNG 格式的高分辨率版本，背景是透明的。但如果你真的想要修改它，需要使用其他的矢量格式（EPS、SVG 和 AI），这样就可以直接编辑机器人的几何形状。

机器人可以被自由使用，这是一个颇具革命性的想法。在谈到传统的打造品牌的方式时，Irina 说："品牌 Logo 的设计需要遵循品牌指南，它就像是一本写满各种条条框框的大部头文件：'在 Logo 周围需要留出清晰的边界，请使用以下这些颜色……' Logo 成了一种神圣的东西。我们的想法完全颠覆了传统理念。"这个想法并非来自 Android 团队，而是 Irina 的品牌团队："这是我们为了解决 Android 的品牌问题而想出来的。作为一名设计师，我的工作就是要传达产品所蕴含的意义。这在当时是一个革命性的创意。它不约束我们，它是一种解决方案，我认为这也是这个 Logo 最吸引人的地方。"

这个机器人被放出去后，开始在谷歌和 Android 之外茁壮成长。"这个 Logo 是作为一个系统发布的，它开始有了自己的生命力。它开始变成立体的，你甚至可以看到它的公仔。这就像是生了一个孩子，然后看着它长大。它开始学会走路，学着说话，然后我远远地看着它。"

在得到外部社区认可之后，这个机器人开始脱离了最初的开发者目标受众："它原先只是为开发者设计的，我们从未打算让它成为一个面向消费者的 Logo。它只是一个针对开发者的小项目，但它变得如此受欢迎，以至于受众变得越来越广，并扩散到了消费者当中。"

任何产品的品牌效应都是无法估量的。"有时候，你无法估量品牌真正的影响力。品牌赋予了产品个性，激发了人们的热情。因为我们都是人，是感性的动物，我们可以讲好故事，让故事与品牌融为一体。这也激发了开发者的热情，让他们去开发更多的东西，同时也激发了消费者的热情。"

"设计就是一切。设计决定了人们如何看待产品和他们在使用产品时的感受。它也是导致某些东西成功或失败的部分原因。"

"那个时候，你不会去想这些，你只是想把事情做好。你不用为了设计 Logo 而去研究用户，你只要把它做好就行了。"

开绿灯

那么 Logo 的标志性绿色是怎么来的？机器人有各种各样的颜色，但绿色是最初的主色调。Irina 说："代码最初的颜色就是绿色。"

一些黑色终端，比如 VT100，它们的文本是绿色的，作为对早期编程（以及电影《黑客帝国》中的标志性场景）的一种纪念。而刚好这个 Logo 也与软件有关。

随着终版定稿，Irina 也设计了一些变体，希望为人们带去一些启发。

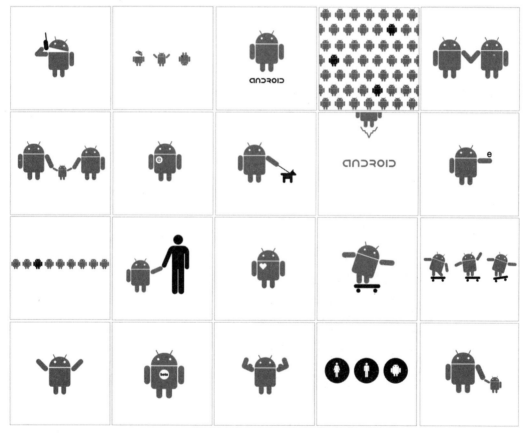

Irina 设计的几款机器人变体，其中有好几款最终出现在谷歌商店的短袖上（图片由 Irina Blok 提供）。

"我的工作是启发人们，并总结出一些如何使用这个 Logo 的指南。但我不希望老想着它对我有怎样的意义，因为它不是关于我，而是关于每一个人。"

Jeff Yaksick 和 UI 设计

多年来，Android 用户界面的设计经历了几次调整和更新，每一次都变得更加完善。但在一开始，Android 甚至连一个专职的设计师都没有，更不用说设计团队或设计理念了。

Jeff Yaksick 就是最初的 Android 设计团队中的一员。他于 2005 年 12 月加入 Android，也就是在谷歌收购 Android 的 6 个月之后，当时他们在大规模招人。

Jeff 在 NeXT 公司开始了他的职业生涯，后来去了 WebTV（随后被微软收购），并在那里认识了未来的 Android 成员 Chris White、Andy Rubin 和 Steve Horowitz。在 Android 成立之后，Chris 联系了 Jeff，问他是否有兴趣加入他们的初创公司（当时的方向是相机操作系统）。Chris 不能承诺 Android 的未来会让 Jeff 像在微软那样安全，所以 Jeff 就继续待在微软。2005 年 7 月，谷歌收购了 Android，同年 12 月，Jeff 加入了 Android 团队。

在 Jeff 刚加入时，并没有太多需要设计的东西，因为当时的 Android 系统才刚刚起步。他开始做一些基本的视觉设计，比如按钮和复选框的外观。他也设计调色板、渐变效果和字体。

"第一件事情是：我们要用什么字体？我研究了当时所有的开源字体。我觉得最初选择的字体不够大众化，无法达到谷歌所预期的全球化效果[1]。所以我和一家叫作Ascender的字体工作室合作。我作为美术指导，与他们一起设计出了最初的系统字体'Droid'。"

Droid 字体的设计草图和最终版（图片由 Steve Matteson 提供）。

---

[1] Android 从一开始就把目标定得很高，更多的是考虑为大型（和国际性）的生态系统搭建平台，而不仅仅是为美国市场开发产品。

2006 年 9 月，German Bauer 也加入了进来，Jeff 这边总算有人帮忙了。Jeff 和 German 负责的设计任务范围很广，从 UI 控件和 Launcher 的外观，到邮件和浏览器应用的设计。

最后，因为 1.0 版本需要做大量的设计工作，Andy将其中一些外包给了瑞典的一家UX设计公司The Astonishing Tribe(TAT)。TAT设计了系统的整体外观和核心体验(随G1 发布)。[1] Jeff和German继续帮忙设计各种应用，如系统设置，并完善了系统的小部件（按钮、复选框和其他UI元素）。与TAT的合同到期后，他们还接手了TAT的工作。

在 1.0 版本的冲刺阶段，他们有一段时间忙于重新实现 UI。在外观和功能方面有一些法律上的问题，他们需要在非常紧迫的时间安排下进行大量的重新设计。"为了能够推出这款手机，我们竭尽全力重新设计用户体验。我设计了这种带有渐变色的暗色主题 UI：绿色表示接通电话，红色表示挂掉电话。最后，在发布之前，Andy Rubin、Sergey Brin 和我一起做了评审。Brin 非常关注速度，他说：'为什么我们要渐变色？它们会消耗更多的算力。'我想，他会更喜欢直接在屏幕上显示大按钮，不需要什么花里胡哨的渐变色。我从微软来到谷歌，还只是个新人。我不知道 Sergey Brin 和 Larry Page 其实就是掌控大局的人，所以我也不太会给 Sergey 面子。"

Bob Lee也提到了这种创始人参与设计的情形："在我们刚开始时，Larry和Sergey，或者可能是Sergey，坚持不需要动画，[2]因为它们太浪费时间了。看看现在的手机……这就是为什么Android会更加朴素一些。"

1.0 版本发布之后，随着系统的不断演变，仍然有很多工作要做。Jeff 设计了早期的软键盘体验。软键盘是在 1.0 版本之后发布的，因为搭载 1.0 版本的 G1 只配备了实体键盘。设计团队的规模在 1.0 版本发布之后也开始扩大，有更多的设计师加入了进来。

Android 公仔

Jeff 还帮忙设计了 Android 公仔。

---

1 有一个来自 TAT 的复活节小彩蛋：G1 的时间面板显示了 "Malmo" 这个单词，这是 TAT 公司所在地的名字。

2 Dianne 记得："我们为此争论过几次。我已经开始实现窗口管理器的动画效果，但我们不得不把它关掉。如果要我们把它永久关掉，我会很不高兴，但至少对于 1.0 版本来说，这确实减少了我们的工作量。"

在开发 1.0 版本的早期，Jeff 对搪胶公仔[1]很着迷，所以他也想为 Android 系统设计公仔。Android 工程师 Dave Bort 与艺术工作室 Dead Zebra 的老板 Andrew Bell[2] 是朋友。Jeff 向 Andrew 表达了一些他的想法，然后他们与 Dave 和 Dan Morrill（来自 Android 开发者关系团队）一起实现了这些想法。

Jeff 发给 Andy 的初始模型，建议他做一套 Android 公仔（图片由 Jeff Yaksick 提供）。

最初的模型后来变成了一系列 Android 公仔。几乎每年都会出一套全新的设计（然后很快就卖光）。Jeff 贡献了其中三款：谷歌新人（Noogler）、赛车手（Racer）和机甲战士（Mecha）。

Jeff 的赛车手小公仔（右边）与经典的 Bugdroid 合照（图片由 Andrew Bell 提供）。

---

1 我都不知道搪胶公仔（Urban Vinyl）原来是玩具，直到 Jeff 提到这个词。我认为这只是"手办"的一种更复杂的说法，因为这种叫法让成年人也更容易接受，就像"漫画小说"是"漫画书"的一种更成熟、更理智的说法一样。

2 他们几年前在圣地亚哥动漫展上相识。

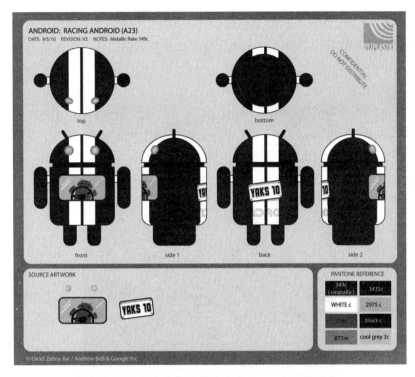

赛车手公仔的设计稿（图片由 Andrew Bell 提供）。

Jeff 设计的谷歌新人公仔胸前的"Noogler"是谷歌对新入职员工的称呼。小公仔的帽子与新员工在加入谷歌的第一周都会收到的帽子差不多（图片由 Andrew Bell 提供）。

Jeff 参与设计的另一个大公仔是一个草坪雕像。随着 1.0 版本的临近，Andy 觉得谷歌园区的 Android 大楼需要一座雕像。Andy 认识一个制作泡沫雕像的人：Themendous 工作室的老板Giovanni Calabrese。他让Jeff联系Giovanni，并做了一些设计，最后他们一起促成了这件事。Andy最初想要的是一个更大的雕像，但考虑到把它从工作室运出来不太现实，所以他们缩小了尺寸。[1]

2008 年 10 月，最初的 Android 雕像（昵称"Bigdroid"）与 Andy McFadden 的合照。雕像在 44 号大楼前的草坪上伫立多年，这里是最初团队工作的地方（图片由 Romain Guy 提供）。

在回顾 Android 和谷歌的设计演变时，Jeff 说："在我加入谷歌时，这里的情况有点类似微软早期设计 Windows 95 时的情况，然后是 Vista。那个时候，设计开始变得重要起来。NeXT、微软、谷歌——它们都是技术型公司，要让它们相信设计的重要性一直是一个巨大的挑战，而苹果公司无疑在这方面起到了推动作用：设计真的很重要。"

---

1 Android 早期的东西都有尺寸方面的限制。

17.
Android 浏览器

要了解 Android 的浏览器，首先需要了解 Android 之前的 Web 浏览器发展状况。

谷歌一直非常关注 Web 技术。从一开始，谷歌的主要业务就是为用户提供搜索服务。所以，在浏览器等 Web 技术上进行广泛投入对它来说很有意义。技术发展得越好，谷歌就越能提供更好的搜索体验。这对于 21 世纪初的谷歌来说尤为重要，因为当时的 Web 浏览器主要由开发浏览器的公司所驱动。

浏览器战争

在互联网发展的早期，网景浏览器是当之无愧的王者。桌面用户会下载和使用网景浏览器，因为那是他们进入 Web 世界的必经之路。后来，微软推出了自己的浏览器 Internet Explorer（IE），并将它与 Windows 捆绑在一起。捆绑 IE 几乎让微软的浏览器成为大多数用户的默认浏览器，因为它是操作系统的一部分，而且（在当时）已经足够好了。IE 甚至一度成为 macOS 的默认浏览器，直到 2003 年苹果公司推出了自己的浏览器 Safari。

维基百科将网景和IE之间的竞争称为"第一次浏览器战争"，甚至引发了法律诉讼，最终的结局是网景阵亡，IE[1]占领了这个星球。

在这一时期，微软几乎可以决定人们如何访问 Web，因为 IE 逐渐成为人们进入 Web 世界的一扇大门。

为了让所有用户都能获得良好的 Web 体验，包括新出现的 Web 技术，谷歌开始资助 Web 浏览器研发。起初，谷歌与 Mozilla 基金会合作，一起开发 Firefox 浏览器。谷歌贡献了工程资源，帮忙实现或改进浏览器，如性能改进、内联拼写检查、软件更新系统和浏览器扩展。谷歌不像微软或苹果公司那样有一个可以捆绑浏览器的操作系统，但它可以提供一个更好的浏览器替代品，并鼓励用户使用它。

2006 年，谷歌开始了 Chrome 浏览器项目，并决定继续朝着这个方向前进。它从零开始（基于开源的WebKit）构建了一个全新的浏览器，希望为用户提供谷歌希望他们可以拥有的那种Web体验。谷歌把重点放在增加现代Web功能和提升浏览速度[2]上。谷歌将它的搜索引擎作为浏览器默认的搜索引擎。当用户在浏览器地址栏中输入搜索关键字时，它会显示 google.com 的搜索结果，就好像用户已经进入谷歌主页并在搜索栏中输入了搜索关键字一样。

Chrome 于 2008 年 9 月发布，并获得了用户的关注。用户又开始下载和安装浏览器，而不是只使用系统自带的那个。

Android 需要一个浏览器

Android 对手机浏览器的需求与谷歌对桌面浏览器的需求不同。

与桌面浏览器不同，Android 平台是从零开始构建的。他们只要有一款浏览器就足矣，根本不奢求它能有多好。具体来说，就是用户可以用它在手机上浏览网站，就像他们在桌面电脑上做的那样。他们还需要找到一种方法将 Web 内容直接整合到其他应用程序中，因为

---

1 1997 年，我曾与微软的一位"布道师"讨论过开发跨平台 Web 应用程序的问题。当时的开发者担心的是为 IE 开发的 Web 应用只能运行在 Windows 上，因为 IE 的一些功能与网景浏览器不一样。他半开玩笑地回答说，如果所有人都在使用 IE 和 Windows，那么就不存在跨平台问题了。

2 2010 年，Chrome 团队在 YouTube 上发布了一个叫作"Google Chrome Speed Tests"的视频，将网站的加载速度与马铃薯枪、声波、闪电进行了对比。现在尚不清楚网站或浏览器与这些东西有什么联系，但这个视频真的很有趣。

他们意识到移动应用和 Web 内容之间的界限越来越模糊。

例如，一款移动应用可能希望向用户显示网站的内容。有时候，直接在应用中显示网站内容比将用户重定向到浏览器中更好。这种方式不仅能提供无缝的浏览体验，还能确保用户不会离开应用程序。此外，很多开发者更熟悉 HTML 和 JavaScript，他们可以在移动应用中创建 Web 内容，这样不仅扩大了开发者的受众群体，还能让他们更快地创建基本的 Android 应用。

为此，Android 团队开发了 WebView。WebView 是一种网页查看器，可以被嵌入 Android 应用程序中。它是与 Android 浏览器一起开发的，因为浏览器本质上就是一个包装了控件和 UI 的 WebView。

在一开始，这些东西都不存在，但平台需要它们。所以，他们需要有人来帮忙整合。幸运的是，他们当中有很多人都曾经在 Danger 与黄威共事过。

黄威和 Android 浏览器

黄威有多年 Web 浏览器和软件开发经验，但这些经历并非是从童年时期就开始积累的。

12 岁那年，黄威上过一门编程课。但二进制形式的数学原理对他来说是个难题，于是他放弃了。当他的母亲给他看了一篇描述计算机就是未来的文章时，他确信他把自己的未来给毁掉了。

多年后，他上了高中，并再次尝试编程，这一次他进步不少。他最终拿到了电气工程学位，并在攻读研究生时爱上了计算机图形编程。

毕业后，黄威在微软找到了一份工作，与未来的 Android 同事（包括 Steve Horowitz）一起工作。黄威为 WebTV 和 IPTV 产品开发 Web 浏览器，学会了如何在非桌面屏幕上渲染 Web 内容。但最后他想做点别的："让人们多看电视似乎不是一件高尚的事。"

Steve 让黄威与当时还在 Danger 的 Andy Rubin 取得了联系。Danger 当时还没有将业务转到手机上，还在研发他们的"Nutter Butter"数据交换设备，但黄威对此并不感兴趣。"我不确定它能否卖出去。它的商业模式似乎有点弱，所以我决定去 AvantGo。我觉得在那里更有把握取得成功。"

"但这不是一个非常明智的决定。"

2000 年 9 月，在黄威加入 AvantGo 后不久，公司就进行了一次 IPO。当时正值互联网泡沫破裂时期，AvantGo 和其他很多初创公司一样都遭遇了困境。"我加入的时机不太好。我踩到了互联网泡沫的尾巴，一切都崩溃了。"此外，AvantGo 的工作内容和公司文化都不是黄威想要的，所以他另寻他处。"我联系了 Andy。在获得风投资金后，他们决定开发一款手机。这似乎更令人感到兴奋，于是我于 2001 年 1 月加入了 Danger。"

黄威在 Danger 继续开发 Web 浏览器。Danger 手机的配置非常低，浏览器的运行模式与桌面电脑（或后来的 Android 手机）上的浏览器非常不同。Danger 在服务器端运行了一个无头[1]浏览器，当用户在 Danger 手机的浏览器里打开一个页面时，这个页面将在服务器端渲染。然后，服务器会重新格式化页面，并将简化后的版本发送到手机端。这种方式无法为用户提供完整的网页功能，因为它缺少动态网页的特性。但他们的 Web 浏览体验接近于他们已经熟悉的台式电脑，而且比其他手机上的浏览体验要丰富得多。

黄威在 Danger 待了 4 年，一直为 Danger 的 Hiptop 设备开发浏览器。最后，他决定尝试一些新的东西，并希望去初创公司。Danger 的同事 Chris DeSalvo 建议他去找 Andy Rubin 谈谈，当时的 Andy 已经离开了 Danger，成立了一家叫作 Android 的初创公司。那天晚上，黄威给 Andy 发了消息。Andy 问他是否想加入 Android。

"他说：'顺便说一下，我们就要被谷歌收购了。'"

"我心里一沉，我想找的是一家初创公司，但谷歌不是。我需要考虑一下。我当时不太了解谷歌，我以为它只是一家做搜索服务的公司，也不完全理解谷歌的野心。但 Andy 表现出的热情还是说服了我。"

2005 年 9 月，黄威加入了谷歌的 Android 团队。他是 Android 被收购之后加入的第二位员工，第一位是他的朋友 Chris。

黄威的第一个项目仍然是浏览器。但在他能够开发浏览器应用之前，还有很多工作要做，因为 Android 平台在当时还不存在。"我下载了代码库，感到有点惊讶，他们是怎么让谷歌因为这一堆 JavaScript 代码而买下这家公司的？"

黄威的第一个任务是找到开发浏览器的入手点。当时已经有多个开源浏览器引擎可供选择，这样黄威就不需要从头开始开发了。WebKit（基于另一个开源浏览器项目 KHTML）是由苹果公司发起的，也是苹果 Safari 浏览器的基础。"我真的很喜欢这个代码库，所以毫无疑问，我选择了它。"

---

1 无头（Headless）是指没有显示器的计算机。这里指的是由服务器负责创建内容，然后在其他地方显示。

黄威开始基于 WebKit 引擎开发浏览器。与此同时，浏览器团队也在不断壮大，负责组建团队的 Rich Miner 也加入了进来。

Rich Miner 组建团队

Rich Miner 后来帮忙建立了 Android 早期的很多企业合作伙伴关系，他既懂商业，又懂技术。他在小学时就开始接触编程，当时他在打孔卡片机上学习 Fortran。"直到今天，过去的编程经历仍然让我对应用程序所消耗的内存感到吃惊，我想到了当时是如何将修改后的代码一点点塞到合适的孔位上的。"

在大学一年级时，Rich 开始显露他在商业和工程方面的双重技能。他为自己的 Commodore 64 电脑开发了一款游戏，并在一些朋友的帮助下售卖。"我们宿舍里有一台盒式磁带[1]拷贝机，我们还会自己做包装。我四处走动，把它们兜售给当地的 Commodore 经销商。我还在一本 Commodore 杂志上刊登了广告，并通过电子邮件开展业务。"

Rich 去马萨诸塞大学洛厄尔分校学习物理，但很快就换了专业。"我坚持了半个学期，然后意识到我应该去学计算机。我的成绩也印证了我的想法。"

在大学期间，Rich 成为学校生产力提升中心（Center for Productivity Enhancement）的负责人，从 Digital、IBM 和 Apollo 等公司拿到了数百万美元的资助。他在研究生院期间继续在实验室工作，并在攻读博士学位期间担任联合主任。1990 年 12 月，因为实验室孵化出的一个项目，Rich 创办了一家叫作 Wildfire Communications 的公司。Wildfire 开发了一款基于语音的自动助理软件，可以转接电话和接收消息。Wildfire 存活了近十年，直到被法国电信公司 Orange 收购。被收购后，Rich 在剑桥创办了 Orange 实验室并担任研发主管，还负责一个风险基金。

在 Orange 实验室期间，Rich 帮忙推出了第一款基于 Orange 网络的 Windows 手机。但它的体验不是太好，因为微软想要对最终的设备进行过多的控制。Rich 离开了这个项目，

---

1 早期的 PC 通过盒式磁带来存储数据。这是在软盘成为标准之前，更是在硬盘流行（容量变得更大）并且价格变得亲民之前。要加载程序，用户需要用与电脑相连的播放器"播放"盒式磁带，本质上就是将磁带中的数据传输到电脑的内存中。早期的 C64 盒式磁带每边容量约为 100KB，传输数据最多需要 30 分钟。与 2008 年 G1 的 256MB（大了将近 2500 倍）和现在的千兆网络流媒体速度（快了将近 2500 万倍）相比，盒式磁带的存储空间不大，速度也很慢。

希望为移动生态系统提供一个开放的平台,而不希望受到平台供应商的限制。

Rich Miner 是 Android 的联合创始人,也是帮 Android 达成收购交易的商业团队的一员。在加入谷歌后,他就开始想办法帮助不断壮大的工程团队。他接手了管理浏览器团队的工作。

Android 被收购后,Rich 留在了波士顿,与山景城的团队相隔两地。谷歌在波士顿市中心只有一个很小的销售办事处,Rich 游说谷歌高管 Eric Schmidt(CEO)和 Alan Eustace(工程副总裁)在这里开设了一个技术研发办公室。"Eric 在东海岸有过糟糕的经历。在他的监督下,Sun 公司在这里开设了一个工程师办公室,但把它放在了城市周边。我不得不跟他说,靠近大学的地方容易吸引最优秀的人才。我们可以建立一个很棒的办公室。"

Rich 说服了高管们,谷歌在剑桥市中心与麻省理工学院隔街相望的地方开设了一个办公室[1]。Rich 在那里招了第一批工程师,包括一些 Android 的工程师。

Rich 还招来了 Orange 实验室的前雇员 Alan Blount,并让他加入了浏览器团队。与此同时,在山景城,黄威也为团队招到了另一位工程师葛华。几年前,当黄威还在 Adobe 工作时,他说服葛华放弃攻读博士学位并加入了他的团队。这一次,他又说服她离开 Adobe。

葛华、WebView 和 Android 浏览器

20 世纪 70 年代末,葛华的母亲是中国第一代接受过计算机教育的人,她向母亲学习编程。她的母亲很快从一名学习编程的学生变成了老师;在上了三个月密集的编程课程后,葛华回到大学,组建了一个计算机实验室,并教授编程语言。在这个过程中,葛华学会了 BASIC 和 Fortran 的基本知识。

葛华后来因为图像处理实验室有很好的设备而选择了电子工程专业。她在这个专业学习了计算机科学和电气工程的基础知识。大学毕业后,她到美国斯坦福大学攻读计算机图形学研究生课程。黄威是她在斯坦福大学的同学,十多年前她和他一起在中国的清华大学上学。

葛华通过了博士资格考试,正在选论文课题,这时黄威找到了她,希望她到 Adobe 工作。葛华离开研究生院加入了 Adobe,并在那里工作了几年。2006 年,黄威(现在在谷歌)再次联系了葛华,葛华通过面试后也加入了谷歌。

---

1 现在,这个办公室拥有多栋建筑、数百名工程师和远远超出谷歌移动工作范围的项目。

黄威想让葛华加入他的浏览器团队，但必须先说服Steve。Android招了嵌入式系统、移动设备和操作系统方面的专家，但葛华没有这方面的经验。但黄威向Steve保证她不会有任何问题，于是葛华在 2006 年 3 月加入了Android浏览器团队。[1]

葛华需要解决的一个问题是如何让用户在当时的手机屏幕上更容易地查看网页内容。她有布局文本内容的经验，[2]这些经验在她需要让浏览器在手机屏幕上（这里可没有网页开发者在编写HTML时设想的大块内容区域）显示文本时派上了用场。

在这个团队里，葛华解决了浏览器和 WebView 组件之间的很多问题。毕竟，在 Android 诞生的头几年，能够为这么多功能提供支持的人屈指可数。她实现了一些东西，包括多线程支持、改进的网络功能和常见的浏览器 UI 元素（如标签页）。

在 2010 年 1 月初发布Nexus One之前，葛华还帮忙解决了一个捏拉缩放[3]问题。葛华休假回来后，Andy Rubin问她要多久才能实现这个功能。他真的很想把它用在当月即将发布的手机上。三周后，葛华完成了这一功能，也就随着手机一起发布了。

Cary Clark 和浏览器图形

Android 团队的大部分成员都在山景城。但浏览器团队是一个例外：葛华在山景城，黄威在西雅图，而 Rich 和 Alan 在波士顿。然后，北卡罗来纳州的 Skia 团队在开发完图形引擎后加入了浏览器团队。

浏览器对绘制图形的要求与 Android 系统的其他部分不同。渲染图形是 Skia 团队的强项，所以他们承担了渲染浏览器内容的工作。例如，Cary Clark 花了大量时间让原本为桌面电脑设计的网页内容能够合理地在手机上显示和响应。

在加入Android团队之前，Cary已经有很多 2D图形和浏览器方面的经验，但他在编程方

---

[1] 葛华学会了在浏览器团队工作所需的东西。因此，她很快就开始负责这个团队，并在随后的几年让这个团队发展壮大。

[2] 考虑到字体、字符大小和语言的复杂性，文本布局要比它表面看起来困难得多。文本相关技术是计算机领域的一个黑洞。我认识很多文本方面的专家，他们把整个职业生涯都贡献给了这个领域，因为它的复杂程度是无穷的（也因为其他人知道它可能会永远困住他们，所以选择避开它）。

[3] 捏拉缩放（Pinch-to-Zoom）是一种通过在屏幕上将手指分开（放大）或收紧（缩小）来放大或缩小屏幕内容的手势。

面的背景可以追溯到更早的时候。1968 年,在他 11 岁的时候,他得到了一份圣诞节礼物,那是一台 Digi-Comp I 计算器。这个机器不太像我们今天使用的计算器,它使用塑料和金属部件来执行简单的布尔和数学运算,比如从 0 数到 7[1]。Cary 对这台机器非常着迷,以至于他把它用坏了,并在第二年的圣诞节又要了同样的礼物。

在 20 世纪 70 年代末上大学时,他的电脑升级为一台二手的 Apple II。他花了很多时间在宿舍里学习编程。他拆解了 Steve Wozniak 的 BASIC 程序,以至于影响了成绩而中途退学。后来,他又回到学校拿到了学位。在此期间,他还到一家业余电脑店做销售工作。当客户对他们的苹果电脑有疑问时,Cary 会打电话到当地的苹果售后寻求帮助,但他发现苹果的工作人员也不知道这些东西是怎么回事。于是,他在那里找到了一份工作。作为区域售后的一员,他偶尔也会给库比蒂诺总部打电话,但他发现总部的工作人员也知道得不够多。他怨声载道,最后去了库比蒂诺总部,加入了苹果的主售后办公室。

在开发 Lisa[2] 和 Mac 期间,Cary 升到了管理层,但仍然在写代码。最后他还是选择做全职的工程师:"我是个糟糕的经理。"他在苹果公司待到 1994 年,做过各种各样的工作,其中就包括负责 QuickDraw GX[3] 的开发。QuickDraw GX 是一个新的 2D 图形库,它绘制图形的速度比 Mac 的原始 QuickDraw 库更快。这个项目的代号是 Skia,是 Cary 挑选的一个希腊单词,意思是在墙上画阴影。QuickDraw GX 的主要功能是绘制轮廓并填充它们,所以用这个代号很合适。

Cary 最终离开苹果公司去了其他科技公司,包括 WebTV 和微软(WebTV 被收购后),并在那里认识了很多未来的 Android 工程师。Cary 的工作是开发 WebTV 浏览器,让原本为桌面电脑设计的内容以合理的方式呈现在电视屏幕上,并通过一种完全不一样的输入机制与电视发生交互。后来,他离开了硅谷,搬到了北卡罗来纳州的教堂山,并在那里远程工作。他开始与在苹果公司工作时认识的 Mike Reed 联系。Mike 把 Cary 拉到了 Openwave,Cary 开始在那里开发浏览器。Mike 在离开 Openwave 后又打电话给 Cary,把他招进了他的初创

---

1 对于一个计数系统来说,7 似乎是一个可以随意停止的位置。这个玩具的局限之一是它只有 3 个比特位,可以表示从 0(3 个位都为 0)到 7(3 个位都为 1)的数字。

2 在某种程度上,Lisa 是 Mac 的前身,于 1983 年 1 月发布,比 Mac 早一年。各种因素导致它在市场上惨败,包括高昂的价格、糟糕的性能和来自 Mac 的竞争。但它采用了图形用户界面,这标志着未来的发展方向,Mac 和 Windows 后来都采用了图形用户界面。——译者注

3 我记得早在 20 世纪 90 年代初,我就在 WWDC(苹果年度开发者大会)上看到过 Cary Clark 做的一个关于 Mac 图形的技术演示。我几乎已经把它忘了,直到几年后我在谷歌的 Skia 团队遇到他。科技行业就像一个小镇,挤满了数百万来自世界各地的人,在这里你会不断遇到你以前在其他地方遇到过的人。

公司 Skia。公司的名字是为了纪念 Cary 而为 QuickDraw GX 取的代号。

在开始开发 Android 浏览器时，他有几个问题需要解决。例如，输入太复杂了，他需要弄清楚如何将键盘、方向键、轨迹球和触控事件转化为网页上的交互内容。Mike 说："这是第一款带有轨迹球和方向键的触摸屏手机，所以我们需要适应两种输入方式。这在浏览器上有点难度，因为我们有两种设置当前焦点的方式。你可以用手指划，也可以按多次向下的箭头，所以有点复杂。"

其中的一个难题是如何切换网页上的链接。如果用户用方向键导览，那么就需要一种可以移动到"下一个"链接的方法。所以如果他们点了方向键向右的箭头，焦点就需要转移到右边的下一个链接上。但网页上的链接并没有相对位置的概念，所以很难根据用户输入来确定是哪个链接。此外，Cary 还必须设计出一个系统，用于直观地显示某个链接上有焦点，当用户按下选择按钮时，他们就知道会点到哪个链接。

另一个问题是如何做到流畅地滚动。Mike说："苹果让人们对流畅滚动充满了期待。第一个带有轨迹球和箭头的版本并不支持流畅地滚动。一般我们在滚动 20 个像素后就会停一下，跟桌面浏览器一样。现在突然间要你把所有东西都流畅地滚动起来，不管用户是不是用手指划的。那时候我们真的很努力。Cary发明[1]了Picture[2]对象，一个显示列表，当时的Skia还没有这个东西。浏览器可以遍历线程中的显示列表，然后把它交给不同的线程，这样我们就可以在图片上划动，可以在不需要与浏览器发生交互的情况下以最快的速度绘制图像。"

另一个任务是让网页在内存有限的设备上合理地显示出来。Cary 几年前就在 WebTV 产品上解决过类似的问题，将为桌面电脑设计的网页合理地显示在电视屏幕上。但这次他面对的是新问题：网页上的内容太多了，甚至"长得离谱，特别是当我们用手机屏幕的宽度来显示它们的时候。"

当时，令Cary印象最深刻的是维基百科的一个有关奶酪的页面[3]。因为某种原因，这个

---

1 Cary 承认是他实现了 Picture 对象,但不认为是他发明了这个概念。他把它归功于 Bill Atkinson,苹果 Macintosh 团队的工程师开发了 Mac 早期的 QuickDraw 2D 图形引擎。"是 Bill Atkinson 发明了 Picture 对象，这个概念可能也是他从别人那里偷来的。我只是站在巨人的肩膀上。"大多数软件要么是对已有的概念进行重新实现，要么是用新的方式来构建和扩展它们。

2 Skia 的 Picture 对象本质上是一个底层信息的预处理列表，系统在绘制特定场景时需要这些信息。在滚动页面时，Skia 不需要解析网页内容，而是将页面转换为图片对象，这样就可以进行更高效的绘制。

3 奶酪页上有几千个单词，超过了"地球"长度的三分之一，将近"宇宙"长度的一半。不知道为什么奶酪页这么长。有谁知道为什么奶酪这么复杂吗？

页面非常长。"它的高度有几十万像素。我无法用我们的数字系统表示那么大的像素，所以我们必须想办法解决这个问题。"

这个问题解决后，又出现了另一个问题：即使用户可以看到整个页面的内容，也需要很长的时间才能滚动完。因此，Cary 实现了一个系统，当用户要滚动页面时，它会在页面上弹出一个放大镜和放大的页面视图，用户可以用它快速跳转到页面的特定位置。

18. 伦敦团队的使命

推动浏览器团队发展的另一股力量来自大洋彼岸。谷歌最初在伦敦成立办公室是为了开发移动应用项目,但不是 Android 平台的。伦敦办公室的工程师们负责让谷歌应用和服务运行在当时的大多数移动平台和设备上。在 iPhone 和 Android 之前(以及在它们发布后的头几年),世界上有很多手机平台,谷歌希望自己的应用能够运行在这些平台上。

移动应用的开发最初是从山景城开始的,吸引了 Cédric Beust[1](他领导开发了 Gmail 移动端应用)等人。后来,谷歌在伦敦成立了新办公室,负责为当时最流行的两个移动操作系统塞班和 Windows Mobile 开发软件。

在谈到为什么谷歌会选择伦敦时,早期的团队成员 Andrei Popescu[2] 说:"2007 年,当时的核心移动技术集中在欧洲,而不是美国。欧洲早在美国之前就有了 3G 技术。当时最好的手机操作系统都在欧洲。塞班[3]是在伦敦开发的,Series 60 和 UIQ[4] 是诺基亚和爱立信基于塞班开发出来的。所以,谷歌经过深思熟虑,做出了一个决定,在伦敦建立移动开发中心。"

---

1 Cédric 跑去开发 Android 版 Gmail,我们稍后将读到他的故事。
2 Andrei 后来成为伦敦办公室的 Android 工程总监。
3 诺基亚大规模采用了塞班。诺基亚的总部在芬兰,在欧洲各地设有技术办公室。
4 UIQ 是诺基亚使用的基于塞班的用户界面软件平台。

"我们在招聘方面也做得很好。伦敦是一个绝佳的招聘地，我们可以吸引到世界各地的人才。欧洲各地都有很好的计算机学校。从地理上讲也是合理的。"因为伦敦是离加州（谷歌的总部在加州）最近的欧洲主要城市之一，而且两者之间有直航航班。

但这个办公室需要一个负责人，所以谷歌在 2007 年年初请来了 Dave Burke。

Dave Burke 和伦敦的移动团队

Dave Burke 在很小的时候就迷上了电脑。他用操纵杆、光电管、家用投影仪的放大镜、录音机、语音合成器和他自己写的一些代码做出了一种装置，可以向进入他房间的人发射橡皮筋。"我真的迷上这些东西了。"

他从本科到博士攻读的都是电气工程专业，之后在一家初创公司管理技术团队。2007 年，他希望跳出小公司，所以在谷歌找到了这份工作，领导新的移动开发团队。当时他想去硅谷，但伦敦才是真正有机会的地方[1]。

2007 年，谷歌在伦敦有两个不同的移动业务：移动搜索和浏览器。团队的工作就是让谷歌的相关应用可以在各种非 Android 设备上运行。Dave 开始接触 Android，学习如何使用 API 开发 Android 应用。

在 Dave 加入 9 个月后，Android SDK 正式发布。伦敦将会有一场大型的开发者大会，Rich Miner 希望 Dave 做一个有关 Android 的演讲，向参会者介绍 SDK。Dave 在参会者面前来了一次现场编码[2]，在 8 分钟内创建了一个简单的 Web 浏览器应用。

演讲进行得很顺利，Dave 感觉很好，直到第二天"我收到 Andy Rubin 发给我的一封邮件：'这个家伙是谁？他为什么公开介绍我的项目？'"显然，Rich 还没有告诉 Andy 是他让 Dave 这么做的。

Dave 说："我和 Andy 的关系一开始并没有那么好，我想是从那以后开始慢慢好起来的。"

---

1 2010 年，他调到山景城，负责 Android 的图形和媒体团队，然后是整个 Android 工程团队。

2 现场写代码并不是最好的演示方式，更为简单的演示方式是事先把代码贴到幻灯片里，然后再解释给观众听，而不是现场写代码，因为这样会让观众感到无聊（如果需要写很多代码），或者导致演示失败（因为演示者可能会忘记一些简单的东西，导致编译器出错，最后不得不在越来越沮丧和不安的观众面前修复问题）。但它很适合用来展示一些东西有多么简单，而这正是 Dave 想达到的目的。

随着时间的推移，伦敦的团队开始为 Android 开发更多的项目。与此同时，Dave 团队开发的应用也慢慢地被纳入产品团队中（比如 YouTube）。最后，Dave 的移动团队并入了 Android。

Andrei Popescu 和伦敦的浏览器团队

Andrei Popescu 的团队负责伦敦方面的移动浏览器开发。他很适合这个项目，因为他在诺基亚就做过这个。

在罗马尼亚布加勒斯特获得计算机本科学位后，Andrei 离开祖国前往芬兰赫尔辛基攻读硕士学位。他打算在拿到硕士学位后回到罗马尼亚。那是二十多年前的事情了："我的旅程还没有结束。"

2002 年毕业后，Andrei 在赫尔辛基的诺基亚找到了一份工作。他当时在开发一款MMS[1]编辑器。"我感到非常沮丧：我在两个国家完成了学业，拿到了硕士学位，却在这里用C++的变体在当时看来非常奇怪的操作系统上开发这种小工具，做不了更多的事情。当时，我并没有意识到我所在的领域（移动技术）将会改变世界，并影响我未来几十年的职业生涯。"

幸运的是，他在诺基亚遇到了 Antti Koivisto。Koivisto 当时正在做一些更有趣的东西。"他当时正在为塞班开发一款基于 WebKit 的 Web 浏览器。"他们做出了这个完整的浏览器应用，并向广大的诺基亚用户发布。

在那个项目之后，Andrei 想去伦敦。他不在乎会找到什么样的工作，只要能去伦敦就行。"加入谷歌可能是一个很好的机会，但对我来说，当时唯一的动机就是去伦敦。我投了几百份简历，收到了一个来自谷歌的回复。"

2007 年 1 月，Andrei 加入了谷歌的移动团队。最开始，他的工作是让谷歌地图在诺基亚手机上运行。但很快，他又启动了一个叫作 Lithium 的项目，为 Windows Mobile 开发一个完整的 Web 浏览器。

Andrei的团队中还有Ben Murdoch（当时还是实习生[2]）、Steve Block和Nicolas Roard。

---

1 MMS = Multimedia Messaging Service（多媒体消息服务），在文本消息中发送图片所使用的协议。
2 Ben 最终被聘为全职员工，并一直在伦敦办公室开发与 Android 相关的项目。

Nicolas Roard 和前期工作

Nicolas 在法国上完大学后到了一家初创公司，然后去威尔士继续攻读博士学位。最后，研究经费耗光了他的积蓄，但他"仍然需要养活自己"。于是，手握博士学位的 Nicolas 申请了伦敦谷歌的职位，并于 2007 年 4 月加入 Andrei 的 Lithium 项目。

Lithium 是一款基于 WebKit 引擎的浏览器应用。试想一下，如果你在手机上使用的浏览器不是手机原本就有的，那么就必须作为一个单独的应用来下载。它的原型很不错，但体积很大。Lithium 要求用户下载一个非常大的二进制文件（特别是在当时的网络条件下）。这个项目被叫停了，Andrei 的团队转向了谷歌 Gears。

Gears 旨在为当时的浏览器提供更丰富的功能，比如本地存储和地理定位 [1]。后来，这些功能都成为 HTML5 标准的一部分，Gears 项目也就没有再继续了。Gears 于 2007 年在台式机上发布，Andrei 的团队让它也能运行在移动浏览器上。

一开始，团队将 Gears 移植到了 Windows Mobile 上。在 Android SDK 发布时，团队意识到 Android 的平台和产品将会继续存在下去，所以他们将 Gears 也移植到了 Android 浏览器上。Gears 继续作为浏览器的一部分发布，直到 2009 年年底在 Donut（Android 1.6）中被弃用。他们认为应该将这些特性直接集成到浏览器中。

在早期，Android 团队以外的谷歌工程师并不会随意为 Android 贡献代码。事实上，他们不能。除了 Android 团队，没有人有这样的权利或许可权 [2]。但 Andrei 团队的工作对 Android 平台来说非常重要，所以可以把他们也纳入进来。Andy 授予 Andrei 团队全部的源代码访问权限，他们是当时唯一一个获得授权的外部团队。

随着时间的推移，他们渐渐融入了浏览器团队。Andrei 的团队主要专注于开发具有前瞻性的浏览器功能。例如，他们制定并实现了 Web 地理定位标准，他们还为浏览器添加了视频

---

1 如果用户授予了地理定位权限，那么浏览器就可以使用用户的位置。这对地图的导航功能来说很有用（如果你想去一个地方，要先知道从哪里开始）。

2 Android 的代码和谷歌其他项目的代码有很大的不同。谷歌大多数项目的代码都位于一个共享的代码库中，工程师可以很容易看到甚至修改项目的代码。但 Android 的代码存放在其他地方，非 Android 团队成员是无法看到的，更别说修改了。

元素[1]（HTML5 的另一个特性）。

2008 年，在准备发布 Android 1.0 期间，移动团队的副总裁（Vic Gundotra）解散了移动小组，包括 Dave Burke 的伦敦团队。移动项目被并入各个产品团队。移动计算和移动设备领域已经发生了根本性的变化。自 2007 年年中以来，iPhone 问世并广受欢迎，Android 也很快启动。智能手机正在引领一个新的潮流，移动应用对谷歌来说将变得越来越重要，谷歌也将更直接地将移动功能融入产品中。

Dave 的团队已经被证明是成功的，并且对 Android 非常有用，所以在 Hiroshi Lockheimer 的帮助下，他们说服 Andy 将他们全部并入 Android。他们不再为其他平台开发应用，而是完全专注于 Android。

Android 和 Web 应用

Android 的浏览器和 Web 技术在不断完善，团队也不断投入更多的精力和人力。2013 年，Android 浏览器（和 WebView）被 Chrome 取代，当时的谷歌认为，将多个团队和项目资源耗在相似的技术上可能是没有意义的。但是，WebView 和浏览器仍然是移动技术栈的重要组成部分，它们让用户能够浏览丰富的网站内容，让开发者能够使用 Web 技术开发应用程序。

---

1 视频元素提供了在浏览器中播放视频内容（比如 YouTube 上的视频）的功能。这一功能对于 Web 浏览器来说是一个重要的改变，因为在此之前，浏览器播放视频的主要方式是通过 Adobe Flash 插件。直接在浏览器中内置视频功能意味着用户不需要安装插件就可以观看视频内容。这对于移动设备来说尤为重要，因为在移动设备上，Flash 等浏览器插件不一定能正常运行。

19.
应用程序

移动应用生态系统

Android 数以百万计的应用对于保持平台的地位来说至关重要。毕竟，用户在智能手机上花费的大部分时间都与应用有关。

如果现在有人推出一款新设备或一个新平台，却没有相关的应用商店（更不用说大规模的应用商店），那么它就不可能生存下去。RIM在推出他们的最后一版智能手机操作系统黑莓 10[1]时增加了一个兼容模式，允许用户安装和运行Android应用。他们之所以这么做，是因为他们意识到黑莓应用生态系统（尽管这家公司和它的手机已经存在了很多年）无法提供像Android和iOS的应用商店那样的多样化的应用。

但即使拥有庞大的应用市场，平台仍然需要提供一些核心应用，特别是由谷歌和苹果这些公司开发的，让用户能够体验公司提供的服务和功能。

在 Android 刚出现时，外界还没有应用生态系统。因此，Android 团队开发了一系列核

---

[1] RIM 不再继续开发黑莓 10 操作系统，也不再发布搭载这个操作系统的设备。他们后来推出的手机搭载的是 Android 操作系统。

心应用,这些应用将随设备一起发布,为用户提供非常有吸引力的功能。

现如今,这些谷歌应用(Gmail、地图、搜索、YouTube 等)分别由拥有这些产品的团队负责开发。所以,并不是 Android 的某个团队在开发 YouTube 应用,而是整个 YouTube 部门在开发 YouTube 的核心服务和基础设施、Web 应用、Android 应用,以及整合到更大的产品组合中的客户端应用。

但在早期,其他产品团队也都有很多工作要做,没有时间为这个新兴的平台开发应用。此外,在 1.0 版本发布之前,Android的平台和API一直在不断发生变化,已经成型的产品只需要在平台API发生变化时做出相应的更新就可以了,他们为什么还要承担为它开发应用的任务呢?[1]

因此,Android 团队的工程师自己承担起开发初版核心应用的工作。但他们都是单打独斗,而不是团队作战,因为每款应用的开发人员很少会超过一个或两个(现在开发和维护这些应用的团队规模要比当时大得多)。例如,Android 最初的 Gmail 主要由 Cédric Beust 开发,Mike Cleron 帮忙优化了一些性能。

Cédric Beust 和 Gmail

"在第一次收到推送通知时,我就知道我们在做一件了不起的事情。"

——Cédric Beust

Gmail 除了有 Android 的版本,也有其他平台的版本,这要归功于 Cédric Beust。

2004 年,Cédric 加入谷歌的广告团队(与其他很多有服务器端开发经验的新工程师一样)。一年后,他想做一些新的东西,于是组建了一个小型的移动技术团队,主要任务是让谷歌的应用和服务也能运行在当时的各种移动设备上。Cédric 开始了 Gmail 的开发工作。团队最后发展到了 20 多个人,J2ME 版的 Gmail 就是他们开发的。

那时候还没有像现在的 iOS 和 Android 那样普及的移动"平台"。相反,当时有很多面

---

1 Fadden 说:"他们对修复只影响 Android 应用(如日历)的服务漏洞也不感兴趣,甚至连诊断问题都很排斥。对此我憋了一肚子气。"

向特定细分市场的平台，例如微软的 Windows CE 和 RIM 的黑莓操作系统。除此之外还有 J2ME，它声称可以在各种设备上运行，使用相同的开发语言（Java）和 J2ME 库的一些变体。因此，对于一家试图囊括生态系统中的各种设备的公司来说，J2ME 的概念非常诱人。但理想很现实，J2ME 的现实很骨感。

Cédric 说："我们开始研究如何开发 J2ME 版的 Gmail。我们很快就发现这是个糟糕的主意。虽说 J2ME 无处不在，但每一家厂商，甚至是同一种型号，都有不同版本的 J2ME。这些版本各有不同的限制，并没有实现相同的规范。有些有蓝牙，有些没有。它们没有约束、合规或之类的东西。任何一款手机都声称兼容 J2ME，但我们需要的东西有一半它们都不支持。所以，我们处在一个很不利的位置。"

但 Cédric 的团队最终还是发布了一版 Gmail，它具备 Web 版 Gmail 的核心体验，可以运行在这些配置有限的小型设备上。"我们发布的 J2ME 版 Gmail 可以运行在大约 300 种不同的设备上，提供了非常棒的 UI。虽然在部分设备上出了一些问题，但总的来说我们还是取得了圆满成功。"[1]

Android 被谷歌收购后不久，Andy Rubin 联系了 Cédric。作为移动版 Gmail 团队的负责人，Cédric 很可能可以帮忙开发 Android 版的 Gmail。他本来就对这件事感兴趣，当 Andy 介绍了这个项目的情况后，他被打动了。Andy 的团队由一群底层内核专家组成，其中很多人都有过开发移动设备的经验。[2]他们正在创建一个基于 Java 的平台（Cédric 是 Java 的粉丝，也是一名 Java 专家），他们需要开发应用程序的专业知识。"听说他们思想开明，而且主要编程语言是 Java，这对我来说就更有吸引力了。"

和 Android 早期的很多工程师一样，Cédric 也有相关的经验和自己的想法，并强烈希望做好这个应用。"我知道其中的疾苦，也很清楚我不想再遇到哪些糟心的事。调试 J2ME 的时候你不能连接调试器，必须用 println()[3]在状态栏上打出当前的代码位置。这绝对是一场噩梦。所以我很清楚我要解决什么问题。"

在他开始的时候，有两款正在开发中的 Android 应用：Gmail 和日历。

---

[1] 2006 年 11 月 2 日，Cédric 发布了一篇博文，宣布 J2ME 版的 Gmail 可用。那时，他已经在 Android 团队工作了两个月。

[2] 特别是那些在 Danger 工作过的人。

[3] println()用于在 Java 代码中向控制台窗口输出文本。在调试 J2ME 时需要直接将文本打印到屏幕上。自早期的软件开发以来，调试工具已经取得了长足的进步，但 println()抹杀了所有这些进步，让开发者重新回到了早期的痛苦时代。

应用程序

现在的应用一般是由相关的产品组负责开发的。但在当时，让 Android 团队的工程师来开发应用程序会更有意义。首先，平台和 API 在不断地发生变化，应用程序必须对这些变化做出反应。此外，在很多情况下，应用开发者要求平台做出变更来满足他们的需求。应用开发者（如 Cédric）的主要工作是开发应用程序，但在必要时也会参与核心平台和 Android API 的修改，特别是当这些变更是由应用程序驱动的时候。

"我曾和 Mike Cleron 一起开发布局系统和 View 系统，并提供布局和算法（Two-Pass 算法）API。我还和 Dianne Hackborn 等人一起开发 Intent 机制。我记得我们在房间里花了好几小时给现在这些叫作 **Intent**[1] 的东西取名字。我们花了几小时粉刷自行车棚[2]，想找到一个最合适的名字。最后，我们想到了'Intent'。"[3]

"Intent 机制背后的原理非常有趣：如何让一个应用在不知道另一个应用是否存在的情况下去调用它？这就好像我们问：'有人能处理这个吗？'如果有人去做了，那么就说明他们能够处理。我们对此感到十分兴奋。"

所有这些都是在平台不断演化和团队不断壮大的过程中发生的。"我还参与了招聘工作。我们需要一百个 Java 工程师，所以当时的招聘和面试都很疯狂。我还写了很多代码，也删掉了很多，因为它们调用的 API 在一周之后要么被修改，要么被删除。"

对于应用开发者来说，在一个不断变化的平台上开发应用程序就像是踩着炭火跳舞。平台的很多功能和 API 都在不断发生变化，而应用程序需要的很多特性都还没有。[4]为了让应用程序能够做它们需要做的事情，必须有人先实现这些特性。Android 团队被分成了多个小组，跨越了平台和应用程序的各个部分。他们做了很多工作。Romain Guy 说："每个小组的人都很少。做出变更的速度是非常快的，我们可以访问整个源代码树。我记得在发布 1.0 版本之

1　Intent 是 Android 的应用启动系统，根据应用请求的动作来启动其他应用，比如"拍照"动作可以打开相机应用，"发送消息"动作可以打开消息应用。

2　粉刷自行车棚是软件开发当中经常会用到的一个短语，意思是花太多时间在一些可能并不重要的事情上。维基百科将其与帕金森琐碎定律（Parkinson's Law of Triviality）等同起来，并举了一个例子：为了讨论核电站建设计划，专门成立了一个委员会，但他们却把大部分时间花在讨论员工的自行车棚颜色上。

这里确实存在这个问题，因为虽然花了很多时间讨论，但他们最终还是决定采用最初的提议（Intent）。

3　在外部看来，在 API 的名字上面花那么多时间和精力是很荒谬的，但这对 API 开发者来说是有意义的。一个好的名字应该是具有描述性的，以及是简洁的。API 将成为平台和应用开发者之间的合约，只要平台还在，他们就会与之相随，所以花一些时间想个好名字是值得的。

4　在谈到这种情况时，Dianne 说："平台开发存在一个转折点，当这个转折点来临时，你不再需要停下来等待平台为你开发的应用提供某些功能。"在开发 Gmail 时，平台离这个转折点还很远。

前,为了清理API,我对View系统做了大量修改,涉及 800 多个文件,影响了所有的应用,我不得不一个一个地修复。所以,这些事情不一定非得由应用开发者来做。我们每个人都在出力。"

性能是Gmail必须解决的一个硬核问题。最初,Gmail里的每封邮件都使用了一个WebView[1]。虽然用户在屏幕上看到的只是文本,但本质上每封邮件都是一个独立的网页,所以整体的开销非常大。Romain说:"这对于设备来说很难承受,所以Mike重写了所有东西。"

在谈到 Gmail 的性能问题时,时任 Android 工程主管的 Steve Horowitz 说:"Cédric 对架构做了调整。老实说,有一部分可能就是利用了当时的 View 系统。如果一个 View 一个线程,你能堆多少个?"

"所以 Mike 不得不拆掉一堆东西重新做,这样线程就不是一个独立的 View,但里面会有一个正在渲染的View。为了解决 Gmail 的性能问题,我们对它进行了根本性的重构。"

与此同时,Gmail 需要使用 WebView,这又给团队带来了额外的工作量。使用 WebView 是有必要的,因为电子邮件也需要 Web 功能。虽然大部分电子邮件显示的是纯文本,但文本内容和格式是灵活多变的,所以显示 HTML(Web)版本的邮件内容也是有必要的。

为此,Gmail 使用了由浏览器团队开发的 WebView 组件。但是,内嵌在 Gmail 邮件中的 HTML 并不是纯 HTML,它只是所有内容类型的一个子集。要让它全面支持 Android 版 Gmail,浏览器(和 WebView)团队需要了解 Gmail 的后端都做了哪些事情,这样才能正确地显示这种奇怪的 HTML 变体。

开发 Gmail 对 Android 团队来说也是有好处的。当时,开发 Android 应用的一个优势是 Android 平台可以提供其他平台所不具备的功能,工程师们可以创造出比之前更强大的应用体验。

"在第一次收到推送通知时,我就知道我们在做一件了不起的事情。我们不太确定是否能够做到保持连接打开,并让服务器告诉我们'你有新邮件'。J2ME 版的 Gmail 没有这个功能,所以不得不进行持续刷新。但在某个时刻,我发送了一封电子邮件,然后看到我的手机有反应了。我马上跑到 Steve Horowitz 的办公室展示给他看。他惊得下巴都掉了,因为虽然他知道我们正在努力,但不知道我们是否能够做到。"

Romain Guy 说:"我之所以喜欢第一部搭载了 1.0 版本系统的 Android 手机,是因为它

---

1 WebView 是一个可以显示 Web 内容(HTML)的 UI 元素。更多有关 WebView 的内容,请参见第 17 章("Android 浏览器")。

可以推送电子邮件和聊天通知,这在当时是非常关键的,因为 iPhone 没有这些功能。我记得我的手机收到邮件的速度比我的电脑快。我的手机会先响,几秒钟或几分钟之后,我的电脑才显示新的邮件。"

Cédric 负责开发 Gmail 的客户端部分,但整个应用的很大一部分仍然依赖了 Gmail 的后端通信机制,而这些工作由 Android 的服务团队负责。

20.
Android 服务

"轻点一下鼠标就可能让手机行业遭遇前所未有[1]的灾难。"

——Android 服务团队的口号

在大多数情况下，Android 团队与谷歌的其他团队是分开运作的。谷歌为团队提供资金，并与团队的领导层保持沟通，除此以外的事情他们就不管了。Android 团队埋头开发操作系统、工具、应用程序和其他他们需要的东西，不与谷歌的其他技术团队交流。

不包括服务团队。

如果你开发的是一款单人游戏，只需要用到本地的设备和存储，那么你可以不依赖任何后端基础设施或机制。但是，对于大多数应用程序来说，它们需要处理应用程序之外的信息或保存在设备之外的数据，那么就需要与后端系统发生交互。在设备上运行的应用程序实际上只是一个窗口，通过这个窗口可以看到托管在外部服务器上的数据和服务。地图、搜索、Gmail、日历、联系人、Talk、YouTube，所有这些应用程序都依赖谷歌服务器提供的数据和功能。

---

1 Dan Egnor 指出，在 Danger（被微软收购数年后）因为服务器宕机而导致大量用户数据丢失后，这个问题就"*不是*前所未有的"了。

谷歌希望通过 Android 操作系统为移动用户提供服务。因此，弄清楚如何将 Android 设备连接到谷歌的后端服务也是至关重要的。

为了确保能够完成这些工作，Android 成立了服务团队，最初只有 3 个人：Fred Quintana、Malcolm Handley 和 Debajit Ghosh。

Debajit Ghosh 和日历

Debajit 一直以为他到了大学会学习与科学相关的专业，所以他同时学习编程，为未来的学业做准备。但在高中时，他意识到他可以把编程作为主业。于是他改变了方向，选择了计算机专业，并在 1998 年拿到硕士学位。

Debajit 花了几年时间研究语音识别技术。移动领域希望利用语音识别技术为用户提供随时随地获取信息的能力。2005 年，Debajit 的一位同事加入谷歌组建了一个语音识别技术团队。他联系了 Debajit，问他是否有兴趣加入谷歌从事移动技术研发工作。

一开始，Debajit 不是很感兴趣，他想："谷歌？我不想去谷歌工作，这家公司太大了。"但当他想到移动领域的一些机会时，他动摇了："我不确定谷歌的这个项目会怎样，但移动领域的发展应该会很有趣。"

2005 年年初，Debajit 加入了谷歌的移动团队（不是 Android 团队）。组建移动团队是为了让公司的服务可以在已有的移动设备上使用，Debajit 将负责服务器端团队。"我参与的第一个项目是将传统的网页编码成可以在手机浏览器上显示的内容。"手机上的浏览器会向服务器发起一个查看网页的请求。网页的内容被发送到谷歌服务器，并转换成可以被手机处理的东西，然后简化版的网页被发送到手机上。这与几年前 Danger 在 Hiptop 手机浏览器上和 WebTV 在电视浏览器上所做的很相似，都是通过服务器将网页转换成可以在目标设备上显示的内容。

2005 年春天，Debajit 度假回来，发现他的办公桌上放着一堆简历。有人要他去面试一家叫作"Android"的初创公司的员工，谷歌有意收购这家公司。"我还没有从度假的氛围中缓过神来：'Android？Android 是个什么东西？'"

他面试了这些工程师，包括 Brian Swetland 和 Ficus Kirkpatrick。"Ficus 花了很多时间谈论 Brian，所以我很早就了解了他们当中的一些人。"

Debajit 继续留在移动团队，偶尔会跟 Andy Rubin 和他的团队联系。2006 年年底，Debajit

联系了移动团队的前同事 Cédric Beust。他还和 Android 的工程主管 Steve Horowitz 聊天，了解他们的需求。移动团队开始考虑如何提供谷歌服务，例如，日历应用如何与谷歌的日历服务同步数据。

与此同时，Debajit 一直在做一个业余项目——将日历信息同步到 J2ME 设备上。他对如何让人们能够随时随地接收信息这件事非常感兴趣，而日历数据就属于这类问题。在与 Android 团队的交谈过程中，他意识到，如果加入他们，就可以让他的业余项目变成全职项目。于是，他转到了 Android，加入了当时只有三个人的服务团队。

每一位工程师都在负责特定的服务。Fred Quintana 和 Jeff Hamilton 负责联系人应用，Malcolm Handley 和 Cédric 负责 Gmail，Debajit 和 Jack Veenstra 负责日历应用。[1] 因为这些应用都需要向谷歌服务器发送请求并接收响应，所以他们一起开发了一种集中式的同步机制。

在最初的服务团队开始运作后不久，Andy Rubin 请来了他在 Danger 认识的 Michael Morrissey 来负责带领服务团队。

Michael Morrissey 和服务团队

Michael Morrissey 的本科和硕士专业都是数学，但他觉得自己更喜欢编程。[2] 他开始研究 BeBox，并最终在 Be 找到了一份工作。

Michael 觉得打印是一个非常好玩的东西——他喜欢操作系统、驱动程序和代码之间的交互。这是好事，因为当时 BeOS 对打印功能的支持非常糟糕。Michael 记得："有一天，Be 的创始人和首席执行官 Jean-Louis Gassée 非常生气，因为他无法在 BeOS 上打印东西，每次都得换一台 Mac 来打印。他真的很懊恼。"

Michael 鼓励外部开发人员为 Be 开发打印机驱动程序，这也是为什么他会认识 Mathias Agopian（后来组建了 Android 的图形团队）。"他开发了爱普生打印机驱动程序。他真的很擅长干这个。他一直给我发他开发的驱动程序。"虽然 Mathias 做这些事情只是出于爱好，但最后还是加入了 Be。

---

1 因为 Joe Onorato 之前做了一些工作，日历应用的开发开始得更早。
2 Skia 团队的 Mike Reed 也有类似的背景，在学校学的是数学，后来从事编程工作。我也一样。或许所有学数学的人都是做程序员的料，只是有人没有意识到。

Michael 在 Be 的首次 IPO 失利后离开了公司，转去做互联网设备。在 Hiroshi Lockheimer 的建议下，他于 2000 年 3 月加入了 Danger。一开始，这家公司正在开发一款小型设备，可以随身携带联系人和电子邮件，然后通过连接的方式与其他设备同步。但 Michael 加入后不久，互联网泡沫开始破裂，他们不得不另寻其他产品方向，做起了 Hiptop 手机。

在 Danger 工作期间，Michael 负责后端服务，将手机上的应用程序与 Danger 服务器和互联网连接起来。"我喜欢服务器端的东西，所以我开始构建后端服务，开发设备和服务器之间的协议。"例如，Danger 手机的用户需要连接多种不同类型的电子邮件服务，与其让设备处理这些服务，不如让 Danger 服务器连接这些不同的电子邮件服务，然后将结果转换成设备能够理解的内容。浏览器的工作原理也类似，服务器将完整的网页转换成简单的表示形式，然后发送到手机上。

设备和服务器之间的长连接是 Danger 的一项创新。通过这种连接，设备会立即收到最新的电子邮件或消息。这在 2002 年是件大事。在当时，即使你拥有一部带有电子邮件功能的手机，也需要你通过手动的方式将手机与电脑进行同步。所以，你可能会在会议结束一小时后才收到会议信息。但在 Danger 手机上，你会在会议开始时知道你错过了会议。

2005 年，Michael 从 Danger 跳槽到微软，因为微软要开发自己的手机，而 Michael 对这个项目很感兴趣。当时，微软将操作系统授权给了 HTC 等手机厂商，但微软内部有人设想微软未来也将生产自己的手机。这基本上也是苹果公司的模式，不同的是多了一个可授权给手机厂商的操作系统（与 Android 一样，只不过 Android 是免费的）。

但这个项目很难在微软内部获得关注，因为它与微软传统的软件业务背道而驰。Michael 回忆说，在一次令人沮丧的会议上，一位高管不认同他们的手机就是 Windows 设备，因为它不能运行 PowerPoint（即使运行 PowerPoint 并非手机的重点），而且有限的配置也根本无法处理大型的任务。由于类似这样的会议和各种各样的阻碍，这个项目很难取得进展。

与此同时，Andy Rubin 在每个季度都与 Michael 联系，看看他是否愿意来 Android 帮忙。最终，Michael 对微软的这个项目失去了耐心，于 2007 年春天加入了 Android，负责带领服务团队。他了解了一下团队的情况，并告诉 Andy 和 Steve 他们需要做什么。"他们说：'太好了！就这么干。'"

Michael 带着这个团队让所有的事情都走上了正轨。"我在 Danger 就做过类似的东西，所以我知道怎样做好它们。我对服务架构有更大的愿景：如何建立长连接、构建怎样的传输层以及如何避免踩坑。"

Michael 还忙于扩大团队规模，他需要招一些懂得如何与谷歌基础设施打交道的人。"我很早就意识到，如果没有谷歌内部的人，我们就不会有任何进展，因为谷歌做事的方式非常奇怪。即使我们招来移动行业的人，如果他们掌握的知识与谷歌无关，也不一定合适，因为他们需要花很长时间来适应谷歌的机制。我认为，如果我们把谷歌的员工转到 Android，并在这个过程中培训他们，他们会更快融入我们。"

推送功能是早期的主要问题之一：当一些东西在服务器端发生了变化（例如，用户的收件箱收到了电子邮件或日历事件被更新），服务器需要向设备发送通知，这样才能保持设备和服务器的数据是同步的。Debajit 发明了"挠痒痒"（Tickle）这个词。"我们想要给设备'挠痒痒'。我们想到了轻挠（Light Tickle），意思是让设备知道有东西发生了变化，需要主动同步以获取具体内容。还有重挠（Heavy Tickle），意思是直接在通知消息里包含消息内容。我们更喜欢轻挠的方式，但具体要视情况而定。"

团队想到了一个办法，就是在手机后台与谷歌服务器建立一个专用的连接。这个连接被称为移动连接服务器（Mobile Connection Server，MCS），是一种长连接，可以随时发送或接收消息，确保当服务器上有新消息时，手机就会收到通知。每个应用程序都有自己特定的数据需求，不过它们都共享这个连接，如果服务器有任何变化，都会通过这个连接通知设备。这个连接还被用于实现最初的谷歌 Talk 功能，用于发送和接收消息。

与谷歌服务器建立长连接不只是个技术问题，因为长连接所使用的资源受到了限制。

2008 年 10 月 21 日，G1 上市前一天的 Michael Morrissey（图片由 Brian Swetland 提供）。

长连接机制受到了网络运营团队的限制。当时，谷歌假定所有需要网络连接的东西都是基于 Web 的，传输数据的请求使用的是标准的 Web HTTP 请求。但是，Android 使用了一种完全不同的协议，所以他们需要用到虚拟 IP（VIP）。问题是，网络团队不想给他们。"他们给了一大堆无聊的理由。关于谷歌的做事风格，我就不多吐槽了，总之是非常罕见的。当时的网络团队大约有 200 个 VIP，其中的一些已经用掉了，但就是不愿意给我们一个。"

Debajit 和 Michael 经常与网络团队会面，尝试说服他们给 Android 团队一个 VIP。这种事情对 Michael 来说已经是家常便饭了："我的一大部分工作就是在 Gmail、日历、联系人团队和谷歌的其他举足轻重的团队之间斡旋，因为他们应该能够在技术和 SRE[1] 方面给我们帮助。"

最后，网络团队妥协了，给了 Android 一个 VIP，但有个前提：如果 Android 在前六个月没有达到 100 万用户，他们将收回 VIP，并且 Michael 和 Debajit 将欠他们一箱威士忌。Debajit 记得："他们在谈判时绝对提到了威士忌，那是当时的硬通货。"

有了 VIP，他们在 5228[2] 端口上建立起了长连接，并让 MCS 运行了起来。

最终，Android 赢得了这场"赌局"，尽管 Michael 说这取决于时间是从什么时候开始算起的。网络运营团队说从他们提供 VIP 那一刻开始算起，而 Michael 说从 1.0 版本发布那一刻开始算起。无论怎么算，当时的 Android 都已经足够成功，所以保证了所有的 Android 设备都不会失去长连接。

火警

因为 Android 使用了长连接，所以也需要放置在数据中心里的专用服务器上。处理数据的人都知道，为了防止主系统出问题，需要对数据进行备份。这就是为什么我们会有冗余的磁盘阵列和备份存储。这也是为什么许多家庭会有父母双亲，因为如果孩子问的问题其中一方无法回答，那么孩子还可以问另一方。

但 Android 服务的可不只是一两个用户，他们需要一个可以服务更多用户的系统。一个备份站点是不够的，主系统完全可能出问题，而第二个备份系统也有可能出问题，尽管可能性不大。因此，为以防万一，他们启用了第三个数据中心。三个数据中心应该可以覆盖所有

---

[1] SRE = Site Reliability Engineer（站点可靠性工程师）；他们可保证服务器和网络的正常运行。

[2] 28 是根据 Debajit 的曲棍球衫上的数字来选的。

的故障情况了。

2008年10月22日是G1上市的日子。在上半周，Android的一台服务器发生了宕机，幸好在上市之前及时恢复了过来。但在上市当天，第二台服务器又因"计划外的维护"而宕机。谷歌需要诊断问题，把它从系统里移掉了。所以，在上市当天，Android只剩下两台服务器。幸运的是，两台服务器足以撑起一个强大且无故障的系统。

然后，其中的一台服务器着火了。

那天，数据中心出现了过热问题，他们不得不把系统关闭。Michael说："我们真的吓出了一身冷汗——我们只剩下最后一台服务器了！已经没了两台，如果第三台再宕机，所有的同步功能都将无法正常工作，聊天功能也没有了。我们真的很恐慌。"

好在最后一台服务器一直正常运行，没有发生宕机。但团队几乎与死神擦肩而过，这是他们之前所没有预料到的。

Dan Egnor 和 OTA

"如果你不小心，OTA更新会让全世界的手机变砖[1]。"

——Michael Morrissey

从一开始，Android操作系统给人留下深刻印象的功能之一就是它的无线（OTA）更新系统。你的手机偶尔（内部预发布版本会更频繁一些）会收到系统更新通知。你可能厌烦了它无休止的唠叨，所以就让它开始做它自己的事情。它会下载更新、重新启动、配置系统，然后显示登录屏幕，告诉你系统已经更新好了。

对于用户来说，这可能不是很明显，但实际上手机系统的基本组件已经被替换掉了，而它还能正常运行。这就好像你在咖啡店排队时被换了一个脑袋，而你还能继续点咖啡，就像什么都没发生一样。

一切都很正常，每一次都是如此。但有一次……这里卖个关子，我们稍后再详细讲述。

---

[1] 变砖：将一个有用的计算设备变成一个像砖块一样没用的矩形物体，只是没有砖头那么重。变砖是移动领域的一个常见术语，指软件更新导致手机变得不可用（除非你需要一块昂贵的砖头）。

团队在很早的时候就意识到远程更新手机的重要性。发布平台的下一个主版本（比如从 Android 8.1 Oreo 升级到 Android 9 Pie）或小版本（比如每月发布的安全或问题修复版本），或者如果某个版本出现了严重问题需要进行紧急修复，都需要用到更新机制。不管是哪一种情况，我们都需要一种机制让设备能够无须通过合作伙伴、运营商或其他任何可能阻碍 Android 向用户发布更新的渠道获取这些更新。

2007 年 8 月，Michael Morrissey 请来了 Dan Egnor，由他负责更新系统的工作。

Dan 从很小就开始接触编程，他经常到他母亲教书的大学的计算机实验室里玩耍。后来，学校采取了严厉措施，不允许小孩进入实验室，于是他的母亲给他买了一台 Atari 400。"我对它真的是无所不用其极。我在薄膜键盘上打字的速度给大人们留下了深刻印象。"

大学毕业后，他进入了微软，后来又去了一家初创公司，然后成为华尔街的一名量化分析师。[1] 2002 年，谷歌举办了一场编程比赛，Dan 出于好玩参加了，居然赢得了比赛。"他们给了一大堆文档，说要用它们做一些有趣的事情。我做了一个小型的地理位置搜索应用。后来，他们把我请到山景城，让我和一群人交谈，并问我有没有兴趣留在那里工作。"

Dan 拒绝了他们。他想留在纽约，而谷歌当时在那里没有办公室。他的拒绝让谷歌感到困惑，因为那场比赛本来就是一种招聘策略。一年后，谷歌在纽约开设了办公室，Dan 便成为这个办公室的第二名员工。他参与的是搜索和地图项目，最后这些项目都移到了山景城。

与此同时，Dan 和其他谷歌成员都听到了关于 Andy Rubin 的那个"臭鼬工厂"项目的传言。"一切看起来都很神秘。'他们在开发相机系统吗？Andy Rubin 就是创办了 Danger 的那个人，对吧？'"

Dan 一直是一名移动技术爱好者。"自从有了 Hiptop 手机，我就一直带着它。我是它的狂热粉丝，我也是移动计算的粉丝。我就是那个拥有迷你电脑和无线电系统的家伙，带上它们我就可以在任何地方上网，虽然这样做在当时非常疯狂。我是早期 Wi-Fi 及相关技术的狂热爱好者，那时的 Wi-Fi 还是个新生事物，你可以找到一些用户群，与其他 Wi-Fi 爱好者谈论 Wi-Fi 将如何改变世界。"所以，他对 Android 团队正在做的事情很感兴趣。

与此同时，Michael Morrissey 正在为服务团队寻找像 Dan 这样的人，他需要熟悉谷歌后端服务的工程师。因为 Android 设备需要与后端服务器通信，所以他们需要这方面的专家帮忙开发应用。这个时机刚刚好，Dan 于 2007 年 8 月加入了 Android 团队，这个时候离 SDK 发布还有 3 个月，离 1.0 版本发布还有 1 年。

---

1 量化分析师。量化分析师使用数学、计算机和金融技能为证券定价，并决定交易价格和策略。

Dan 加入了服务团队，Michael Morrissey 是负责人，除他之外还有 3 名工程师，分别是 Debajit Ghosh、Malcolm Handley 和 Fred Quintana。3 名工程师主要开发数据同步功能和各自负责的应用（分别是日历、Gmail 和联系人），Dan 也帮他们做了一些。他还做了服务的核心基础设施，但他主要负责的是被他们称为设备管理的东西，包括 OTA 更新和 CheckIn 服务。虽然他们已经有了一个基本的更新机制，但 Dan 还是对它进行了重写，并将其用在发布的 Android 系统中。

Dan 从 Michael Morrissey 那里得到了帮助和建议。"Michael Morrissey 简直就是个白发苍苍的老者——我的意思是，他不比我老，却很有智慧。他在 Danger 也做过类似的事情，他看到过很多糟糕的东西，他知道应该关注什么、什么样的架构可行，以及什么东西可能会成为痛点。他记得有好几次，他用 OTA 解决了一些问题，挽回了公司的损失。所以关键在于如果有的东西运行得不好，你有办法快速发布修复，或者如果存在安全问题，你有办法快速通过 OTA 来解决。如果可以的话，我们不希望由运营商来处理这些问题。"

另外，在设计 OTA 系统时也要十分谨慎，需要预想所有出错的可能性，比如设备空间不足、在更新过程中重启或存在安全漏洞。团队认真考虑了所有这些问题，并提出了一个迄今为止仍然有效的架构。

首先，团队将设备上的东西分为系统和数据。系统部分包含了 Android 平台和预安装的应用，它们是只读的（但在进行 OTA 更新时是可写的）。设备上的其他信息，包括下载的应用、应用程序的数据、用户首选项设置和账户信息，都属于数据部分。之所以这样区分，是因为如果发生了灾难性的问题，设备可以恢复到出厂重置，将数据部分清除，至少这样手机还能用。用户需要重新设置账户和安装应用。他们可能会丢失一些应用程序数据[1]，但大部分数据都是安全的，因为它们要么存储在外部 SD 卡中，要么在云端。

在进行 OTA 更新期间，只读的系统部分一定会被修改，因为更新的内容都会去到那里。问题是：更新系统如何保证设备有足够的可用空间、如何保证修改的内容一定是正确的，以及即使在更新期间手机重启或在快没电的情况下也能继续更新？

解决的办法是进行增量更新。所以，更新系统不是将整个 Android 系统视为一个整体，而是将它拆分成独立的部分，并单独处理它们。例如，一次更新可能包含框架、媒体和 SMS 驱动的更新。然后，这些更新可能属于不同的模块，每个模块都可以单独处理。更新系统将每个模块单独打包，并在更新之前下载所有的更新包。更新系统会逐个检查这些模块，安装

---

1 哦，不，我的《糖果大爆险》又回到了第一关！

每个模块，验证结果是否如预期的那样，并替换旧模块，然后继续下一个。如果手机在更新过程中死机或重启，它可以从停止的地方继续，不会让系统处于未完成的、未知的状态。"尽管在更新过程中手机屏幕上会显示'不要关闭手机'，但还是有可能发生意外情况，比如电池被拔出。我们的目标是即使发生了这些情况，也能保证系统会到达完整的、已完成更新的状态。"

还有可能出现的一个问题是设备空间不足。如果设备上没有足够的空间放置下载的更新文件该怎么办？或者，如果在更新过程中因为系统太大超出了可用空间而导致更新中断该怎么办？这个问题对于早期的 Android 设备来说尤为值得关注，因为设备的空间非常有限，用户完全有可能已经用掉了大部分可用的存储空间。

幸运的是，团队预见到了这个问题。他们的策略是使用缓存。"我们设置了一个共享缓存空间。应用程序可以将临时数据放在这里，但它的主要目的是用于放置 OTA 系统下载的更新文件。"虽然缓存也可以用来放置应用程序的临时文件，但它的真正目的是为了保证更新系统总是有足够的空间来下载和安装更新。

当然，从理论上说，系统总是有可能耗尽设备的空间的。毕竟，Android 系统会被厂商用在各种配置不可预知的手机上。对于这种情况，就无法成功进行 OTA 更新，但也不会让手机处于无法使用的状态。"会发生一些奇怪的事情，比如设备的空间满了，缓存也满了，用户不愿意把数据删掉，那么 OTA 下载就可能会失败。如果一个 OTA 很重要，但你无法获取它，这就是一件很糟糕的事情，但比这更糟糕的是 OTA 更新会让你的手机变砖。"

最后一个问题是如何保证安全性。更新系统可以修改只读的部分，因为它需要更新设备上的核心操作系统。那么，怎样才能防止一些恶意软件把自己伪装成更新软件对系统进行篡改呢？

Dan 和他的团队在 Android 安全团队的帮助下采用了一种方法，即只允许受信任的文件替换系统文件。每个更新模块都需要进行密钥签名，系统将会验证它们是否被 Android 信任。安全团队还增加了一层保护，除了每个单独的模块有密钥加密，整个更新也有一个额外的密钥加密层。只有有了这些层，系统才是安全的，才能被发布（和更新）。

在系统发布了之后，为了确保系统是没有问题的，Dan 在网上搜索，看看有没有人在攻击更新系统。他在一个黑客论坛上找到了相关的讨论。"人们对如何侵入这款手机很感兴趣。一位在论坛上颇有声望的人说：'放弃吧，它的代码很牢固。我能看明白它的工作原理，但绕不过去。游戏到此结束，去其他地方看看吧。'"

在那年的年度绩效评审中，当谈到他在 OTA 系统方面的工作时，Dan 引用了论坛上的讨论，并总结说："整个互联网已经评审了我的代码。"

Android 的 OTA 最令人印象深刻的一点是，它们从一开始就非常可靠。团队已经进行了数百次更新，包括内部预发行版和官方发行版。

但有一次……

在刚开始时，更新系统只提供了一个巨大的二进制文件。所以，即使他们只对平台的某个特定组件做了小幅的更新，用户也需要下载并安装整个系统。对于用户或运营商来说，这并不是一种很好的体验，因为下载的文件越大，消耗的带宽就越多，时间也越长。

在 1.0 版本发布之后不久，OTA 团队（现在 Doug Zongker 和 Dan Egnor 也在这个团队里）实现了增量更新。更新系统会找出旧系统和新系统之间的变化，然后只下载和安装发生变化的部分。现在更新系统可以用了，团队打算对外大规模发布。

当时，Michael 正在从西雅图搬到山景城。他想："一切似乎都没问题了，我要休一星期假，顺便搬家。几天后，也就是在周二晚上十点，我的电话响了，是 Dan Egnor 打来的。我接通了电话，问：'Dan，发生什么事了？'他说：'首先，我想让你知道，一切都很好。'我的第一感觉是肯定是哪里出问题了。'只是……我们让很多手机变砖了。'"

原来，增量更新镜像与 HTC（G1 的厂商）安装在手机上的镜像略有不同。只有当系统与镜像完全匹配时，更新系统才能进行增量更新。所以，当增量更新被安装到这些手机上时，系统就被破坏了，设备也就变砖了。

好消息是，当时受影响的手机只有 129 部。但对于那些用户来说，这仍然是一件可怕的事情。他们都通过客服换了新手机。但这 129 部之外的其他 G1 手机都在这次灾难性的故障中完好无损。这个问题之所以能够得到如此好的控制，是因为团队使用了分阶段发布和 CheckIn 服务机制，它们确实发挥了预期的作用。Dan 和 Doug 也一直在监控这些更新，并立即发现了这个问题。他们停止了更新，直到诊断出并解决了这个问题。

因为这一次故障，他们制定了新的政策和流程，确保这种情况不会再次发生，起码到目前为止都没有发生过。

在团队开发 OTA 系统时，更新移动设备操作系统这种事情并不常见（当然，除了 Danger）。iPhone 在刚发布时并没有这样的更新系统。要更新系统，你需要把它连到 Mac 上，就像同步 iPod 里的音乐一样。如今，无线更新在移动行业非常常见。你的手机可以无线下载并重新配置整个系统，然后重启进入新系统。一切都很好，还会出什么问题呢？

OTA 更新系统之所以可靠，CheckIn 服务也功不可没，它为 Android 服务器提供了监控设备的能力。Dan 开发了这个服务的基础部分，2008 年年初，陈钊琪加入团队，一起帮忙完善了这个服务。

陈钊琪和 CheckIn 服务

陈钊琪在 8 岁时就开始接触编程，当时她的母亲为她报名参加了一个暑期编程班。他们原以为她只会在班上学到如何使用电脑，没想到课程也包含了 BASIC 编程。陈钊琪很喜欢它，特别是它给她带来的那种力量感。"作为一个 8 岁的孩子，我非常喜欢对着电脑发号施令。在现实生活中，都是人们对我发号施令。而作为一个孩子，我竟然可以命令电脑做事情。"

在拿到计算机硕士学位后，她于 2003 年加入了谷歌，从事搜索质量方面的工作。这个项目很适合她，因为她在研究生期间专门研究文本处理。

在做了几年搜索工作之后，她想尝试一些新的东西。她在 Android 团队有几个朋友，包括她在搜索团队认识的 Dan Egnor。于是，她于 2008 年 2 月加入了服务团队。Android 团队早在 2007 年秋天就发布了 SDK，但距离 1.0 版本发布还有几个月时间。

和 Dan 一样，陈钊琪也有开发谷歌后端服务的经验，所以让她待在 Android 服务团队是合理的。不过最后她还是加入了 Android Market 团队和地图团队。在刚加入 Android 团队时，她帮忙开发了 CheckIn 服务，为 1.0 版本的发布做准备。

CheckIn服务与OTA系统一起协作,将更新推送给设备。因为有了Danger的经历, Michael认为他们有必要以一种可以被追踪和回滚的方式推送增量更新。Dan记得Michael曾告诉他："'如果你不小心，OTA更新会让全世界的手机变砖。'他坚持要有一个阶段性的金丝雀[1]推送过程。我们先向内部用户推送更新。我们将通过某种方法来监控设备已经进入了新系统并签到。在获取到签到结果的图表后，我们开始向内部用户推送更新，等着他们重启，图表会随之反弹。然后，我们会向 0.01%的外部用户推送更新，并观察图表的变化，以防出现异常。然后我们会从 0.01%加到 0.1%，再加到 1%，再加到 10%，并一直观察图表，看看有没有什么异常。"

---

[1] 金丝雀是 Android 团队经常用到的一个术语，指的是软件当中最前沿的东西。就像煤矿里的金丝雀一样（众所周知且确实存在），软件的金丝雀版本将被作为试验，在向更大的用户群推出正式版本之前，先让一小组金丝雀用户试水。

卓越的服务

服务团队为 Android 提供的底层功能不容小觑，它们为 Android 平台的强大功能奠定了坚实的基础。虽说平台的内核和框架是启动和运行设备所必需的，但如果没有为用户提供获取即时消息和电子邮件、同步日历或联系人信息、获取系统版本更新的服务，Android 就不会成为引人注目的智能手机平台。

21.
位置、位置、位置

Charles Mendis 和 Bounce

地图是最引人注目的移动应用程序之一。一般来说，能够看到你所在的位置并将你导航到你想去的地方，这是手机真正的杀手级应用之一。但在 Android 1.0 之前，这样的应用根本不存在。Android 需要有一个团队来实现它。

就在这时，谷歌的一名工程师 Charles Mendis 想到了另一款需要用到地图技术的应用程序。

Charles Mendis 原本在澳大利亚的银行业工作，但他的一个朋友鼓励他尝试申请谷歌的职位。这位朋友后来去了亚马逊，而 Charles 则在 2006 年加入了谷歌。"我加入谷歌是因为这样就有机会来美国看看。我从来没有来过美国。我和妻子结婚后想去四处旅行，看看这个世界。来谷歌工作就可以在美国生活，好好地看看这个国家。我们原先的计划是四年后回悉尼。"那是很多年前的事了，Charles 现在还住在加州，还在谷歌工作。

Charles 刚开始加入的是广告团队。"在刚开始的时候，我有两个选择：搜索或广告。[1]你

---

[1] 当时谷歌还有很多其他项目，包括谷歌地图。但在他加入谷歌时，大量的工程资源（和人员）都投入到了搜索和广告领域。

是想做搜索业务，还是想赚钱？最后我被分配到AdSense。"

Charles 当时对移动技术并不是特别感兴趣。"那时候我还没有手机。我从来都不喜欢手机，它们对我来说就是一种烦恼。人们可以随时打扰你。谁希望这样？"

第二年，Charles 的妻子怀上了他们的第一个孩子，这让 Charles 有了开发一款应用程序的想法。"我需要知道她在哪里。如果我要去接她，并把她送去医院，我希望能看到医院的位置。"他想开发一款能够为他提供这些信息的应用程序。

2007 年春天，他从 Android 团队那里拿到了一些硬件。"我骚扰了 Ryan Gibson 和 Brian Jones，他们给了我几台安卓设备。"

"我想学习Android开发，于是我说服了 AdSense 的前端团队，把它作为一个开发者计划。Ryan发起了一个挑战，他让大家开发应用，获胜者将获得更多的Sooner[1]设备。我想多要几台[2]，因为我想给我的妻子一台，然后我自己留一台。所以，我们开发了一款叫作Spades[3]的纸牌游戏。这是一款网络多人游戏，支持 4 个人同时加入。我以前每周五都会和同一群人在家里玩这个游戏。"

团队花了几个月时间开发出了 Spades。

"在开发好以后，我们就再也没有玩过这款游戏。我不断骚扰他们去测试这款游戏，他们的反应是：'我讨厌这款游戏，我再也不想玩了，以任何一种形式都不行。'"

"好消息是我们获得了第三名，并拿到了一堆的设备。"

那是 2007 年 8 月初。Charles 为团队拿到了他们需要的设备，他自己也有了开发 Android 应用的经验。现在，他可以开始开发他最初想要的定位应用程序了。他把这款应用叫作 **Bounce**。

"我们想象着人们跳来跳去，在任何时候我都能看到你在哪里。问题是我该如何获得位置信息？那时候的 Sooner 设备还没有 GPS，所以我从亚马逊购买了蓝牙 GPS 模块。Android

---

[1] 在早期的 G1 设备面世之前，工程团队就开始使用原型手机来开发平台。

[2] 这不是因为 Charles 和他的团队贪小便宜，而是因为这是他们获得这些设备的唯一途径。在 1.0 版本发布之前，唯一能运行 Android 的手机就是 Android 团队使用的那几台原型机。所以，当 Charles 想要更多用于开发和测试的手机时，他必须向 Android 团队证明它们会被用在开发中。

[3] 就是同名的纸牌游戏。

系统并不能很好地支持蓝牙，它有蓝牙，但没有提供 API。"也就是说，系统有蓝牙功能，但应用程序无法访问这个功能，所以 Bounce 无法通过蓝牙与 GPS 模块通信。

不过，应用程序可以向系统发送命令，就像你可以在 Windows 的 DOS 命令行窗口或 Mac 的终端输入命令一样。

"要在蓝牙和 GPS 模块之间建立一个有效的连接，需要使用一个又长又复杂的命令，然后就可以读取写入蓝牙的 GPS 数据流。"

现在，Charles 可以通过蓝牙获取 GPS 的位置数据，但要如何处理这些数据流呢？他不想将位置数据记录到服务器上，他只想用它们在朋友之间来回发送实时的位置信息。

"我们开始将短信作为我们的传输协议。假设你有一台带 GPS 的设备，我也有。当我打开 Bounce 时，我会'请求朋友的位置'。它会向你的设备发送一条短信，Bounce 会拦截这条短信，然后确认'Charles 是我的朋友吗？如果是，就把我的 GPS 位置发送给他。'"

"于是我们就有了一个基础的版本，我妻子可以看到我的位置。"

9 月 15 日有一场关于是否发布 Android SDK 的高层评审，Eric Schmidt、Larry Page 和 Sergey Brin 都会出席。Andy Rubin 和 Steve Horowitz 一起讲解，并让 Charles 带上他的 Bounce 演示。

到了那天早上，演示准备工作还没有全部完成。Charles 和团队为 Bounce 新加了一个叫作"道路轨迹"（Memory Lane）的功能，该功能可以显示历史位置。这个功能是最近上线的，之后的几天他只在公司和家之间做两点一线往返。他需要增加一些真实的历史位置来演示这个功能，所以他开着车在去办公室的路上兜来兜去。

早上 9 点，他准备就绪了。"我确认蓝牙设备已经配对好了，然后就去开会了。Eric 坐在桌子的上首，Larry 和 Sergey 坐在平常的椅子上。Jonathan Rosenberg 也在。屋里挤满了人。整个团队都在那里。我坐在后面，然后 Andy Rubin 开始了：'我们会先介绍一下 Android，然后会有一些演示。'"

"Eric 说：'我们直接进入演示部分吧。'"

"他们转过头对我说：'好吧，Charles，该你了。'"

Charles 向他们演示了 Bounce，然后用剩下的时间向他们介绍了 Android 的开发情况。

最后，Eric告诉Andy，他们可以发布SDK了。[1]两个月后，他们如期发布了。

"会议结束后，Andy 对 Steve 说：'让那个家伙加入我的团队。'然后 Steve 告诉我：'你到 Android 团队去吧！'"

"我说：'实际上，我很乐意待在 AdSense。'" Charles 当时刚刚成为团队负责人，一切都很顺利。"但 Steve 找我谈话，并说服了我。几周后，我加入了 Android 团队。"

他们最初的计划是在 11 月的发布会上演示 Bounce。到那个时候，Bounce 将使用其他谷歌服务也在使用的谷歌 Talk 连接，它比之前的 SMS 要好。但当时的谷歌 Talk 还不是很稳定，连接经常会断开，导致两边的应用都不能做任何事情。最后，Steve 决定不演示 Bounce，以免在媒体面前出状况。

最后，Charles 需要将 Bounce 演示变成一个真正的产品。他首先要搞定谷歌 Talk 的连接问题。Charles 和黄威合作，最终让 Bounce 和其他谷歌服务都用上了谷歌 Talk 连接。

Bounce 的定位服务还需要改进。Charles 在演示中使用的 GPS 模块是为了解决早期的 Sooner 设备缺少 GPS 的问题，但这只是一个临时解决方案。在 9 月的那次高管评审会议上，Sergey 建议他通过手机信号塔和 Wi-Fi 数据来获取位置信息。这个方案已经在进行当中：Charles 开始与同一栋大楼里的另一个团队合作，他们正在实现地图的"我的位置"（也被称为"蓝点"）功能。他们利用手机信号塔和 Wi-Fi 路由器的数据在地图上放置蓝点，并用蓝点周围的圆圈来表示不确定的半径范围（因为信号塔和 Wi-Fi 的位置不像 GPS 那么精确）。

不过 Charles 还计划支持其他具有更多内置定位功能的设备。G1 就配备了 GPS 硬件，所以到时候 Bounce 可以直接使用 GPS 数据。

与 Charles 合作的 Mike Lockwood 当时在开发 GPS 和其他硬件传感器的支持程序。Charles 发现 GPS 有一个问题："它太耗电了，而且速度很慢。"一般来说，定位服务会使用近似的蜂窝或 Wi-Fi 数据，当用户想用地图获取更精确的位置数据时，它才会启用 GPS。这种方法可以避免 GPS 硬件因持续运行而造成的电量损耗，只有当用户明确需要时才获取更精确的位置信息。

最后，他们需要给 Bounce 取一个名字。Bounce 只是一个代号，要作为产品发布，就

---

[1] 与此同时，Charles 的第一个孩子也要出生了。当时他在上班，他的妻子给他打电话，他们需要去医院。Charles 开车载着她，几小时后，他们的儿子出生了。他们并不需要 Bounce 来定位对方的位置，但她确实用她的 Sooner 手机给他打了电话。

需要一个真正可注册且不侵权的名字,所以团队开始想办法。

"谷歌有一个团队,他们的工作就是给一些东西取名字。我们去找他们帮忙,他们给了一大堆名字,其中很多都是有版权的。我们说:'不如我们用一个更具描述性的名字,就叫它 Friend Finder。'然后有人给我们看了一个叫作 Adult Friend Finder 的成人交友网站。然后,我们就不打算再往这方面想了。"

团队被困在起名字这件事情上。在发布的前几周,他们与 Larry Page 进行了交谈。"Larry 说:'叫 Latitude 怎么样?自由、行动……而且与位置有关。'这是 Larry 想到的名字。"

显然,除了作为谷歌的创始人和高管,为产品命名也是 Larry 工作的一部分。

到了这个时候,Latitude 已经作为一个功能集成到地图中,而不是一个单独的应用。它没有在 1.0 版本中发布,因为当时有更高优先级的工作要做。但几个月后,也就是 2009 年 2 月,Android、黑莓、Windows、塞班和 Web 同时发布了这个功能。

地图

Steve Horowitz 说:"因为所有权问题,一些应用存在争议,比如地图。地图就像是谷歌的明星移动应用。事实上,真正完全属于谷歌的移动应用就只有地图。所以,我们也想开发地图应用,或者把它从移动团队拿过来,但移动团队并不看好 Android。最后,我们说服他们指派一名工程师帮忙将地图移植到 Android 上。于是,Adam Bliss 从地图团队转过来,帮忙让地图也能运行在 Android 系统上。"

Bob Lee 和 Adam 共用一个办公室隔间。"他当时正在开发第一版 Android 地图。我们有一个 G1 屏幕原型。他做了一个演示,好像是第一次有了全屏地图,你可以在大屏幕上转来转去。Andy Rubin 也因为这个把团队的第一个 G1 原型给了他。"

2007 年年底,Charles 也加入了。他把他的 Bounce 搁在一边,先集中精力开发地图应用。"我加入 Android 是为了开发 Bounce,但很快就把它束之高阁了,因为我们有更重要的东西要做。在做出位置跟踪功能之前,我们得先有地图。"

开发地图应用并不是 Charles 的全部工作。和 Android 团队的其他成员一样,他做了所有需要他做的事情。"我开发了很多对话框 API,还开发了 ListView、TextView 和系统服务器的基础部分。每当 Dianne 忙得不可开交时,不管她做的东西有多少 Bug,我都能帮她修复。

我对 Jason Parks、Jeff Hamilton 和 Mike Cleron 也是如此。我成了一名救火队员，我会出现在需要我的地方。短信、彩信、Gmail，我都做过，但主要还是与 Adam 一起开发地图。我还开发了 MapView API 和 Location API，因为 Bounce 需要 Location API。"

在加入 Android 大约一年后（大概在发布 Android 1.0 时），Charles 转到了地图团队并成为负责人。"我与地图团队一起开发'我的位置'功能。我当时想：'我们应该把地图拿过来，合并这个团队，并开发更多的地图功能。'在当时，地图可以在 Windows Mobile、塞班和黑莓上运行。黑莓是当时的王者，用户群最大，功能也更多（比如交通功能）。世界各地有 30 到 80 名员工在开发黑莓版地图，而 Android 版只有我和 Adam 在开发，但我们使用的都是他们提供的服务器 API。最后，经过多次讨论，我从 Android 团队转到了地图团队（与 Adam Bliss 一起）。我仍然在 44 号大楼，只是把办公桌移了几个隔间。"

转到地图团队的部分原因是 Charles 成了地图团队（面向 Android 和其他平台）的负责人。但成为负责人并不意味着可以随心所欲。"当时，我试图说服所有人：'我们要停止为塞班、Windows Mobile 和黑莓开发地图，我们要专注于 Android，我认为 Android 才是未来。'但每个人似乎都不买账：'你疯了吗！我们甚至都还没有 Android 用户。看看每个月黑莓的出货量！比你一年的出货量还要多。'

"最后，我们决定将 Android 代码库迁到所谓的'统一代码库'里。我们进行了简化，没有使用所有的 Android API。我们不能使用 HashMap，只能使用 Vector，不能使用 LinkedList，只能使用 Vector。基本上，Vector 是唯一的数据结构。"

"我们迁到了统一代码库，并为 Android 提供了更多的功能，所以 Android 用户也就有了功能更齐全的地图。但我无法使用 Android 的所有功能。"

在 2009 年年底发布 Droid 后，Android 吸引了大量用户，地图团队的想法也发生了变化。"随着 Android 用户的增长，我们开始把重点从塞班、Windows Mobile 和黑莓转向 Android。"

"我还记得我接手地图团队时的情形。我终于在两年后说服了他们，让他们全身心投入到 Android 上。在那之前，他们的想法是：'不，我们必须支持所有平台。'但在 Droid 发布之后，我们的用户规模开始大幅增长。我们实现了 Wi-Fi 扫描和蜂窝扫描。我还记得最初的那个蓝色圆圈，它表示不确定的半径范围，大约是 800 米。就在一两年的时间里，我们成功地将蜂窝的不确定范围控制在 300 米以内，将 Wi-Fi 的不确定范围控制在 300 米到 75 米之间。

因此，光是Android的数据收集能力[1]就能让蓝点的半径变得更小。"

导航

Charles 说："在加入地图团队时，我开始研究逐向导航。在当时，为了获得导航功能，你可能会花钱购买佳明或者在 iPhone 上每月支付 30 美元。我们觉得我们也能创造出这种美妙的体验。"

但他们必须先解决另外一个问题：地图的数据格式。当时的地图显示的基本是静态图片，不管是可用性还是体积都存在问题。"我们使用的是光栅地图，全部都是PNG[2]格式的图片。如果你旋转地图，文本就会颠倒过来。你可能想倾斜地图，但做不到。"此外，图片的体积很大，需要很大的带宽才能下载。

西雅图办公室的Keith Ito正在研究逐向导航。为了解决数据问题，他研究了一种新的显示地图的方法，即使用矢量。[3]矢量是一种使用几何图形而不是图片来描述图像（如地图）的方法。服务器向手机发送的不是地图的图像（在图片中嵌入了文本），而是地图的几何描述，设备可以基于这些描述通过适当的分辨率和旋转角度绘制出地图，而且数据量比PNG图像要小得多。

Keith 为新的矢量地图做了一个演示，并把它发给 Charles，Charles 把它带到 Andy 的办公室："Larry 当时也在办公室里。我给他们看了矢量地图。你可以倾斜和缩放。之前，我们使用的是离散的缩放。现在，你可以只放大一点点，也可以放大很多，但不管怎么缩放，文本都不会扭曲。"

不过，这里有性能方面的权衡。"在 G1 上实现这个非常困难，主要是渲染性能问题。"与显示图像相比，逐个绘制地图的几何图形需要更多的资源和时间，但它使用的数据量只有之前的千分之一。

Andy 知道这对即将到来的 Verizon 设备来说非常重要。"在 Droid 上，逐向导航成了最

---

1 Android 从手机收集匿名的 Wi-Fi 和手机信号塔位置信息（这是用户的一个可选项）。一个地区的手机越多，信号塔和路由器位置的数据就越多，使用这些数据来跟踪位置的手机就会获得更准确的信息。
2 PNG 是一种图像文件格式，类似于 JPEG 和 GIF。
3 矢量是一条线段，有位置和方向。地图信息本质上就是线段的集合，因此矢量非常适合用来封装地图数据。

重要的功能之一。"Keith 继续与 Charles 一起开发矢量地图和逐向导航功能。

在 Droid 上推出导航功能仍有许多障碍需要克服。首先，Verizon 已经有了一个现成的应用，叫作 VZ Navigator。这款应用是收费的，并且他们希望继续提供这个服务。最终，导航功能还是在 Droid 上推出了，并向全世界发布。逐向导航功能不仅促进了导航和地图的使用，也促进了 Droid 的销量。人们意识到，手机和数据套餐可以帮他们去到他们想去的地方。

22.
Android Market

天，我们可以非常容易地在某个地方买到我们需要的应用，并认为这是理所当然的事。只要有一部手机，就可以去应用商店购买你需要的应用，就这么简单。

但在 Android 和 iPhone 出现之前，这种生态系统并不存在。

并不是说那些公司不希望它存在，其实他们一直都在尝试构建类似的生态系统。你可以从运营商那里购买服务（通常是铃声或简单的应用），还有各种各样的游戏，但那时候还没有应用市场（因为设备配置有限，即使有很多应用，也做不了太多事情），所以用户并没有错过太多东西。但在有了足够强大的设备来运行应用程序之后，用户就需要一种简单的方式来获取应用。

但运营商已经建立了一个**围墙花园**[1]来控制用户对早期应用商店的访问。为了确保不让恶意软件或应用破坏他们的网络，他们不希望他们的网络中有无法控制的应用程序。他们推出了可控的方案，比如Danger手机的应用商店。但这个额外的流程和障碍阻止了许多开发者上传应用，也阻止了大型应用商店生态系统的形成。

Android 希望通过 Android Market 来解决这个问题。他们希望为开发者提供一个可以上传应用的商店。服务团队负责人 Michael Morrissey 向 Nick Sears 描述了他的目标："我希望能够做到：堪萨斯州的一个 14 岁的孩子早上开发好应用，下午上传到 Android Market，然

---

1 参见第 2 章 "Danger" 一节。

后所有的用户都能下载。"

T-Mobile（G1 的合作伙伴）对这个想法存有疑虑。他们怎么确保堪萨斯州的那个孩子上传的东西不会破坏他们的网络？

为此，Android 和 T-Mobile 之间展开了长时间的讨论。要让 T-Mobile 认同，Android 团队必须做两件事。首先，确保 T-Mobile 的网络是安全的。其次，允许他们在 Android 应用商店之外有自己的应用商店。

对于第一点，如果要保证网络安全，首先要有一个安全的平台。Android 提供了内核级别的应用沙盒，所以团队得以说服运营商：Linux 的安全标准就足够了。然后，团队要求开发者必须登录，并使用 YouTube 审查过的基础设施和策略来验证开发者不会给公司造成不合理的风险。此外，他们还利用众包力量，建立了一个系统，用户可以举报不良应用，团队可以将这些不良应用下架。最后，他们告诉运营商，如果网络出了问题，T-Mobile 会受到很大的影响，谷歌也不会好过，Android 和谷歌的声誉会岌岌可危。所以，Android 有足够的动机做好这个系统，保证应用和网络的安全。

对于第二点，T-Mobile 想有自己的应用商店，谷歌就为它创建了 Nick 所说的"店中店"。整个应用商店位于谷歌的基础设施之上，T-Mobile 的店中店位于应用商店的一个显眼的位置，T-Mobile 可以上传他们审核过的应用。这足以安抚 T-Mobile。但最后店中店模式还是去掉了，因为其他运营商没有这种需求，他们认为没有什么特别的理由非要这么做。基础设施将由谷歌全权负责管理，这个开放的应用商店看起来一切正常。

围墙花园倒了，T-Mobile 同意 Android 平台可以有应用商店。现在他们要做的就是把它构建出来。

Android应用商店由服务团队负责开发。服务团队请了其他人来研究如何托管和售卖应用。这个项目在内部叫作自动售货机，发布时的正式名称是Android Market[1]。

拥有一个应用商店一直是Android计划的一部分，但这个项目开始得很晚，因为发布 1.0 版本和G1 的优先级更高。在G1 发布时，手机上已经有Market了，但它显然还不是一个完整的产品，这从它的名字——Market Beta[2]就可以看出来。更重要的是，用户实际上不需要购买，他们可以花 0 元就能下载所有的应用。虽然开发者上传应用和用户下载应用的机制是有效的，但向用户收费（和向开发者支付费用）这个步骤仍然需要更多的时间和精力来实现。

---

1 Android Market 于 2012 年更名为 Play Store。

2 产品名称中的 Beta 并不会给人一种精致和成熟的感觉。

初版Market对于那些想要免费下载应用的用户来说个好东西,但对于那些希望通过自己的努力获得报酬的开发者来说就不是什么好消息了[1]。

　　服务团队向谷歌支付团队寻求帮助。Arturo Crespo 帮忙整合了必要的基础设施,解决了 Market 的支付问题。到 2009 年 2 月 Android 1.1 发布时,Market 已经具备了收取费用的能力（开发者也能从他们开发的 Android 应用中赚到钱）。

　　在早期,Market 是 Android 最吸引人的一个方面。将应用上传到应用商店,并让越来越多的 Android 用户使用它们,这是一件非常容易的事。Dan Lew 是当时主要从事旅游应用开发的外部 Android 开发者,他说:"我开发了很多微不足道的业余应用。Android 是一个很好的平台,因为在 Play Store 上发布应用,相对来说比较容易。"

　　Market 不仅为开发者和用户提供了便利,也创造出了一个应用世界,让 Android 成为一个强大的生态系统,远远超越了手机和操作系统。用户不仅可以享受手机内置的各种功能,还能从他们可以安装的几乎无穷无尽的应用中受益。Android Market 为整个 Android 平台带来了一股强大的力量。

1　作为一名软件开发人员,我可以证明这一点。

23.
通　　信

Mike Fleming 和电话功能

手机不仅可以用来浏览内容、玩游戏、收发邮件和短信，有些人还是会用手机接打电话 [1]，至少这是 Android 1.0 电话功能背后的逻辑。

手机在通信方面的两个重要用途是电话和短信。Android 有不同的团队来开发这些功能。我说的"不同的团队"是指每个功能是由不同的人开发的。

为了实现 Android 手机平台的电话功能，团队请来了 Mike Fleming。Mike 在 Danger 开发过电话软件，所以很了解这方面的东西。

2000 年年初，Mike Fleming 来到硅谷，在一家叫作 Eazel 的公司工作，并在那里遇到了 Eric Fischer（后来的 Android 文本功能就是由他开发的）。不到一年，Eazel 烧光了资金，几乎所有人都被解雇了。Andy Hertzfeld[2] 是 Eazel 的创始人之一，也是早期 Macintosh 电脑团队的工程师，

---

1 这是真的，你可以在你的手机上查一下。
2 Andy 后来加入了谷歌，并在早期参与了 Android 团队的一些会议。

他帮很多人在苹果公司或Danger找到了工作[1]。于是，Mike和Eric去了Danger。

Danger当时正在将产品重点转移到手机上。Mike被请来开发手机通信软件，工程经理原以为只需要几周就可以搞定，Mike却说："我们发现这涉及了一系列行业标准和认证，所以比预期的要复杂得多。"

在去Android（一些Danger前员工已经在这里了）面试之前，Mike在Danger待了大约4年。2005年11月，他也加入了Android，负责开发Android的电话功能。这是他第二次接手这种复杂的工作。

Mike当时百感交集。"我之所以加入Android，是因为我真的希望它能够存在下去。但说实话，我真的不想再做同样的工作了。我开发过电话功能，对它有点厌倦了，但这里总得有懂行的人。我加入谷歌是为了开发Android，但不打算在Android 1.0之后继续留在这里。所以我在做这个项目时感觉有点别扭。"

有一天，在家里办公的Dan Bornstein给Android工程团队发了一封电子邮件，标题是"Logcat让我没法用键盘"（图片由Dan Bornstein提供）。

当时的Android系统，除了电话功能，还有很多其他东西需要开发，所以Mike也承担了其他的工作。例如，他与Swetland一起改进调试日志，让开发人员可以更容易访问日志。在Android上，这个系统叫作**logcat**，用于输出（cat）日志文件[2]。

Mike还帮忙处理Java运行时。Dan Bornstein正在开发新的Dalvik运行时，但团队需

---

1 Andy Hertzfeld认识Andy Rubin，Hertzfeld是General Magic公司的联合创始人，在20世纪90年代初，Andy Rubin曾在这家公司工作。

2 UNIX的cat命令是"concatenate"的缩写，用于输出文件内容。

要一个临时的替代品。Mike 就向团队推荐了开源的 Java 运行时 JamVM。有了运行时，团队就可以写更多的 Java 代码，这也为他提供了足够的功能来实现电话软件。

电话功能最棘手的部分是G1手机在上市时需要支持3G网络，这对T-Mobile来说是首次。T-Mobile希望他们的网络能够支持新设备，所以Android团队需要对它进行测试。T-Mobile在谷歌园区放置了一个专用的 3G COW[1]，方便G1 的用户测试新网络。

1号 COW：这是 T-Mobile 公司在 Android 大楼附近放置的一个手机信号塔（图片由 Eric Fischer 提供）。

Mike 开发了 Android 的电话功能，但电话应用程序（也就是拨号器）不是他开发的，尽管他一直想参与。Danger、Be/PalmSource 和 WebTV/微软派系之间存在很深的架构分歧。最后，工程团队负责人 Steve Horowitz 制定了一项协议，让团队度过了这段满是冲突却缺乏决断力的时期。Mike 回忆说："有一次，我们做了一个决定，让 Danger 的人负责系统的底

---

[1] COW = Cell On Wheels（车载基站），一种针对这种情况而存在的移动基站。

层部分，Palm和微软的人负责系统的上层部分。我认为这是Steve Horowitz与Brian Swetland达成了妥协。我记得我当时对这个决定很不满，虽然我心里没有接受，但协议已经达成了。"

2号COW：谷歌园区里的另一个用于测试3G网络的信号塔（图片由Eric Fischer提供）。

　　Danger与Be/PalmSource/微软的派系之分引发了其他方面的紧张关系。例如，Dianne提出了一种 **Intent** 模型，可以在一个应用中启动其他应用来处理特定的动作，比如"拍照"可以打开相机，"发送电子邮件"可以启动电子邮件。一个应用可以在它的清单文件（一个与应用捆绑在一起的文件，其中包含了应用的摘要信息）中注册它可以处理的 Intent。之所以将摘要信息放在清单文件里，而不是写在应用程序的代码里，是因为系统可以在不启动应用的情况下快速识别哪些应用可以处理哪些 Intent。

　　但团队中的其他人并不买账。黄威说："我们当时想：'为什么要把事情搞得这么复杂？'我记得Chris DeSalvo和Mike Fleming曾主张把它做得简单一点，只要在应用程序运行的时候操作即可。我认为Dianne在平台可扩展性方面有更深入的想法，但我也觉得Activity生命周期[1]有点复杂了。因为太过复杂，Swetland也感到非常沮丧。"

Mike Fleming补充说："我觉得从来就没有人真正讨论过Activity和Intent之外的替代方案。我想这可能是最令我不开心的一点。因为我掌握了系统底层的专业知识，所以就成了系统底层开发人员，但其实我在之前的公司也参与过系统上层的开发。我真的很沮丧，因为我不能成为整体愿景的一部分。"

黄威说："他们在开发手机操作系统方面有着丰富的经验。但我们还是面临着一些挑战，我们必须弄清楚如何与对方合作，因为我们各自都有非常不同的想法。总的来说，我认为我们还是成功克服了这些差异，但不是所有人都这样，比如Mike Fleming就离开了。"

2008年春天，也就是在发布1.0版本前的六个月，Mike离开了Android。他说："产品整合得非常辛苦。我觉得它完全有可能走不出去，它在设备上运行的效果并不好。它速度很慢，而且经常发生崩溃。它用起来不算太糟，但我觉得它是一款非常令人沮丧和失望的产品。"

"电话功能得到了妥善处理，Dalvik运行时也运行得不错。我觉得我没有什么可做的了。我并不指望把它做出来并继续待下去。我不知道我还能做些什么，所以我选择离开，去了一家初创公司。"

尽管Mike当时对Android感觉不好，但在他离开之前，还是让电话系统正常运行起来了，并一直向着1.0版本迈进。

黄威和消息通信

用户可能会对谷歌提供的众多消息应用感到惊讶，但Android一直都有很多这样的应用。从某种程度上说，是多种不同的消息通信方式导致了这种情况：SMS（通过运营商发送文本消息）、MMS（发送图片或好友分组）、即时消息（各种风格）、视频聊天，等等。在Android早期就有多种发送消息的方式，它们采用了不同的底层协议，需要用到不同的应用程序，而当时只有一名工程师负责所有这些东西：黄威。

---

1 Android的Activity生命周期用于控制应用程序的状态。你可能认为应用程序只有两种状态：要么在运行要么没有在运行。但实际情况要复杂得多。例如，应用程序可以在前台运行（用户可以与它们发生交互），也可以在后台运行（当有另外一个应用程序在前台运行时）。应用程序从启动到运行在前台，到切换到后台，再到终止，它们的生命周期经历了几个阶段。Android开发者需要了解这些不同的生命周期阶段……而这也一直是Android最难以被彻底理解的一个地方。

2006 年春天，黄威加入了 Android 浏览器团队。在做了多年的浏览器开发工作后（先是在微软，然后是 AvantGo，后来去了 Danger，最后是 Android），他打算去做一些新的东西。Steve Horowitz 建议他去开发与消息通信相关的东西，因为 Android 需要它们，而且当时没有其他人在做这些东西。于是，黄威开始开发谷歌 Talk 和 SMS。

对于一个工程师来说，同时开发这两款应用似乎是一项艰巨的任务（现在同样的应用是由多人组成的团队开发的）。这些应用的底层运行机制完全不同，特别是运营商对 SMS 有认证方面的要求。但在 Android 早期，这种任务普遍存在。黄威说："当时，我们还没有奢侈到可以每个功能配备一名工程师。其他人也都是至少负责一两款应用。"

黄威先开始开发谷歌Talk，很快就做出了一个演示版本。之所以这么快，其中一个原因是谷歌Talk（已经有一个桌面版的应用程序和完整的后端服务）使用了一个全功能的协议（XMPP[1]），所以黄威可以直接开发代码，与服务器建立连接，然后就可以来回发送消息了。

要将演示变成真正的产品，其中的一个难点是如何保持服务器和客户端之间的连接。连接经常会中断，但客户端感知不到，它会继续发送消息，却不知道消息可能没有被送达。黄威在这个项目的大部分时间都用来让连接变得更可靠，以及处理不可避免的中断和重试。

在这个系统的基础部分可以运行了以后，服务团队负责人 Michael Morrissey 建议在所有的谷歌应用（包括 Gmail、联系人和日历）中使用这个连接。它们可以共享这个长连接，而不是各自维护与后端的连接。设备上的软件会将应用数据通过这个连接发送给服务器，并从服务器接收响应，然后将响应发送给相应的应用。这与 Michael 在 Danger 构建的架构类似。

这个连接不仅被用于已有的应用，还可以用来推送来自其他应用的消息。开发 Bounce 的 Charles Mendis 希望能够在朋友的位置发生变化时通知地图应用。有了基于这个长连接的消息推送机制，地图服务器就可以发现用户位置发生了变化，并将通知发送给设备，设备将通知发送给地图应用，地图应用用它更新屏幕上的位置。

黄威和 Debajit 一起实现了整套机制，并将它用在了谷歌 Talk 连接上。他们希望在 1.0 版本中发布，这样除了谷歌应用，任何需要推送消息的外部应用也都可以使用它。但后来他们与安全团队沟通，安全团队的人告诉他们："你们不能发布这个东西，它不够安全。"

因此，尽管开发者可以在 1.0 之前的版本中使用推送消息功能和 API，但在 0.9 版本中这个功能被移除了。Android 0.9 SDK Beta 的发布说明中有这么一段话：

1　XMPP = Extensible Messaging and Presence Protocol（可扩展通信和表示协议）

由于接收"外部"数据存在安全风险，GTalkService 的数据消息功能将不会出现在 Android 1.0 中。GTalkService 将为谷歌 Talk 提供谷歌服务器连接，但作为改进的一部分，我们将它的 API 从当前版本中移除。请注意，这将是一个谷歌特有的服务，而不是 Android 核心的一部分。

这一功能后来还是被加入了 Android（在团队修复了安全问题之后），并出现在谷歌 Play 服务库中，叫作 Google Cloud Messaging[1]。

SMS

与此同时，黄威也在努力开发 SMS。这个项目的大部分工作都与实现和完善复杂的功能和满足运营商的认证要求有关。他说："运营商的存在让我们感到很痛苦。"

在很长一段时间里，黄威都是独自一个人干活。但随着 1.0 版本的临近，Android 开始与 Esmertec（微迅）中国的工程师合作，主要工作是整合 SMS 和 MMS，并使其符合运营商的要求。

Ficus 之前一直在开发摄像头和音频驱动程序，现在也加入了这个项目，帮忙提升它的可靠性。他对改进 Android 消息通信机制这件事很感兴趣。"我尝试成为一名优秀的 Android 内部测试用户（Dogfooder）[2]，试着发短信……但没有成功。我觉得年轻的生命给了我独特的视野，在当时，这是社交生活的重要组成部分。我修 Bug，提交代码，不是为了得到任何溢美之词而停下手头的工作来 SMS 项目帮忙，我只是觉得总得有人来干这件事。"

吴佩纯[3]也来帮忙，她负责管理这个项目（她还负责管理其他的 Android 项目）的其他事项。从外包公司到运营商测试，有很多琐碎的事情需要管理。

运营商测试让这些项目变得更加复杂。Ficus 解释说："有很多运营商合规认证的东西让我很抓狂，尤其是 MMS 标准。它非常复杂，你可以用它做很多事情，比如制作有动画效

---

1 后来改名为 Firebase Cloud Messaging。

2 **Dogfooding**（"吃我们自己的狗粮"的缩写）指测试自己的东西。

3 更多有关吴佩纯的故事，请参阅第 27 章。

果和可以播放声音的幻灯片或图片。尽管每个人都知道他们真正想要做的是发送一张图片，但你又不得不实现所有的东西，因为你必须通过运营商认证。"

2008年6月，Ficus、黄威和吴佩纯飞到中国与外包公司合作。当时四川刚刚发生了大地震，所以他们在北京见面，在谷歌办公室外面工作了两个星期。

2008年6月，黄威和Ficus的北京之行（图片由吴佩纯提供）。

Ficus回忆起后来再次出差与外包公司合作的经历："2008年夏天，我们尝试着发布。所有的原型设备都必须在谷歌员工的监督之下。外包公司在中国成都。我们之前在北京见过面，但那时是在北京奥运会期间，我们都找不到可以见面的地方。我们必须找到一个有GSM网络的地方，而且当地得有谷歌办公室，这样我们才能拿到测试设备，工程师们才能拿到签证。所以，我们最后在苏黎世见面，并在那里待了两周。"

谷歌Talk和SMS（包括MMS）都及时在1.0版本中发布了。

24.
开发者工具

> "开发者、开发者、开发者、开发者、开发者、开发者、开发者、开发者、开发者、开发者、开发者、开发者、开发者、开发者、开发者。"
>
> ——Steve Ballmer（微软CEO）[1]

开发者生态系统是推动 Android 增长的动力之一，它创建了数千个（现在是数百万）应用供人们下载和使用。

但这种生态系统不会自动形成，尤其是对于一个没有市场份额的新平台来说。为了降低应用开发者的准入门槛，让他们能够更容易地开发和发布应用，Android 需要为他们提供工具。

一个开发者可以自己编写代码，并在终端上敲入一些晦涩的命令将代码编译成应用程序。

---

[1] 你可以在网上找到这段很有名的视频，在多年前的一次微软大会上，Steve Ballmer（时任微软 CEO）一边在舞台上精力充沛地来回踱步，一边一遍遍地说着："开发者！"。一方面，这段视频反映的是科技史上的一个离奇的时期（也是这个行业的一种文化基因）。另一方面，他说的没有错。对于像微软这样的公司，以及像 Android 这样的项目，真正重要的是那些为平台开发应用程序的开发者。

如果开发者只想开发一个简单的"Hello, World!"[1]应用，那么这些就足够了。

但是，真正的应用涉及大量的代码和资源，包括多个文件、图像资源、文本字符串，等等。如果你只用文本编辑器手写代码，并用命令行编译器编译代码，那么开发的复杂程度将是你难以承受的。

这就是为什么团队在 2007 年 4 月请来了 Xavier Ducrohet。

Xavier Ducrohet 和 SDK

Xavier（"Xav"）从事工具开发已经很多年了。在加入 Android 之前，他在 Beatware 开发绘图工具。这个工作并不是很稳定："我们并非总能拿到期望的工资。"但 Xav 的绿卡（允许他留在美国工作）仍在审批中，离开公司可能会给绿卡审批带来麻烦。同时，他也觉得自己有责任不给这家小公司造成任何风险。"如果我离开，公司就会倒闭。"

Beatware 最终在 2006 年年底被 Hyperion 收购。Xav 决定再坚持一段时间，因为他仍然持有这家公司的股票。2007 年 3 月，Oracle 收购了 Hyperion，但 Xav 不想加入 Oracle。他打电话给在谷歌工作的老朋友 Mathias Agopian。

Xav已经很清楚Android要干什么，尽管它还在保密当中。早前，Beatware就曾与Android讨论过为他们提供一些图形技术。Beatware提供了一款基于矢量的图像编辑工具，Android可以用它来编辑UI图形。与位图相比，矢量图的优势在于在缩放时有更好的效果，而位图在缩放时会变成块状或发生扭曲。但Android后来开发了自己的图片格式，叫作**NinePatch**[2]。

Xav 通过 Be 社区认识了 Mathias，他们相识已经很多年了。Xav 在法国上大学时就研究

---

1 "Hello, World!"是一名程序员在成为真正的开发者之前都会开发的第一个应用程序。这个应用程序除了打印"Hello, World!"，其他什么都不做。

当然，程序员也可以加入一些更有趣的东西，比如计算圆周率或画一幅图，但对他们来说，打印出"Hello"才是最高成就。也许是因为计算机的发展源于早期昏暗的计算机实验室，程序员在这样的环境中缺少与人类打招呼的机会，所以才会显得那么珍贵。

2 NinePatch 图片定义了在改变尺寸时应该和不应该缩放的区域，因此可以得到更好的缩放效果。例如，在按钮的尺寸发生变化时，按钮的圆角会保持原来的大小，但按钮的内部背景会缩放到新的尺寸。数年后，Android 推出了矢量图像格式，基本上取代了 NinePatch。

过 BeOS。当时他在巴黎就认识了 Be 社区的人，其中就包括 Mathias 以及后来加入 Android 的工程师 Jean-Baptiste Quéru。所以，当 Xav 想要一份新工作时，就联系了 Mathias。早在 Beatware 时他就与团队有过面试，所以这次面试就是和 Steve Horowitz 共进午餐。三周后，也就是 2007 年 4 月，他加入了谷歌。

在 Xav 上班的第一天，Steve 和 Mike Cleron 建议他从开发工具开始。Xav 先从 DDMS[1] 着手。DDMS 是一款运行在开发者桌面电脑上的工具，是其他工具的容器。DDMS 列出了与桌面电脑相连的 Android 设备上运行了哪些应用。选择其中一个应用，这个应用就会连到电脑的 8700 端口，这个时候你就可以将调试工具连接到这个端口来对这个应用进行调试。

Xav 的上手项目[2]是让 DDMS 显示手机的内存使用情况。对于大多数 Android 开发者来说，这并不是一个非常重要的需求，但对于当时的 Android 平台团队来说非常重要。在完成这个任务之后，他将 DDMS 工具拆成了几个独立的部分，包括核心功能层、用户界面层，以及将这两个层组合成一个独立工具的连接层。

在重构了 DDMS 之后，Xav 将它的各个部分与 Eclipse 集成在一起。6 月份，他向 Android 团队演示了整个开发工作流程：在 IDE 中打开一个项目、编译它、将它部署到模拟器、让它在模拟器上运行、在某个代码断点[3]处停住，然后一步步跟踪代码的执行。

这个项目彰显了 Android 团队的做事风格。如果有人发现了问题，他们会寻找解决方案，而且速度非常快。Xav 在 4 月底加入，到了 6 月份，也就是工作两个月后，他就向团队演示了整个全新的开发流程。几个月后，这些工具随着 SDK 向外部开发者发布，成为 Android 开发者工具链的基础。他从刚加入团队时对 Android 一无所知，到为所有的 Android 开发者（包括平台和应用的开发者、内部和外部的开发者）提供基础开发工具，仅用了短短几个月时间。

---

1 DDMS = Dalvik Debug Monitor Server（调试监控服务器）。DDMS 与 Dalvik 运行时通信，获得与设备上其他服务的连接。

2 谷歌的上手项目通常是分配给新员工，目的是让他们快速融入自己的工作领域。这通常是一个小项目，不会让他们钻得太深，以免迷路，而且他们能够很快完成，并从中获得成就感。但 Android 并没有所谓的上手项目，因为有太多的事情要做，所以新人基本上都直接沉浸在正式的项目中，并且越来越深入。

3 断点是指调试器设置在代码特定行上的标记。当程序执行到这一行时，它会暂停，开发者可以通过调试器查看变量的当前值和程序的整体状态。

开发者工具

2007 年 11 月 12 日,第一版 SDK 发布时的 Xav(图片由 Brian Swetland 提供)。

在完成 IDE 项目的开发工作后,Xav 开始为 Android 创建 SDK。SDK 是一个可安装的工具包,包含了 Eclipse 插件(以及所有的子工具,如 DDMS、ADB 和 Traceview)和 Android 本身。Android 部分包括开发者在写代码时会用到的代码库、在模拟器中运行的 Android 系统镜像,以及方便开发者查看的文档。Xav 认为开发者需要这些东西,所以将它们整合在一起。这些工作大概是在 2007 年 8 月完成的,因为 Android SDK 将于 11 月发布,所以到时候最好能有一些其他东西一起发布。

David Turner 和模拟器

在早期,开发者需要一个可以运行平台的设备。因为如果你无法运行应用程序,又怎么验证它的行为是符合预期的?

但Android早期没有可以运行这个平台的设备[1]，所以团队请来了David Turner（"digit"），由他负责开发虚拟设备。

在开发Android模拟器之前，David因开发了字体渲染库FreeType而在编程圈名声大噪。这是谷歌的一个非常有趣的特点，公司里有很多人都因为做了某件事而出名，但这些事情又与他们最终在谷歌所做的工作完全无关。我认识一些著名的游戏开发者、基础图形算法发明者和3D图形专家，但他们在谷歌所做的工作与让他们成名的事情毫无关系。

其他公司会根据候选人之前做过的事情把他们招进来，然后让他们做更多类似的工作。而谷歌的做法是根据候选人的特点把他们招进来，然后让他们做任何需要他们做的事情。在谷歌看来，这些人过去所做的事情说明了他们能够做什么，但不能因此认为他们就只能做这些事。所以，谷歌找来了世界上最伟大的字体渲染专家之一，让他开发Android模拟器。

David从小就开始学习编程，他在Apple II上用BASIC和汇编语言编程，并在这个过程中认识到性能的重要性。"这些机器的性能太弱了，所以每一个细节都很重要。"

几年后，他有了一台运行OS/2的电脑，但他不喜欢它的字体，于是他给自己提出了一个挑战：使用尽可能少的内存和代码为TrueType[2]字体开发一个渲染器。结果他开发出了FreeType渲染器，并把它开源。它开始流行起来，并被广泛应用于配置有限的嵌入式系统中，从电视机到摄像机，再到Android系统。FreeType曾经是（现在也是）Android图形引擎Skia的字体渲染器。

2006年，Android团队（一直在寻找嵌入式工程师）的一名工程师在FreeType源代码中看到了David的名字，于是就联系了他。"我当然不知道谷歌为什么会联系我。我开始为面试做准备，我看了大量关于HTML、SQL、Web服务器和数据库的材料。但令我感到惊讶的是，所有的面试问题都是关于数据结构、算法和嵌入式系统的，所以我的面试表现比我最初预期的要好得多。"

David于2006年9月加入Android团队。

David的第一个任务是开发C语言库。[3]Android当时使用了一个非常基础的小型C语言库，

---

1 后来，在团队即将发布1.0版本时，仍然很缺设备，因为平台和设备硬件是同时开发的。

2 TrueType是苹果公司在20世纪80年代末开发的一种字体格式。

3 尽管Java是Android的主要编程语言，但Android本身也有相当一部分代码是用C++、C语言甚至是汇编语言写的。

它不仅缺少一些必要的功能，而且还有严格的许可限制。David将各种合规的BSD[1] UNIX库组合成了Android的"Bionic"库，并加入了新的代码，不仅可以与Linux内核集成，还能支持BSD代码库中不存在的Linux特性或Android具有的特性。

在完成这个库的开发工作后，David 开始开发模拟器。

Android 最开始有一个模拟器，它是一个运行在开发者电脑上的程序，可以模仿 Android 设备的行为。但这个模拟器的很多细节都是假的，它会模拟系统的外部行为，但忽略了很多内部细节，也就是说，整个系统的行为与实际设备相去甚远（因此不能用它做真实的测试）。

最初的这个模拟器是由 Fadden 开发的，但 Android 一直在变化，所以他对这个模拟器的维护工作感到厌倦。David 记得："只有一个工程师在维护它，每次平台有了新功能，他都需要不停地修改它。我们都认为，这个模拟器基本上已经不能用了，我们需要一个更好的模拟器。"

Android已经有了模拟器的雏形，它是基于一个叫作QEMU的开源项目。这个项目是由David的朋友Fabrice Bellard创建的。不过，David对它做了大幅修改："当时我们使用的是QEMU的一个非常旧的版本，没有人知道那些东西到底是怎么回事。"David拉取了QEMU的最新版本，但这个版本也存在一些问题。"当时（2006 年到 2010 年）QEMU的情况非常糟糕，没有单元测试，到处都是全局变量[2]。"

最终，他把模拟器做好了，但仍然有很多工作要做。他需要将 QEMU 移植到 Windows 和 Mac 上，为了进行更好的测试，他还需要将特定于 Android 的部分分离出来。

模拟器在当时非常重要。因为他们当时很难拿到硬件设备，有了这个可以模拟真实设备的模拟器后，Android 团队的开发人员和外部开发者就可以编写和测试他们的 Android 代码。

模拟器就像是一个真实的设备，它可以模拟真实设备上发生的一切。它不仅看起来像是一部 Android 手机（在电脑上显示为一个手机样式的窗口），而且它运行的系统，包括芯片级别的细节，都与真实设备一模一样。

与真实的硬件设备（对于有设备的开发人员来说）相比，模拟器的另一个优势是开发速

1　BSD = Berkeley Software Distribution（伯克利软件发行版），许可较为宽松的早期 UNIX 操作系统。

2　全局变量是指可以在代码任意位置访问的变量（与之相反的是那些作用域更小、只能在有限范围内访问的变量）。全局变量提供了一种跨整个源代码库共享信息的方式，但可能会带来一些问题，特别是当代码量不断增长并且有多个开发者参与时，他们很难判断谁在什么时候访问了哪些变量。所以，在真实世界的代码中使用全局变量是不可取的，特别是在多人参与的大型项目中。

度。模拟器的通信速度比通过 USB 数据线连接真实设备的通信速度要快得多。通过 USB 数据线推送应用程序包或 Android 平台可能需要几分钟时间，而将代码推送到模拟器上要快得多，所以，相比真实的硬件设备，使用虚拟设备的效率更高。

但模拟器总是因为运行速度慢而饱受诟病，特别是它的启动需要花很长时间。启动模拟器实际上也完全模拟了手机的启动过程。在大多数情况下，你可以让模拟器保持运行，特别是在开发纯应用时。模拟器的启动速度和运行时性能仍然是一个常见问题，直到最近发布的一些版本[1]。

这个模拟器项目也很好地彰显了 Android 早期斗志昂扬的状态。这个小团队……不，它甚至连一个团队都算不上，只有一个人负责整个项目，并且模拟器还只是他参与的几个项目中的一个。

多年来，David 继续自己一个人开发和维护模拟器，而且这只是他参与的所有项目中的一个。

Dirk Dougherty的文档：RTFM[2]

如果开发人员不知道他们要写什么代码，那么纵使世界上有很多工具，也无法帮他们写出东西来。在某些情况下，开发人员需要了解系统，了解如何将零散的东西组合在一起，然后开发出应用程序。他们需要的是文档。

Android（和许多其他平台一样）的"参考文档"通常是由开发API和底层功能的工程师编写的。也就是说，如果一个工程师添加了一个叫作Thingie的类，那么他就会（或者应该[3]）为Thingie写一些概述性文档，描述这个类可以用来做什么，以及为什么开发者要使用这个类。Thingie类的函数也会（或者应该）有相应的文档来描述何时以及如何调用它们。

---

1. 最近，模拟器可以利用电脑上的 CPU 和 GPU 来提高启动和运行时性能。
2. RTFM 是开发者对"Read the F-ing Manual"（请阅读手册）的简写，当有人问一名工程师问题时，如果提问者先费心阅读一下文档就可以得到答案，那么被问的工程师就会对提问者说 RTFM。
   我有没有说过工程师之所以能够进入计算机行业并不是因为他们的人际交往能力？
3. 当然，这个规则也有很多例外，特别是早期的 Android API。Android 中有许多类在公共 API 中存在了很多年，却没有任何文档。

开发者工具 215

但参考文档也只能帮到你这么多。如果能找到某些东西（比如 Activity 类）的文档，并了解如何使用它，这很好。但你又是怎么知道要找 Activity 类的文档的呢？开发者真正需要的，特别是对于像 Android 这样的平台的开发者来说，是一些更高层次的文档，不仅要有概述，还要有基础知识介绍。这个平台是用来做什么的？如何基于它开发应用程序？如果想了解它的原理，在哪里可以找到示例代码？

Android SDK 将于 2007 年 11 月发布。在那之前的三个月，团队觉得他们需要一名技术写手，于是请来了 Dirk Dougherty。

Dirk 一直在 Openwave 工作，这是一家为手机开发浏览器的公司。一位前同事将他的简历转给了 Android 团队。Dirk 通过了面试，并在几周后加入了 Android。

"我来到 44 号大楼，找到了我的办公桌。它在大堂旁边的一间会议室里，也就是后来成为电子游戏室[1]的那间。里面摆了一堆空桌子。我不知道这里发生了什么，也不知道是不是来对了地方。后来，Jason、Dan、Dick、David和Quang也来了，他们组成了DevRel[2]团队。我们开始了解这个平台。有人在白板上画了一个倒计时日历，上面写着离SDK发布还有多少天，我们就是从那个时候开始朝着发布日冲刺的。"

Dirk和DevRel团队将SDK需要的东西都整合到了一起。"第一年就是不停地冲刺，弄好网页，准备好基础文档。主要是参考文档和工具，还有一些指南和API教程。随着平台趋于稳定，我们不断地发布预览版和SDK更新。因为开发者挑战赛和开发者对Android与日俱增的兴趣，我们需要对文档进行扩展。我从一个之前合作过的外部写手那里得到了帮助，[3]他和我一起编写了Android基础文档，解释了所有这些东西的工作原理。几个月后，我们得到了更多的增援，因为另一位内部写手Scott Main也加入进来。我们把所有的时间都花在创建基础文档和网页上。工程团队一路上给了我们很多支持。一切都进行得很顺利，所以这要归功于整个团队的努力。" [4]

---

1 后来，44 号大楼有了一个电子游戏室，里面有一些属于工程师的游戏机，还有一些是 Android 团队购买的。经典的街机游戏摆在那里等着人们去玩，真是太棒了。但他们花在等待上的时间多于玩游戏的时间，因为他们毕竟还有工作要做。

2 DevRel 是 Developer Relations（开发者关系）的缩写，一个负责与外部开发者联系的团队，他们提供文档、示例、视频、会议演讲和文章等。当时，Android 的 DevRel 团队由 Jason Chen、Dan Morrill、Dick Wall、David McLaughlin 和 Quang Nguyen 组成。

3 Don Larkin 曾在 NeXT 电脑公司、Be 公司和 Openwave（与 Dirk 一起）公司工作。

4 这个网站当时是 code.google.com/android（现已关闭）。

25.
精益的代码

"一旦写好了,你就不能再回头去优化了。"

——Bob Lee

早期 Android 的一大特点是,它经过了令人难以置信的优化,能够在当时配置非常有限的移动设备上运行。团队对性能的看法影响了从 API(为避免进行内存分配,其中有很多是以特定的方式编写的)到给外部开发者编码建议的方方面面。一切都是为了写出最优的代码,因为每一个处理器周期,每一千字节内存,都是资源,都会消耗电量,它们应该被用在真正需要它们的地方。

这种"性能优先"的心态有一部分要归因于早期团队成员的背景。之前在 Danger 工作过的工程师开发的操作系统能够运行在比 Android G1 配置更差的设备上,而之前在 PalmSource 工作过的工程师也很清楚移动设备的配置是有限的。

Bob Lee 说:"他们(PalmSource 前工程师)会说,它之所以失败,其中的一个原因是他们试图让硬件做它们无法处理的事情。一旦写好了,你就不能再回头去优化了。我认为他们是不想在 Android 上犯同样的错误。这也是为什么 Dianne Hackborn 和其他人如此关注性能,并对很多东西进行微观优化。当时的手机真的很慢。"

"我记得每一个人——我、Dianne、Dan Bornstein——都在这个作战室里,因为这个版本会用到内存的地方都与我们做的东西有关。我们没有使用交换内存[1]，因为这么做没有意义。它们会因为内存不足而崩溃。这是一场发生在作战室里的英勇之战，我们有时会待上好几天，也永远不知道什么时候会结束，我们只管解决内存问题。"

"这一切都与分配内存页有关。Dianne 和 Brian Swetland 开发了一些工具，用于查看内存脏页和哪些内存页被动过。我们要把它们找出来。我们要查看哪些应用程序导致了这些问题，并把它们找出来，这是一个辛苦活。"

Ficus 回忆起他在 Be 和 Danger 的经历对他在 Android 的工作产生了怎样的影响："说到 CPU 和内存，我们当中有很多人都做过嵌入式系统，都形成了一种极度节约的理念。我觉得这是看待 Android 早期决策的一个非常有趣的视角。我看到很多这样的工程师，好像他们是在大萧条时期长大似的，已经学会了如何将就过日子。"

整个平台团队把性能放在第一位。这是因为早期的设备内存有限，CPU 速度慢，缺少 GPU 渲染（直到发布 Honeycomb 时，Android 才有了用于渲染 UI 图形的 GPU），Dalvik 的垃圾回收器需要花时间分配和回收内存。这种心态一直持续到今天，即使现在的设备配置更好，速度更快。手机所做的每一件事都会消耗电量，所以优化平台代码仍然是值得的。虽然后来对外部开发者的推荐做法有所放宽，但从 Android 的 API 和实现可以看出，平台对性能的"吝啬"丝毫不减。

---

1 **交换内存**让应用程序能够分配到比物理内存更多的内存。操作系统将内存块"交换"到磁盘上，通过物理内存和磁盘存储的组合让应用程序可以使用更大的内存。

26.
开　　源

"我认为开不开源并不重要。"

——Iliyan Malchev[1]

开源对很多人来说意义重大。

开源可以是一种"众包"工作的方式，就是让社区一起完成工作。Linux 就是一个很好的例子，虽然系统最初是由 Linus Torvalds 一个人创建的，但一个由众多个人和公司组成的大型社区在此后的几十年为这个系统贡献了所有东西，从问题修复到驱动程序，再到核心系统功能。

开源可以是一种宣传和分享工作成果的方式。GitHub 托管了很多活跃的项目，人们花了大量时间和精力创建并维护这些项目。他们把代码上传到 GitHub，而不是让它们烂在自己的电脑里。开源你的个人项目，让别人认识你，让他们知道有人在做这些工作，也是在向潜在的雇主展示你的能力。

---

1 断章取义是采访者对采访对象做出的一件最糟糕的事。但我认为 Iliyan 会理解的，至少我希望他会。我喜欢引用他的这句话作为本章的开头。整个对话的背景是我们在讨论能让 Android 取得成功的因素，而他……我在这里先卖个关子。完整的引用在本章末尾。

开源可以成为公司的招聘工具。就像个人可以通过开源展示他们的能力一样，公司经常开源项目（为开发者提供的应用程序或库）也是在向开发者宣传自己。Square 本质上是一家信用卡公司，如果仅凭他们的业务模型是很难说服开发者加入他们的。他们为开发者社区提供了有趣且功能强大的开源库，并因此而闻名。那些对金融交易软件不感兴趣的开发者之所以会加入这家公司，是因为他们想要帮助开源社区，并在这些项目中亮出自己作为开发者的身份。

开源可以让大公司平静而温柔地对产品实施安乐死。有时候，公司不得不关掉一些项目，把工程师资源转移到更有前途的项目上。公司可以（而且经常是）直接终止项目，也可以将旧代码开源，作为送给开发者社区的礼物。公司开源项目似乎得不到直接的好处（实际上他们还要花时间和精力迁移项目），但可以获得开发者的赞誉，并为使用或依赖了这些项目的开发者减轻痛苦。

开源还可以让其他人自由获取和使用你的软件。而这就是 Android 的开源模式。

自 2008 年 11 月以来，所有的 Android 平台软件都作为 Android 开源项目（Android Open Source Project，AOSP）在其官网上对外公开。每个版本的代码在对设备可用的同时[1]，也对外开源。每当一个版本对用户可用（在新设备上发布或作为已有设备的更新），开发者也能看到这个版本的源代码。

Android 接受来自外部的贡献，开发者可以在其官网上创建账号并提交补丁[2]。Android 团队会对这些补丁进行评审，将它们提交到 Android 源码库中，并在未来的版本中使用它们。

实际上，来自外部的贡献并不多，Android 对此也并没有寄予太多的期望。Android 确实会收到一些来自合作伙伴公司的贡献。例如，合作伙伴公司往往会为了让系统更契合他们的设备而提供一些补丁。他们可能发现了一些可以改进的地方，或者发现了一些 Android 还没有考虑到的外形因素，或者发现了 Bug。对他们来说，直接将这些补丁整合到 Android 中是合理的，因为在发布新版本时他们就不需要重新应用这些补丁了。Android 偶尔也会有一些个人贡献者参与修复问题，但来自外部的贡献很少，大部分的工作都来自内部团队。

---

1 唯一的例外是 Honeycomb。团队专注于让这个版本运行在平板电脑上，所以不知道它在手机上会有怎样的表现，因为没有人关注这方面的事情。他们决定推迟发布开源版本，避免厂商用它生产手机。

这在当时的社区中引起了骚动，那些认为 Android 正在远离开源的人感到了不安。这个问题在几个月后得到了解决，下一个版本 Ice Cream Sandwich 发布了开源版本，并添加了电话支持。

2 补丁就是修复问题或实现了新功能的增量源代码。

造成这种局面有几方面的原因。首先，Android的源代码库非常庞大，即使是一个简单的修复，也需要付出巨大的努力，因为你需要理解原始代码的背景，以及当前的这个修复将会带来哪些影响。但更重要的原因是Android的"最终开源"[1]模式。当外部开发者发现并修复了一个Bug，他们没有办法知道修复代码是否会出现在未来的版本中，甚至不知道他们花了很长时间写的代码是否还存在。当有新的需求出现或需求发生了变化时，代码有可能被修改或重写。

尽管来自外部的贡献不会给Android带来巨大的价值，但Android的开源模式仍然具有显著的优势。首先，应用开发者喜欢这种模式。一般来说，具有Android如此规模和复杂性的平台不太可能提供如此详尽的文档，让程序员能够理解它的每一个细节和所有的内部交互原理。开发者可以通过阅读源代码来了解内部原理，这对开发者来说是无价的。因为如果开发者可以阅读源代码，他们就不用费尽心思地猜来猜去。这种透明度有助于Android开发者更好地开发应用程序，也是Android和其他操作系统平台[2]之间的根本区别。

Dan Lew 是一名 Android 应用开发者，在 Android 早期，他在一家小型初创公司开发 Android 应用。他说开源简化了开发工作："早期的平台有很多 Bug。我记得当时有很多侵入式的做法，但因为 Android 是开源的，我们至少可以看到这些做法。如果不是开源的，要绕过它们就会困难得多。"

Android 开源模式的第二个特点，也可以说是更重要的一点是，Android 的合作伙伴可以自由免费地访问 Android 所有的东西。这实际上也是 Android 最初开放平台的原因，这种机制让潜在的设备厂商都能够使用 Android，并获得他们需要的一切。无须授权，也没有烦琐冗长的合同谈判，合作伙伴可以直接从网站上获取交付 Android 设备所需的一切。这种模式有助于形成一种兼容 Android 实现的一致性生态系统，因为大家都是以相同的通用实现为基础的。如果他们想要使用谷歌服务，比如 Play Store、地图和 Gmail，就会获得更多好处。对于构建手机平台的核心代码，任何人都可以下载和使用。Romain Guy 解释说："我们认为这就是 Android 的'开源'。合伙伙伴不一定要参与贡献，但他们需要的东西都会有。"

Brian Swetland 表示认同："早在被谷歌收购之前，Android 的目标之一就是为人们提供一个选择，避免在未来被一家独占移动计算平台的公司所垄断。当时我们想的是如何让人们

---

1 最终开源是我当时对 Android 开源模式的叫法。它的代码是开源的，但它的开发不是开放的。在代码被公开发布之前，团队先在公司内部开发几个月。

今天，系统的许多部分，比如 ART 运行时和 AndroidX 库，都是开放开发的。

2 Linux 是一个例外，它一直是开源的，并且很早就被选为 Android 的操作系统内核，也许这不是巧合。

接受它？它必须是开放的，否则人们怎么可能相信他们也掌握着一定程度的控制权呢？"

Dianne Hackborn 也表示认同，她将 Android 的开源模式与她之前经历过的失败的许可模式进行了对比："PalmSource 在向用户推广平台时，有一件事让他们感到非常纠结，他们害怕有人在移动行业做出类似微软在 PC 行业所做的事。例如，摩托罗拉就曾经十分纠结 Rome（PalmSource 为 Palm OS 6 开发的 UI 工具包）的许可问题，但最终还是决定把整个公司买下来并独自占有。Android 的开源策略使得它更容易被 OEM 厂商采用，因为 OEM 厂商可以共同拥有它，让它变得更加灵活，并适应移动设备的快速演变。"

Android 开源模式的这个特点为设备厂商打开了一扇大门，这让 Android 有别于其他平台。他们不仅可以使用平台，也可以访问和使用平台的源代码。另外，这个开源平台本身就是一个完整的、生产就绪的实现，并已经在真实的硬件设备上经过了验证，厂商也可以直接使用它。

相比之下，如果当时你想推出 Windows 手机，必须从微软获得授权（并支付许可费用）。此外，让操作系统在新设备上运行也不是件容易的事。Michael Morrissey 在加入 Android 之前曾在微软工作，他目睹了这一过程。"当你想要在新手机上运行操作系统时，不管是 Win CE 还是 Pocket PC，集成这些东西和调试过程都非常痛苦。你会有一个叫作'主板支持包'的东西，它们都是来自 OEM 的底层代码。然后，你还要处理 Windows 的代码。如果电话拨不通，或者网络连不上，或者出现了其他什么问题，你怎么知道是哪里出了问题？没人知道。"

"在微软流传着这样一个笑话：有一个团队专门负责与设备厂商合作，帮助他们推出新硬件。但是，他们双方都不允许看到对方的代码，因为代码是保密的。不知道是三星、HTC 还是哪家公司，他们派人去西雅图的微软办公室，与这个团队的人坐在一起。他们在调试问题，但又不让对方看到自己的代码。他们侧着身子说：'这个调用我传了这些东西给你，你可以看到什么？'他们就像在跳一场荒唐至极的舞蹈。"

Android 的开源意味着厂商可以免费使用它，这是一个额外的福利。Michael 说："这些 OEM 厂商的利润率非常低。如果你有一家像 HTC 这样的公司，微软向你收取每台设备 10 美元的许可费，而且必须与微软进行一系列疯狂的集成工作才能让它运行起来，那么免费和开源对你来说就像是魔法一般。有了开源的 Android，OEM 厂商就可以迅速推出新设备，因为他们可以访问到所有的代码。最重要的是，它是免费的。"

反过来，如果你想推出一款基于 iOS 的设备……好吧，你做不到。苹果公司是 iPhone 的独家厂商，他们根本不对外提供平台。同样，RIM 也是黑莓手机唯一的供应商。Android

不仅是免费的，而且任何人都可以自由地下载、使用、定制和基于它开发自己的东西。

基于这种开源模式，应用开发者可以很容易地看到内部代码，Android 也可以接受来自外部（尽管很少）的贡献，这是一种对 Android 来说非常有利的巧合。

当然，开源不只是开放源代码那么简单。团队必须把项目放在一起，让外部的公司和开发者可以访问、下载和构建它们，并了解如何完成这些工作。在发布初始版本之前，团队花了很大的精力整合这些东西。

首先，他们必须按照某种方式组织源代码，以便达到可以随时对外发布的状态，Ed Heyl 团队的 Dave Bort 在这方面贡献了主要力量。

谷歌开源计划的负责人 Chris DiBona 也参与了部分工作。Android 当时使用的一些工具并不适合在外部使用。谷歌使用的工具要么是收费的，要么是自己开发的。他们要保证外部开发者在没有专有或授权工具的情况下也能构建代码，所以团队在内部使用了外部也可以（免费）使用的工具。

Chris 决定将源代码控制系统[1]切换到 Git。但是，Git 在当时并不是很流行。Chris 告诉他们："内核和系统团队已经在使用 Git，而且永远不会放弃 Git。Git 非常适合我们的开发模式。他们需要一个怨恨的对象，我自愿站出来充当这个角色。"

团队对 Git 做了修改，重新组织了代码，并于 2008 年 11 月随着 1.0 版本的发布开放了源代码。从那时起，Android 就一直是开源的，开发者和厂商都可以访问平台的代码。

在 1.0 版本发布之后加入 Android 团队的 Jeff Sharkey 总结了开源对合作伙伴和用户的巨大吸引力："我是开源软件的坚定拥护者，因为开源赋予了开发者巨大的潜能，让他们能够构建出从未想象过的或者自己不具备足够资源去构建的东西。如果你是早期的设备厂商，你无法获得 iOS 许可，而微软提供的又是相当同质化的体验，相比之下，Android 给了设备厂商一个机会，让他们能够快速添加功能，并让自己的设备在商品货架上脱颖而出。"

"开源的风气也与用户产生了共振。Android 不再要求用户只能有一个主屏幕应用、一个软键盘、一套快速设置等，他们可以自行定制。手机是一种非常个性化的设备，这些深层次的定制（不仅仅是外壳）让用户有了更强的连接感和归属感。"

---

1 源代码控制系统用于存储和管理源代码。这些系统通常为团队提供了一些有用的功能，如代码评审、合并文件变更和变更历史记录。

本章开头引用的 Iliyan Malchev 的那句话实际上被无情地断章取义了。以下是完整的版本。

"我认为开不开源并不重要。我们本可以在不开源的情况下向他们免费提供平台。我是一个开源倡导者，我觉得我们应该在开源方面做得更多。但我不认为 Android 的优势是建立在开源的基础上。如果我们让它免费，但不开源，也同样会成功。"

也就是说，是不是以开源的形式提供源代码并不重要，我们只把源代码提供出来就足够了。开源只是实现这一目标的一种自然和透明的方式。

27.
管理上的那些事

这本书的其他大部分章节讲述了 Android 是如何被一点一点构建起来的,以及一些人是如何将这些碎片拼接在一起的。但是,在将碎片拼接在一起的这些人当中,有一些人并不负责某个东西,他们负责的是整体的工作。接下来,欢迎来到 Android 的"商业"部分。

Andy Rubin 和 Android 的管理

Andy Rubin 曾经在蔡司集团从事机器人研究工作,当时他就对机器人产生了浓厚的兴趣。后来,他到苹果公司工作,并收获了"Android"这个绰号。再后来,他到了 WebTV,并认识了未来的 Android 同事,Mike Cleron 记得他是"走廊里那个玩机器人的疯子"。

离开 WebTV 后,Andy 成立了 Danger,并最终创办了一家叫作"Android"的初创公司。

虽然在谷歌收购 Android 之前和之后,Andy 都是 Android 的头儿,但他通常会让别人来帮他管理团队。Chris White 在最初的六个月里除了负责系统架构和设计,还帮忙负责工程团队。随着团队不断壮大,Andy 请 Steve Horowitz 来管理团队。Steve 离开后,差不多是在发布 1.0 版本前后,Hiroshi Lockheimer 接手了。有了这些人帮忙管理团队,Andy 就可以专注于业务方面的东西,比如合作伙伴会议。

2013 年年初，Andy 在参加巴塞罗那移动通信大会时离开了团队。Hiroshi 回忆起他、Tracey 和 Andy 一起参加一系列合作伙伴会议的情况："就是在那个时候，他告诉我们他要离开。那是在 LG 会议之后，三星会议之前。我们休息了 15 分钟。他已经告诉过 Tracey 了，但我还不知道。他把每个人都支开了，只剩下 Andy 和我。他说：'我做这行已经 10 年了。我累了。我要走了。'"

Tracey Cole 和 Android 的行政

Andy Rubin 离开后，Tracey Cole 接过了平稳过渡的任务。Tracey 为 Andy 做了 14 年行政助理，在 Andy 离开时，她是 Android 的行政主管。她知道如何激励 Android 团队完成工作，而且她不会离开这里。

2000 年 8 月，Tracey Cole 在一家生物技术公司做行政工作。当时她想要离职，一位朋友建议她和当时还在 Danger 的 Andy 谈谈。她通过了 Andy 和另外两位创始人（Joe Britt 和 Matt Hershenson，他们都在几年后加入了 Android）的面试，并成为团队的行政人员。当 Andy 在 2003 年离开 Danger 时，Tracey 留了下来，但她仍然继续帮 Andy 做事。2004 年秋天，她与 Brian Swetland 在同一天加入了 Andy 的初创公司 Android。

在谷歌收购 Android 期间，Tracey 和团队的其他成员一起离开了。她知道他们是在和谷歌谈判，但不知道事情进展到什么程度。"我记得他与 Larry 会面，他们一见如故。我去度了个假，回来后突然被告知我们要去谷歌工作了。"

Tracey 继续在谷歌担任 Andy 的助理，并带领 Android 的行政团队，直到 2013 年 Andy 离开 Android。在 Andy 离开后，她继续从事行政工作，管理整个 Android 团队，带领其他行政人员，并成为 Hiroshi 的助理。

Hiroshi Lockheimer 与合作伙伴

在刚加入谷歌时，Hiroshi Lockheimer 负责维护合作伙伴公司关系，与 OEM 厂商和运营商合作，让 Android 成功运行在他们的设备和网络上。

Hiroshi 一直想成为一名建筑师："是建筑师，不是软件架构师。"他对计算机并不感兴趣，直到大学的第一个学期（也是唯一一个学期）才开始接触编程。大学专业不合他的胃口，于是他回到了日本的家。不过他擅长发现软件漏洞。回到家里后，他自学编程，并开始从事咨询工作。他还做了一些业余项目，包括一个为Be操作系统开发的文本引擎[1]，并将其开源。这个项目引起了Be公司员工的注意，所以Hiroshi很顺利地拿到了Be的一个工作机会，并于1996年12月搬到了加州。

在 Hiroshi 加入 Be 之前，苹果公司差点收购 Be 为他们开发操作系统。苹果公司最终收购了 NeXT 电脑公司。Hiroshi 回忆说："我们就是那家没有被收购的公司。"

三年后，Hiroshi 想尝试做一些新的东西。Hiroshi 在 Be 的同事 Steve Horowitz 把他介绍给了 Andy Rubin，然后 Hiroshi 就加入了 Danger。"我成为 Danger 的第一名技术员工。公司有三个创始人，我是他们招来的第一个'马屁精'。"

Hiroshi 将其他 Be 公司（以及未来的 Android）的工程师（Brian Swetland 和 Ficus Kirkpatrick）带到了 Danger，但他在 Danger 待的时间并不长，只待了八个月就离开了。

在离开 Danger 后，Hiroshi 在 Palm 待了一段时间。在 Palm 收购了 Be 后，很多 Be 的工程师也加入了 Palm。离开 Palm 后，他在 Good Technology（一家开发移动通信软件的公司）管理一个工程团队，然后在 2005 年年初再次加入 Steve Horowitz 的团队，Steve 当时在微软负责 IPTV 团队。

2005 年年底，Hiroshi 又蠢蠢欲动。"我在日本度假，Andy 突然发邮件给我。自从离开 Danger 后，我都没有和他联系过。他说：'我现在在谷歌做一些我认为你会喜欢的事情。'他知道我喜欢无线设备。'我觉得你应该来和我们聊聊。'"

"当时我在微软开发机顶盒。我对这个工作不感兴趣，我真的很怀念开发移动设备的日子。于是我在一月份给他回了电话。"

虽说谷歌的面试并不简单，招聘过程也不会很快，但 Hiroshi 的情况确实比较特殊。

尽管 Hiroshi 拥有相关的工作经验和在相关科技公司工作的记录，但他并不是谷歌期望的候选人，特别是他没有大学学位。Steve Horowitz 说："谷歌当时非常在意血统。谷歌的意思是'他没有学位，我不确定是否能录用他。'他们进行了一场激烈的斗争。"

---

[1] 当 Hiroshi 告诉我他开发过与文本相关的软件时，我告诉他，我们的 Android 文本团队正在招聘工程师，他可以去申请。但他礼貌地拒绝了。

Hiroshi 说："因为他们不知道该如何录用我，所以进行了 20 多轮面试。他们要我写一篇书面文章，我不知道他们是否明白（Grok[1]）这究竟有多讽刺。他们让我写一篇关于我为什么没有完成大学学业的文章。"

"我差点就说'去他的'。"

最后，Android 团队说服了谷歌招聘委员会录用了 Hiroshi。但是，尽管招聘委员会同意了，加上 20 多次的面试结果以及一篇肯定很精彩的"我为什么退学了"的文章，他们仍然拒绝以工程师的身份录用 Hiroshi。Hiroshi 说："他们以某种'杂项'的名义录用我，最后决定给我'技术项目经理'的头衔。"

在开发 1.0 版本的过程中，Hiroshi 参与了合作伙伴公司的启动会议，并与他们合作确保一切进展顺利。"这属于商业的技术面，或者技术的商业面，取决于你如何看待它。我们负责开发软件，但没有合作伙伴，没有他们提供的硬件，尤其是当时我们还没有 Nexus 或 Pixel……这一切都依赖 OEM 合作伙伴和运营商，他们会提供这些东西。我的工作就是管理好这些事情。"

在谈到 Hiroshi 所承担的角色时，Brian Swetland 说："没有人会像他那样和合作伙伴发生争吵，一方面是因为他真的很专注，另一方面是因为他真的懂技术。所以他总是能够发现潜在的技术问题。当我们需要从合作伙伴那里获取我们需要的信息，或者让他们做一些需要跟他们解释清楚的事情时，Hiroshi 真的起到了很大的作用。"

Hiroshi 与系统团队密切合作，因为这个团队事关 Android 软件与合作伙伴硬件的对接。"Swetland 和我要去台北。他将在那里待三个星期。我去一个星期，然后剩下的时间他一个人继续留在那里。我们要确保系统能够跑起来，确保内核和外围设备能够被带起来。为此，他要和本地的硬件工程师和软件工程师一起工作。然后，原型会寄给我们，开发应用的人就可以在上面运行他们的东西。"

大概在 1.0 版本发布前后，Steve Horowitz 离开了谷歌。Andy 仍然是 Android 的负责人，Steve 之前担任工程主管时与 Andy 相得益彰，在他离开后 Hiroshi 接手了 Steve 的工作。Tracey Cole 说："Andy 非常依赖 Hiroshi，并让他管理团队。Andy 不喜欢管人，所以就让 Hiroshi 帮他操心这些事。"

---

1 Grok 就是理解的意思，这个词是 Robert Heinlein 在他的小说《异乡异客》里发明的。工程师通常会使用这个词，但我一直不明白是为什么。科幻小说在工程师当中很受欢迎，但引用 20 世纪 60 年代早期的科幻小说并不是很常见。我们一直在使用这个词，但我不理解（Grok）为什么会这样。

黄威将 Android 的工程文化归功于 Hiroshi："Hiroshi 愿意和我一起钻研技术细节。甚至在他成为 Android 的副总裁后，仍然会找我们。他想知道为什么'SMS 不正常了，Hangouts 不正常了'。他和团队所有的成员建立联系，不仅仅是那些向他汇报的人。此外，他很关心产品，这一点也表现得非常明显。我觉得他的沟通方式很接地气。我真的很喜欢在我们和 Andy 之间有 Hiroshi 这样一个角色。"

"我不知道他是怎么做到的。他既真诚，又有足够的技术知识提出正确的问题。这就是为什么他能够做到这个位置。"

Hiroshi 在 Droid 发布过程中和之后继续管理工程团队，并形成了培根星期天[1]（Bacon Sundays）的传统，在每个版本发布之前让所有人聚在一起。[2]

2008 年 9 月，Hiroshi 在 44 号大楼办公室的小隔间里（图片由 Brian Swetland 提供）。

---

1 参见第 35 章（"培根星期天"）。

2 Hiroshi 现在是高级副总裁，负责 Android、Chrome、Chrome OS、Photos 等项目，管理着数千人，他们正在开发当今科技领域的一些最为重要的项目。天啊，想象一下，如果他有大学学位，他会取得什么样的成就。

Steve Horowitz 和工程团队

> "如果回顾一下我们的历史，谁'赢'得了移动战争，谁又没有，这一切都与领导者以及他们当时是否胸怀信仰或愿景有关。"
>
> ——Steve Horowitz

Steve Horowitz 是 Android 团队的工程主管。他于 2006 年 2 月加入 Android，当时的团队刚刚开始壮大。在他刚加入时，团队里有大约 20 名工程师，差不多三年后，在发布 1.0 版本时，团队已经有将近 100 名工程师了。

Steve Horowitz在上小学时就在Apple II上学习BASIC和汇编。在上高中时，他的时间都用在了解科技新闻和编程上。高中一毕业，他就在苹果公司实习。[1]在上大学期间，他每年夏天都在苹果公司兼职。毕业后，他全职加入苹果公司，参与开发苹果的下一代macOS项目Pink，然后是下一代硬件项目Jaguar。

在苹果公司工作了两年后，Steve 去了 Be，为 BeOS 开发 UI 工具包，比如 Tracker（相当于 Mac 上的 Finder）。在 Be 工作了几年之后，Steve 又跳槽到微软，加入了刚刚被微软收购的 WebTV 部门。在那里，他与 Mike Cleron、Andy Rubin 和黄威等未来的 Android 成员共事。最后，他还招来了 Hiroshi，让他负责微软 IPTV 平台的系统软件团队。Steve 在微软晋升到了管理层，这为他后来在 Android 担任管理职务埋下了伏笔。

在微软时，Steve收到了苹果公司Tony Fadell[2]的一份工作邀约，让他负责iPod的系统软件团队。当时这个团队正在考虑开发iPhone。"这是一个很好的工作机会。但我有很多微软的股票，虽然苹果公司也会给我股票，但数量不多。当时我很喜欢我在微软做的事情。苹果公司的邀约看起来很有意思，但苹果的股票必须上涨一百倍才能与微软的股票相当。当然，他们确实做到了，而且超过了一百倍。"

"Tony 团队的一些人和 Scott Forstall 正为了 iPhone 操作系统架构吵得面红耳赤。最后，

---

[1] 把 Steve 招进苹果公司的是 Cary Clark。多年后，他在微软成为 Steve 的下属。后来，他与另一位苹果公司的同事 Mike Reed 共同创立了 Skia。后来 Skia 被 Android 收购，Cary 再次成为 Steve 的下属。
所以，请善待你的同事——总有一天你还会和他们一起工作，或许还不止一次。

[2] Tony Fadell 在苹果公司担任 iPod 部门负责人多年，后来与其他人共同创立了 Nest。

应该是 Forstall 赢了，Tony 团队的人也只好归顺。所以，如果存在某种平行宇宙，我可能会去开发 iOS 而不是 Android。"

Steve 在微软的那些年里，Andy Rubin 试图邀请他加入 Danger，但 Steve 对他们没有信心，所以继续留在微软。

2005 年秋天，在 Android 被谷歌收购几个月之后，Andy 再次尝试邀请 Steve。"他说：'我希望你能过来负责 Android 的工程团队——我们刚刚被谷歌收购。'我和他聊了一下，意识到现在是谷歌要尝试这个东西，我认为此时颠覆移动行业的所有要素都已经具备了。我跟 Andy 说我会来的。"

2006 年 2 月，Steve 加入 Android，担任工程主管。

Steve 在 Android 的部分工作是招募人才。他最先把微软的 Mike Cleron 招了进来。

Steve 强大的管理能力给团队的工程师们留下了深刻印象。他为团队营造了和谐的气氛，他坚持削减功能，以便顺利完成发布 1.0 版本的计划。Steve 的首要任务是让产品上市。

Michael Morrissey 记得 Steve 是如何高效应对谷歌的："Steve 真的非常擅长应对谷歌的官僚作风。他知道如何绕过那些对 Android 不利的流程。"

管理者的职责之一是帮助团队成员获得职业成长，但职业成长并不是当时最紧迫的问题，在 1.0 版本发布后他们会有足够的时间来讨论这个问题，眼下他们还有很多事情要做。Romain记得，在那段关键时期，如果一到周末就收到Steve给他发的"yt？"[1]，接下来就会开始一段对话，通常是关于一个需要修复的漏洞。

世界移动通信大会

Steve是Android的领导层，既要管理工程团队，也要参与商务方面的工作。"在我加入后，Andy、Rich Miner和我就带着Android的想法去了MWC[2]。基本上就是做一个快速的演示，真的没有什么。"

"我们尽可能与更多的人见面，向他们宣传 Android 的想法。我们在边上有个小房间，

---

[1] "you there？"（在吗？）。
[2] MWC = Mobile World Congress（世界移动通信大会）是移动通信行业一年一度的大型贸易展。

可以让人们进来。大部分人会嘲笑我们：'等你们长大了再来吧。'但高通的高管 Paul Jacobs 和 Sanjay Jha 对我们很感兴趣。他们非常热情，想了解更多东西。其他人则是一副不屑一顾的样子。"

"如果回顾一下我们的历史，谁'赢'得了移动战争，谁又没有，这一切都与领导者以及他们当时是否胸怀信仰或愿景有关。"

"前后形成鲜明的对比，这是 MWC 的一个非常有趣的地方。如果你回头看一下，它当时只是我们的一个想法，而到了今天……一切皆 Android。"Android 在当时的 MWC 上很难吸引到人们的注意，而到了今天，Android 在展会上居然拥有如此强大的影响力。

管理冲突

Steve 的另一部分工作是处理各个子团队之间的差异化。Danger 派系的工程师和 Be/PalmSource 以及 WebTV/微软派系的工程师之间存在很大的分歧。

"Android 团队融合了每一个人的个性，这也是 Android 团队的一个特点。我们都知道，非常有才华的人组成的小团队可以战胜大团队，这是毫无疑问的。很显然，Android 就是这样。但天赋和能量可能会导致人际和架构层面的冲突，而这就是我需要帮忙驾驭的东西。"

离开 Android

1.0 版本发布之后不久，Steve 离开了 Android（和谷歌）。他想要承担更大的角色，做更多的事情，而不仅仅是工程管理。在他离开后，Hiroshi 接管了团队。当我们在职业生涯或生活中做出选择时，总是会有这样的疑问：如果我们选择另一条路会怎样？Steve 说："有一个有趣的问题，包括我自己在内，没有人能回答：如果我当时就知道 Android 会是今天这个样子，我会不会做出同样的选择呢？老实说，我不知道。"[1]

---

[1] 几年后，Steve 回到了谷歌，管理摩托罗拉的软件部门。"我最大的贡献是放弃了积累多年却乱糟糟的东西，让摩托罗拉走上了一条纯粹的软件之路。我对 Android 核心团队非常钦佩和信任，希望尽可能多地使用他们的代码，这样可以加快用户的升级速度，为他们带来更好的用户体验。"这一策略奏效了：Moto X 升级到了 KitKat，速度比任何一款 OEM 设备都快，包括谷歌的 Nexus。

Ryan PC Gibson 和他的甜点

> "Android 当时还很'默默无闻',但我听到了一些传言,很酷的传言。"
>
> ——Ryan PC Gibson

项目规模越大,团队规模也就越大,事情就越难按部就班完成。为此,每个人都要不遗余力,而掌控细节是技术项目经理(Technical Program Manager,TPM)需要具备的特殊技能。合作伙伴的事情由 Hiroshi 负责(作为他工作的一部分),平台方面的事情则是 Ryan PC Gibson 在操心。

Ryan 的编程启蒙始于他的母亲一丝不差地把杂志上的 BASIC 代码拷贝到他们的雅达利 800XL 电脑上。"我所了解的编程就是打字。直到今天,我还是不明白为什么软件开发要花这么长时间。"

Ryan 于 2005 年 7 月加入谷歌,刚好在 Android 被收购的当月加入,他在谷歌的其他团队开发一个内部销售工具。他一直对移动技术感兴趣,所以他开始四处寻找,看看有没有跟他的兴趣相近的项目。"Android 当时还很'默默无闻',但我听到了一些传言,很酷的传言。"

有人把他引荐给了 Andy 和 Hiroshi,然后 Mike Cleron 面试了他。"他给我看了 Sooner,这款手机有键盘和方向键。与那些诺基亚老式手机相比,它非常棒,尽管查看排列成二维矩阵的应用程序似乎有点笨拙。触控技术已经来了,它改变了一切。我在 2007 年 1 月加入了 Android 团队,感觉就像回到了以前的初创公司,只不过这里吃的东西更好,财务状况也更好。"

在当时担任 TPM 是一件很棘手的事情,因为很多团队不是很了解这个角色的作用。Ryan 自己也是。"我的职业生涯的大部分时间都是一名开发人员,但不得不开始转向管理。我以前从来没有正式做过项目管理,所以必须一边做一边摸索。更大的挑战在于,当时谷歌的 TPM 很少,而且大多数团队从来就没有 TPM。"

幸运的是,Android 为项目管理的发展提供了充足的机会,早期的团队也认识到了它的好处。"首先,Hiroshi、Mike Cleron、Dianne 和 Brian Swetland 在过去的公司都有过项目管理的经验。他们知道项目管理可以为产品成功上市带来价值。对于开发人员来说,我们是大麻烦,但我们很有用。其次,Android 需要项目管理,因为它很符合三个条件。第一,有不同的贡献者：Android 开发者、谷歌应用开发者、开源开发者。第二，有不同的利益相关方：OEM 厂商、运营商、SOC 供应商。第三，电子产品年度销售时间安排得很紧迫。所以，Android 是一个很适合项目经理待的地方。"

TPM 需要解决的问题有很多：如何尽快创建、整合和发布整个操作系统、应用程序和设备。与此同时，开发团队还处在融合过程当中，平台的很多基本组件甚至都还没有想明白该怎么做，更不用说写代码了。但他们仍然需要制定一个实实在在的时间表，并开始执行。他们需要尽快让产品上市，快速占领市场。"项目管理无疑扮演了重要的角色。我们落后了别人一年。如果再晚一点，我们可能会成为一个历史的注脚，而不是一个可行的替代品。但我们不能只是随便地发布一些东西——它还必须足够坚韧才行。"

"第一天，Hiroshi 递给我一张电子甘特图，上面有数百项任务，远远超出了我们的交付日期。他说着：'啊，救命啊！'回想起来，这是一个典型的项目管理案例，但对我来说却是全新的。我和所有的开发人员（当时大约有 30 人）进行了交谈。曾经在初创公司做过开发者，这一点对我很有帮助。"

"我先帮工程师们把他们的工作组织成一系列里程碑，一直排到 1.0 版本。那是一个疯狂的时期，我们必须在业务和产品计划还未确定的情况下保持代码库稳定。在早期，我很推崇敏捷开发[1]，但Android内部却对它秉持根深蒂固的怀疑态度。其他公司糟糕的敏捷实践让很多人不看好它。但随着产品的不断演变，我们发现这个项目更适合基于时间框架的开发模式。没有人知道我们什么时候可以完成，因为我们并不清楚'完成'意味着什么。"

"我创建了一些初始里程碑，比如'm1''m2'等，然后反过来问自己：'每个里程碑我们可以完成哪些东西？'我非常小心地让开发人员用'理想工程日'（Ideal Engineering Day，IED）进行粗略估算，尽量避免使用传统的敏捷术语。IED在最初的几个里程碑阶段发挥了很大作用，我们逐步完成了工作计划，并朝着某些目标前进。最大的胜利就是，将功能开发进度跟踪从甘特图转到可以跟踪Bug的地方。在过去的几年，我们逐渐摒弃了IED，但保留了很多发布节奏，如零Bug反弹[2]、特性完成（Feature Complete）等。随着我们不断从错误中吸取教训，它得到了极大的改进，并逐渐变得更大、更复杂。"

---

[1] 一种流行的软件开发过程，适用于需求不断发生变化的项目。

[2] 零 Bug 反弹（Zero Bug Bounce，ZBB）是指临近发布时为了达到一个目标，团队需要修复所有当前已知的 Bug（之所以用"反弹"这个词，是因为总是有更多潜伏的 Bug 等待被发现和修复）。在我开发 Android 的这些年里，我还没有看到团队真正能够做到接近零 Bug。于是，我将它重新定义为 **Ze Bug Bounce**。我们肯定是反弹了，只不过不是零 Bug。

甜点时间

Android使用甜点作为版本代号的传统源于Ryan的项目管理。"我记得早期有很多关于'1.0'版本含义的争论。Dianne、Swetland和其他人都对这个定义满怀热情。我建议先使用代号,然后再确定将哪个作为 1.0 版本的名称。Dianne同意按字母顺序命名,所以铁臂阿童木[1](Astro Boy)和Bender[2]很自然就成为第一批Android代号!我们选择的第三个代号是C3PO(《星球大战》里的礼仪机器人),似乎它将会是 1.0 版本的代号……但有一个问题[3],获取许可会拖慢我们的进度,而且这种情况也可能在未来的版本中出现,所以我们需要换成其他的东西。我当时(现在仍然)很喜欢吃纸杯蛋糕,我觉得我们在Sprinkles[4]庆祝发版是个好主意,所以基于甜点的代号就这么开始了!"

Michael Morrissey 回忆起 Ryan 对发版做出的贡献:"他就像是一把天鹅绒的锤子,他对技术足够了解,但又专注于保证开发进度。"

吴佩纯和项目管理

2007 年 9 月,吴佩纯加入 Hiroshi 的 TPM 团队,与 Ryan 并肩作战。她之前已经在谷歌担任过工程经理,她之所以加入 Android,是因为她之前做过这个工作,而且 Android 在奔向发布 1.0 版本的道路上需要这样的角色。

和很多工程师一样,吴佩纯与编程结缘也是从电子游戏开始的。在上三年级时,她的父母觉得她游戏玩得太多了,不想再给她买游戏了。"糟糕",她想,"如果买不了游戏,或许

---

1 铁臂阿童木是一个日本漫画形象,一个具有人类情感的机器人,诞生于 20 世纪 50 年代。

2 Bender 是动画片《飞出个未来》中的机器人角色。

3 我们之所以用甜点的名字,是因为甜点不能用来注册商标。当然了,一些版本的代号(K 和 O 开头的)还是使用了商标名称,但这些都获得了许可。我想,当时不会有人愿意为每一个 Android 版本去洽谈商标许可。此外,可供选择的甜点名称比机器人版本要多得多。如果我们只是因为用完了所有可用的名字而停止开发 Android,岂不是很不幸?

4 Sprinkles 是位于帕洛阿尔托谷歌园区附近的一家纸杯蛋糕面包店。Steve Horowitz 回忆说:"我想给在开会的团队买纸杯蛋糕。我给很多商店打了电话,都没能凑齐足够的份数,Sprinkles 那天刚好在斯坦福购物中心开业,于是我买了很多。"

我可以试着自己开发。"在接下来的一年里,她大部分时间都待在图书馆,阅读编程书籍,在图书馆的电脑上捣鼓,直到用做家务零工攒下的钱给自己买了一台电脑。

几年后,她拿到了认知科学学位,并在几家初创公司工作过,研究如何管理非结构化数据。她的第二家公司 Applied Semantics 在 2003 年被谷歌收购,他们的广告技术最终成了谷歌的 AdSense。

在谷歌,吴佩纯负责搜索设备,[1]然后是谷歌 Checkout,最后在 2007 年加入 Android 团队,大概是在 SDK 第一个版本发布的时候。

在此期间,她曾与几个不同的 Android 小团队合作过,从媒体团队开始。她负责处理外部公司关系,包括 PacketVideo(这家公司提供的软件成为 Android 视频功能的一部分)和 Esmertec。

Esmertec 提供的媒体应用将与 Android 设备一起发布,包括一个音乐应用和一个即时消息(IM)客户端。要让这些应用与 Android 底层的消息平台发生交互,需要处理很多细节问题。再加上 UI 设计发生了变化,吴佩纯需要出差到北京和苏黎世,与 Esmertec 的中国工程团队一起处理这些细节问题。

有一次去苏黎世出差,她注意到 Esmertec 的一位工程师带了一个装满辣椒酱的手提箱。四川成都以辛辣食物而闻名,但苏黎世……不是。这个装满辣椒酱的手提箱解决了在苏黎世生活两周无法吃到辛辣食物的燃眉之急。

除了多媒体和消息客户端,吴佩纯还帮 Dan Borstein 制订了 Dalvik 的发布计划,帮忙推出了设备早期的一些字体,并帮助硬件团队测试设备,通过了 FCC 认证。这种同时兼顾多个项目的工作方式在当时的团队中并不少见:"当时的情况不是'由谁负责哪个团队',而是哪里有需要就去哪里,谁有空就接手。"

---

1 在讲述系统团队 Nick Pelly 的故事时就已经提到过谷歌搜索设备(GSA)项目,Nick 在加入 Android 之前曾与吴佩纯一起开发 GSA。

28.
商业交易

合作伙伴对Android来说至关重要,一直以来都是如此。不仅谷歌在推出Android手机,大家都在这么做,[1]这也是推动Android增长的一个关键因素。

Android 早期有几个人分别负责合作伙伴和商业交易方面的工作。Andy Rubin 很清楚应该与谁合作,并很擅长促成合作。毕竟,他是移动设备公司 Danger 的创始人之一。Android 联合创始人 Nick Sears 来自 T-Mobile,谷歌后来与 T-Mobile 成功签约合作推出 G1,他在其中起到了重要作用。Hiroshi Lockheimer 在 Android 合作设备的项目管理方面发挥了关键作用。Android 的另一位联合创始人 Rich Miner 来自 Orange Telecom,他曾与运营商合作,并管理过一支以移动和平台公司(包括 Danger)为投资对象的风险基金。Rich 除了管理 Android 浏览器和语音识别团队,还和 Hiroshi、Tom Moss 组成业务团队促成了摩托罗拉 Droid 的交易。

Tom Moss 和商业交易

Tom Moss 在 Android 的早期参与了很多重要的商业交易,但在加入谷歌时他并不是在

---

[1] 好吧,也许并不是所有的公司。库比蒂诺有一家移动设备公司就不是 Android 的合作伙伴。

业务部门。"实际上，我是作为一名律师加入 Android 的。我是坏蛋，我们是来毁灭世界的。"

Tom 于 2007 年 5 月加入谷歌的法务部门。在加入谷歌之前，他的专长之一是开源技术。在刚加入时，他就被告知需要负责一个叫作 Android 的开源项目，这个项目将在秋季发布 SDK。

"高通是我的第一批交易对象，我的主要工作内容是获得 7200 AMSS 芯片组代码的许可，为发布 Linux 驱动程序做准备。当时的情况非常复杂，因为高通非常害怕开源。"

Tom 刚开始只提供法律方面的帮助，后来也直接参与交易。"我开始为 Andy 提供交易方面的帮助，也为 Rich Miner 和其他一些人提供法律支持。Andy 慢慢地把越来越多的事情丢给我：'这是我们需要完成的交易，去吧。'Andy 很忙，他不想所有的谈判和每一件事都去参与。"

他还想方设法把所有的利益相关者联系在一起：应用开发者、手机厂商、运营商和平台软件团队。动机是参与开源软件最重要的因素之一。为什么这些合作伙伴会关心 Android 平台呢？"如何在保持兼容性的前提下激励大家在这个生态系统上投入呢？"

当然，应用开发者会非常关心兼容性。能够在不同的 Android 版本上运行相同的应用肯定比在塞班和 Java ME 等平台上面临的情况要好得多，因为在这些平台上，应用程序需要经常重写才能在不同的设备上运行。但设备厂商所面临的情况不一样，他们习惯了只对自己的设备和实现负责。

幸运的是，设备厂商很愿意在他们的设备上安装谷歌的热门应用，如地图、YouTube 和 Web 浏览器。因此，Tom 想到了一个好主意，就是将访问这些应用作为一种激励，让合作伙伴通过使用 Android 的原始版本（而不是它的分叉版本[1]）来保持兼容性。

随遇而安

由于 Tom 越来越多的工作内容与交易而不是法律相关，所以他加入了一个叫作"新业务拓展"（New Business Development，NBD）的小组，专门帮助谷歌的各种团队处理业务方面的事情。不过，他继续为 Android 提供支持，只是不用直接向 Android 汇报工作。

---

[1] 随着 Android 的普及，使用非分叉版本最终成了一种激励因素。这给厂商带来了好处，因为他们不需要要求开发者为了他们独特的实现而修改应用程序。

与此同时，Andy 需要一个团队在日本帮忙处理技术问题（包括国际化和提供键盘支持），Tom 毛遂自荐。此举对他来说合情合理，因为他参与的许多交易都在亚洲。他被调到谷歌的东京办公室，并招了一批工程师，也因此错过了两周后在加州举行的 G1 发布会。

Andy 希望对 Tom 的工作有更直接的了解，于是 Tom 转到了 Android 团队。由于一些愚蠢的原因，比如 Android 是谷歌这家大公司的一部分，所以 Tom 必须被重新归类为工程师。"我相信，我是谷歌第一个走上技术晋升阶梯[1]的业务人员。所以我是一个纸面上的工程师。澄清一下，我从来没有写过代码。"

发布合作设备

在东京的办公室里，Tom 正忙着帮助当地的合作伙伴。

"谷歌在当时充当了一个非常有意思的角色。要推出一款手机，运营商只需要从 OEM（手机厂商）那里购买一款手机，但很多交易都少不了我们。无论是在包装盒，还是在手机或营销活动上，只要涉及我们的品牌或营销，就都与我们有关。我们参与这些交易的目的是为 Android 创造发展势头。我们需要和运营商及手机厂商协商很多东西。"

"我来举个例子。为了确保手机上安装的是正确的应用或服务，我需要和运营商 DoCoMo 及设备厂商 HTC 谈判。然后我们和他们一起做营销活动。工程师们和我校对了日文和英文用户手册的翻译，修正了他们犯下的一些非常愚蠢的错误，比如"电池是可消耗的"，说得好像你可以吃掉电池一样。我们做了所有的事情，涉及发布产品所必需的每一个环节。"

Jeff Hamilton 说，正是通过这种全球合作的方式，Android 才有了今天的规模。"市场上大约有 20 亿[2]台设备。一家公司不可能制造并支持这么多设备，更何况这些设备还存在多样性：人们想要不同的设备、不同的价格、配置，等等。这种多样性非常巨大。将平台开源，并提供技术支持，让合作伙伴开办工厂去生产用户需要的东西，比如为了土耳其的网络或其他不同的要求，不是哪一家独立的公司能够承担的。不同的地区有不同的需求，我们让不同的公司承担不同的部分，从而扩大了规模。"

---

1 也许这是通过谷歌技术面试的一个秘密策略：以律师的身份进入公司，然后转岗。好吧，当我没说过这句话！
2 截至 2021 年 5 月，实际的数字已经超过 30 亿。

29.
产品与平台之争

"这就是为什么它叫 ANDroid 而不是 ORdroid。因为如果我们要在两个选项中做选择,我们总是两个都选。"

——来自团队的声音

早期(以及之后的数年),团队中一直存在一个争论:他们是在构建一个产品还是一个平台?也就是说,他们是在开发一款或多款手机(产品),还是一个现在和将来可以在不同厂商制造的设备上运行的操作系统(平台)?

现在看来,这个结论已经很明确了。从 Android 生态系统的广泛程度就可以看出,Android 是一个平台。是的,它可以运行在谷歌的手机上,包括 Nexus 系列手机和最近推出的 Pixel 手机。它还可以运行在其他更多的手机上。Android 团队的人可能从未看到过这些手机,但它们都运行着谷歌应用和 Play Store。但在当时,他们还不清楚应该优先考虑什么。由于 1.0 版本的发布目标是 G1,所以两者之间的区别就很模糊了。但让争论变得更加复杂的是,构建一款特定的产品总是比构建一个灵活的长期的平台更容易(也更快)。所以,如果 Android 的首要任务只是将产品推向市场,那么专注于一款产品就是正确的选择。

与此同时,iPhone 采取了以产品为中心的策略。正如 Bob Borchers(时任 iPhone 产品营销高级总监）说的："当时我们并没有把 iOS 看成是一个平台。"事实上，App Store 甚至不在首款设备的开发计划之中，iPhone 只是一款带有苹果应用的苹果设备，这让苹果公司能够专注于做好特定产品的细节。

从那以后，苹果公司又发布了多款手机，并推出了 App Store，建立起一个庞大的开发者生态系统。但他们很清楚自己要开发什么样的产品，并能够对操作系统和平台做出适当的调整。谷歌也发布了很多款手机……但与其他厂商生产的手机数量和种类相比，这个数字微不足道。所以，对于 Android 来说，为所有设备提供移植能力比只完美支持谷歌设备（而让其他 OEM 厂商不便）要重要得多。

来自不同公司的人成了产品与平台之争的代表：Danger、Be/PalmSource 和 WebTV/微软。来自 Danger 的人更喜欢简单的解决方案，因为他们可以专注于打造产品。来自 Be/PalmSource 和 WebTV/微软的人具有更强的平台思维，他们倾向于将 Android 视为一个平台。

Romain Guy 说："来自 Palm 的人开发过 Palm OS 6，这个系统兼容 Palm OS 5。他们目睹了一个不是面向未来而开发的操作系统将会是什么样子,这个操作系统居然没有分辨率、GPU 之类的概念。"

在 Be 和 Danger 工作过的 Brian Swetland 看到了问题的两面性。"这两种思维我们都需要。这是我在 Be 学到的非常宝贵的一课。Be 也曾在这方面陷入僵局——太过于专注构建平台。但如果你不开发应用，只是构建一个纯粹的平台，你就无法完成这个闭环。你做的不是人们需要的东西。"

Brian 说，这个争论仍在继续。"直到今天，我都不认为已经有了清晰的结论。这曾经让 Andy 很抓狂。我们会召开全员会议，Dave Bort（或者我自己）会问我们究竟在做什么。我们肯定是在构建一个平台，而且这个平台上有很多产品。那么我们是在打造一款谷歌手机吗？或者我们是在构建一种方便 OEM 厂商推出他们品牌手机的东西吗？或者介于两者之间？这些年来，我们什么都做了。"

"Nexus 设备和现在的 Pixel 设备更加垂直。但在这个庞大的生态系统中，人们做着各种疯狂的事情。亚马逊推出了 Fire，他们以这个平台为起点建立了自己的平台，但又和这个平台不一样。"

Mike Cleron 说 Dianne "有清晰的愿景，'这不仅是为了发布 G1，也是为了未来'。她正在为即将到来的一切夯实基础。从 2006 年到 2007 年，Dianne 就已经看到了一些我们在 2013 年才需要的东西，并将它们融入 Android 的一些基础理念中。"

这个争论也出现在谷歌的董事会里。谷歌的高管之间也存在着分歧：一些人认为应该将 Android 打造成手机产品，一些人倾向于把它打造成平台，还有一些人介于两者之间。

Dianne 对这场争论做了总结："是平台还是产品，这一直是 Danger 和 Palm 两个派系之间的较量。Andy 的答案当然是：'两者都是。'这才是正确的答案。"

第三部分
Android 团队

从 Android 进入谷歌的那一刻起,他们就有了自己的做事方式。领导团队也一直努力保持这种状态。

30.
Android != 谷歌[1]

"在最初的几年里，没有人会怀疑其他人会不支持这项事业。我们都在同一条船上。"

——Brian Jones

Android 从一开始就有一种与谷歌其他团队截然不同的文化。尽管这个小小的 Android 初创公司被并入了大公司，但 Andy 还是努力让团队保持独立。

Jason Parks 说："Andy 和领导团队意识到，如果想取得成功，我们需要脱离谷歌的文化，并形成自己的文化。我不知道他是如何说服 Eric、Larry 和 Sergey 的，但他确实做到了。我们独立的就像一家由谷歌资助的小型初创公司。"

在谈到 Andy 有意将团队与公司的其他部门分开时，Mike Cleron 说："这给了团队喘息的空间，不用经常向谷歌高层汇报工作。"

但并不是团队的每一个成员都同意这种做法。Mike Fleming 说："这是一个自上而下的决定。我当时觉得这不是一个好主意，我其实是反对的。我希望我们能够与谷歌的文化建立

---

[1] 非程序员可能不明白这个符号是什么意思，"!="在代码里表示"不等于"。程序员在我们的日常用语中掺杂了大量的软件术语，可能是因为我们假设与我们交谈的人说的都是相同的语言。这是一种自我应验的预言，因为不理解它们的人会停止倾听。

联系，并参与其中。但这并没有发生。"

Android 的自我孤立体现在很多方面，比如在公司内部对项目秘而不宣，不参与公司会议和大型的讨论，因为团队认为这会让事情陷入困境。

所有这些都有助于让团队专注于发布每一个版本。但就像澳大利亚与大陆的分离导致奇怪的亚种群出现一样，Android 形成了一种不同于谷歌的莽性文化。

在谈到 Android 的文化以及这种文化赋予团队的独特使命时，Brian Jones 说："我们有点像是谷歌内部的一家小型的初创公司。我们不受谷歌其他团队的干扰。我们是一块小小的飞地，我们有很大的自主权。一旦你加入这个团队，所有人就都知道你也开始担负起这个使命。"

"我们可以针对一些实现细节或采用什么样的技术展开丰富多彩、充满激情的讨论。但是，在最初的几年里，没有人会怀疑其他人会不支持这项事业。我们都在同一条船上。"

Web 与移动

Android 做的产品与谷歌其他团队完全不一样，这也是 Android 在谷歌保持独立的原因之一。当时，谷歌主要开发 Web 应用，这导致他们对 Android 的态度是：Android 不是基于 Web 的，所以他们感到不自在，他们也无法理解移动软件的发布节奏。

首先，谷歌所做的基本上都与 Web 相关，对 Android 存在严重的不信任。当时有很多东西都可以用 Web 实现，为什么就 Android 不是基于 Web 的呢？要知道，当时的其他移动平台（包括 Palm 的 WebOS，甚至是 iPhone——苹果公司最初的外部开发者计划其实是 Web 应用）都在使用 Web 技术。然而，Android 却顽固地拒绝向这个方向发展。[1] 它提供了在原生应用中集成 Web 内容的能力（使用 WebView，并提供了一个完整的浏览器），但应用是用原生（而不是 Web）技术开发的，可以使用不同的编程语言、API，以及与 Web 应用完全不同的开发方式。

---

1 虽然当时的 Web 技术承载了很多希望，但它在功能、性能和在严格受限的条件下在运行程序等方面都有所缺失，而这些在当时的移动领域被认为是至关重要的。值得注意的是，尽管苹果公司曾试图朝这个方向发展，但最终还是为自己的 App Store 推出了原生应用。Palm 努力尝试推出 WebOS，但也没有成功。将 Web 技术作为移动设备通用解决方案的承诺在多年后还是没有兑现。

Android != 谷歌

其次，Android 尝试推出与传统的谷歌 Web 应用完全不同的产品。如果你想发布新版的谷歌搜索页面，花一个下午就可以搞定。如果它有 Bug，你可以马上修复，并在晚上发布更新。Web 产品的发布周期一般是几周，而且团队会一直不断地发布和迭代。但 Android 的情况不一样，这种方法和思维模式对 Android 来说行不通。

Brian Jones 解释说："Android 有硬件的部分，有厂商的部分，有运营商的部分，还有合作伙伴。你可以迭代搜索算法，但你不能迭代硬件。所以，你必须先设定一个截止日期，然后往回推。"

Brian Swetland 表示赞同："现实情况是，假设你要推出一款消费电子产品，有人已经承诺为你提供一条工厂生产线，或者他们为了实现销售目标安排了一场大型的营销活动，你就不能错过最后期限或把合作伙伴的事情搞砸。当你试着赶在最后期限前完成任务时，你会变得疯狂，因为如果你错过了最后期限，后果就是……三个月后你可能就推出不了产品，甚至可能永远都无法推出，因为现在你需要开发另一款完全不同的产品。"

Swetland将这种方式与谷歌的其他团队进行了对比："他们做的都是Web的东西：先是发布，如果有问题就回滚。但如果你是在工厂里烧录镜像[1]，想回滚就没那么容易了。"

陈钊琪是从谷歌的其他团队转到Android的，在谈到这种由硬件驱动的开发模式时，她说："Android是第一个让我知道圣诞节是在 10 月份结束的团队。如果你想让设备赶在圣诞节上市，所有的工作都必须在 10 月份前完成。这个截止日期太疯狂了，因为电路板[2]必须先确定好。这是我第一次遇到这种无法错过的截止日期。圣诞节不等人，电路板的印制速度也就这么快，所以你不能错过 10 月份的截止日期。"

这种以日期为驱动的心态最终形成了 Android 早期的那种努力赶工、以截止日期为导向的文化。

---

1 Brian 所说的"烧录镜像"指的是在设备上安装软件。在第 7 章（"系统团队"），San Mehat 所说的烧录是另一种意思。
2 要赶在假期销售手机，包括电路板在内的所有硬件都必须提前准备好。

31.
狂野的西部

"Android 给人的感觉就像是狂野的西部。"

——Evan Millar

Android 形成了自己的工程文化，不仅与谷歌的其他部门保持独立，开发的产品也与其他部门不同。Evan Millar 说："当时的 Android 给人的感觉就像是狂野的西部。没有太多的规则，没有太多的工具，没有太多的最佳实践、指南或任何能告诉你如何做事情的东西。你可以做任何你想做的事情，尝试任何你想尝试的东西。这是一种开放创新和鼓励尝试的文化，我非常喜欢。我在 Android 的大部分时间都很开心。"

"回顾过去，我可以看到这种方法的利与弊。显然，有很多人以前做过类似的事情，他们知道自己在做什么。他们都是非常聪明、非常有经验的人。很多人都曾在 Be 开发过操作系统。有一些人曾在苹果公司做过类似的工作。所以，并不是说我们没有深厚的专业知识和经验，实际上我们有。但还是感觉这里像狂野的西部，好像没有人知道他们在做什么，好像他们在摸着石头过河。我们不知道它是会失败，还是会成功。当它成功时，我想人们会既惊讶又兴奋。"

Android 和谷歌的文化差异也表现在其他一些细微的方面。谷歌一直以来就有"20%时间"这一说法,即允许员工将 20%的时间用在能够让谷歌受益的个人项目上。[1]这是一个伟大的传统,它促成了一些很棒的产品的诞生,比如Gmail。Android的工程师经常忙于自己的主线工作,无暇顾及其他事情,所以在Android团队中,20%时间并不常有。

Android 与谷歌

> "参与开发第一版地图的 Adam Bliss 曾表示,他喜欢为 Android 工作,但有时也会想念为谷歌工作的日子。"
>
> ——Andy McFadden

在 Android 被收购后的头几年,谷歌有很多人实际上根本不知道 Android 的存在,因为它是个保密项目。即使后来人们知道它的存在,它也并没有被视为一个成功的项目。

2007 年 8 月,也就是 SDK 发布之前的两个月,Dan Egnor 从谷歌的搜索团队转到了 Android 的服务团队。"当我决定加入 Android 时,有些人会问:'你为什么要这么做?很明显,iPhone 已经在市场上占据了主导地位,它是一款如此神奇的产品,你为什么要跟它对着干?'有时候碰巧让他们看到了早期的原型机,他们会说:'你们都落后了几个月了,为什么还要白费劲?很显然,苹果赢了。'"

San Mehat 也是从谷歌的另一个团队转到 Android 的。"在我们收购 Android 时,大多数人都在想:'我们到底在做什么?'"

Dave Burke 当时在伦敦负责移动团队,为非 Android 平台开发谷歌应用。他还记得团队内部对 Android 的感受:"它只是一个边缘项目,不可能取得成功。人们不想那么消极,但表现出来的态度却是'这太疯狂了,你怎么可能影响到整个电信行业?'"

与此同时,Android 团队正忙于开发 1.0 版本,没有太多的时间与谷歌的其他团队合作。Tom Moss 记得:"我们切断了很多合作机会。但我们不得不这么做。我们真的必须这样:'我们肩负着一个必须坚持下去的使命。当我们成功时,一切都会好起来。'"

Bob Lee 也是从谷歌的其他部门转到 Android 团队的:"它就像是一家开在公司里的公

---

[1] 周五不工作不符合"20%时间"规则。

司。有些人对被收购感到不满，希望继续保持独立的斗志。一开始，我们没有代码评审，面试的流程也不一样，人们不写测试用例……这对我来说是一种巨大的文化冲击。"

同样是从谷歌其他团队转过来的吴佩纯对此表示赞同。这让她想起了在加入谷歌之前工作过的公司。"典型的产品经理应该做的事情，比如设计文档、代码评审等，都被抛在了门外。我对此并不会感到很不自然，毕竟我曾在两家初创公司工作过，所以在我看来这很正常。感觉就像是又去了另一家初创公司，没有一点儿在谷歌的感觉。对于那些从谷歌转过来的人来说，这犹如让他们从梦中惊醒。"

Ficus Kirkpatrick 说："在他们看来，我们就像小丑。我们没有遵循软件测试实践，没有做任何测试……事实确实如此，只是这种看法变得根深蒂固和宗教化了。"

Cédric Beust 是从谷歌的移动团队转到 Android 的，他说："当我身处 Android 团队时，我有一种明显的感觉，我不再是谷歌的一部分了。我像是掉进了一个黑洞。"

Evan Millar 在 2012 年从 Android 转到谷歌的其他团队。他记得："从很多方面来看，我好像是加入了另一家公司。"

32.
有趣的硬件

当时,大家大部分时间都是在办公室度过的,所以偶尔会有人试着改变工作环境和使其个性化。

防干扰机枪

Romain Guy 谈到了他试图使用火力来阻止别人的干扰。

"我们一直都很忙,但总有很多人一直向我们(框架团队)提很多需求。有一次,我也不知道为什么,我买了一把 Nerf 玩具机枪。在美国公司里,做这样的事情很正常。"

"我把它挂在办公室的天花板上,所以当你开门的时候,它会正对着门。上面贴了一张纸,写着:'不'。"

"有一次我在家办公。第二天回来的时候,我发现我的 Nerf 玩具枪被架在了一个三脚架上。"

"Andy 看到了那把枪,并趁我不在的时候把它架在了三脚架上,还加了一个马达。我的桌子上有一个轨迹球,它有一个强劲的马达,可以旋转三脚架上的枪,并更快地扣动扳机。"

神秘的端口

有一天,Dan Morrill 发现墙壁中间的一个插座板上有一个可疑的 USB 端口,上面有一个神秘的标签,但没有说明它的用途。

44 号大楼墙壁中间的神秘 USB 端口
(图片由 Joe Onorato 提供)。

Dan 提了一个工单,要求网络基础设施团队对此进行调查,工单的标题是"为什么 44 号大楼的墙上会有一个 USB 端口?"。

谷歌非常重视安全问题,不管是物理方面的还是技术方面的。一个贴着神秘标签的 USB 端口引起了人们的注意。工单被接受了,安保人员收到了通知,并开始着手移除这个端口。

插座另一边的房间被电工控制了,外面有一个守卫看着。电工拆掉了插座后面的石膏板,以便看看里面是怎么回事。

里面什么都没有。它只是一个嵌在墙面里的 USB 端口。这是个恶作剧,或者,更确切地说,是工程师(特别是 Brian Jones、Joe Onorato 和 Bruce Gay)和无用的硬件之间的一种乐趣。他们小心翼翼地在石膏板上挖了一个洞,填入混合了他们灵感的热胶,并插入了一个从旧工作站拆下来的 USB 端口。Bruce 加了一个标签,让它看起来更正式一些。他们并没有计划要用它来做什么,他们只是觉得这样做很有趣。但安全部门却不会这么觉得。

电工用一块空白的石膏板替换掉了它,一切又恢复了原来的样子,却少了狂欢作乐的气氛。

网络开关

USB 端口被移掉后，留下的空白墙板太诱人了，它上面总得有点儿东西。团队不想再吓到谷歌的安全部门，但他们又想做点什么。

Android 部门里总是躺着很多硬件，特别是在 Brian Jones 的桌子上。Joe 和 Brian 四处寻找能用来控制网络的开关部件。

按下开关[1]，灯就变成红色，开关会发出嗡嗡声（他们找到了一些触控硬件，在关闭时会让面板发生振动）。

绿灯表示网络是打开的，按下开关，灯就变成了红色，开关会发出嗡嗡声（图片由 Jeremy Milo 提供）。

安全部门对这个东西倒是没什么意见，只要 Android 团队还在这栋大楼里，他们就一直允许它保持原样。

网络一直能用，所以大概没有人动过那个开关。

---

1 当我第一次在走廊上看到这个开关时，我的脑子里立刻冒出了一个想法：这太搞笑了，但我最好不要碰它，因为你永远不知道会发生什么。

33.
有趣的机器人

Andy Rubin 总是对机器人和这种类型的机器情有独钟。他在参与的项目中继续保持这种兴趣，包括在 2013 年从 Android 转到谷歌的另一个部门从事机器人研发。

这种对机器人的偏爱在早期的 Android 团队中就以不同的方式表现出来了。

Andy 参与过的一个项目是研发可以制作拿铁的机器人咖啡师。虽然不清楚他是否研发出来了，但在 45 号大楼的一个微型厨房里有一个看起来很奇怪的机器。这个区域被绳子围着，可能是为了起到保护（潜在的顾客[1]）作用。

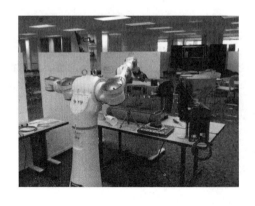

你想要无奶的还是全奶的？Andy 的机器人咖啡师正在制作拿铁（图片由 Daniel Switkin 提供）。

---

1 Fadden 说："它是一个很好的工业模型。我不认为我会用大锤去砸它，但我可以很肯定的是，它不可能反过来砸我。"

有趣的机器人

机器人还出现在 Android 大楼的走廊里，并随着 Android 的发展壮大，扩散到了其他大楼，甚至散布在谷歌园区里。

来自《禁忌历险》的机器人罗比被放在了 43 号大楼的二层，Android 团队在这里驻扎了好多年。

《迷失太空》里的机器人，被放在谷歌 43 号大楼的大厅后面。

来自《太空堡垒卡拉狄加》的赛昂战士在 44 号大楼的框架团队区域站岗。慢慢地，它的身上多了一些配饰，比如一件加拿大国旗斗篷、一根曲棍球棒和一顶 Noogler 帽子（图片由 Anand Agarawala 提供）。

34.
更努力，而不是更精明

"从文化层面来说，在 Android 上投入时间是非常有价值的。"

——Ficus Kirkpatrick

不管是在 Android 内部，还是在谷歌，Android 团队都以努力工作而闻名。Ficus Kirkpatrick 称为"Android 的硬通货"。

"我不认为我是一个聪明的工程师，但我很努力。我会通过努力工作和投入大量的时间来弥补受教育的不足。在最初的四五年里，有好几回，只要我是醒着的，就都在做事情。我睡眠不足，但我知道不只我一个人这样。"

"有些月份我每天都在工作。一天里，我最晚的上班时间是 9 点半，最早的下班时间是凌晨 1 点半。有时候我凌晨两点半回到家，只想做一些与工作无关的事，重新找回生活的气息。我坐在床上玩《游戏发展国》。我几乎无法保持清醒，但还是强迫自己'通过玩游戏找回乐趣！'然后我意识到，在过去的 20 分钟里，我做的事情是在模拟监督一个软件项目[1]。"

"在很大程度上，过度工作是我们自己的选择。我们真的想尽我们所能。我总是把它比作一种耐力运动项目，那一刻很苦，但结束后你会很开心。它就像是某种精神瘾头，让你一次又一次地重蹈覆辙。"

---

1 运营一个软件项目是这个游戏的前提。看来游戏的开发者知道他们的目标用户是谁。

Rebecca Zavin 也表示赞同:"与伙伴们一起努力完成某件事真的是一种令人心满意足的回报。'我们要待到很晚把事情做完,我们一起努力!'这是一种创业精神。"

吴佩纯说这种高强度的工作节奏是自发的,没有人要他们待到很晚,也没有人会因为他们在正常时间回家而惩罚他们。"我们都待在公司,因为我们想要看到一些实际的工作成果。"

Jason Parks 说:"我们的工作时间很长。有好几个星期,我与妻子唯一的见面机会是她来和我一起吃晚餐。我会很晚回家,睡上几小时,然后又回到办公室。她只有在来找我吃晚饭的时候才能见到我。"

在回忆起 Brian Swetland 的努力和专注时,Fadden 说:"有一天,Andy Rubin 突然走进来说:'Swetland,最近怎么样?'Swetland 头也不抬地嘟囔了几句,意思是如果他不被打扰,手头上的事情会进展得更顺利。Andy 就站在那里。最后,Swetland 抬起头,发现 Larry Page 也站在那里。"

显然,大家长时间的工作对团队产生了负面影响。例如,Tracey Cole 就发现这影响到了她的招聘:"在我刚开始组建行政团队时,谷歌其他团队没有人愿意来这里,因为他们都听说我们这里的工作太疯狂了。"

在谈到这对团队士气的影响时,Tom Moss 说:"在那段时间里,我们的士气分最低。但发版就是奇迹,发版解决了一切不开心。有多少次,Swetland 和其他人都到了'我**要辞职了!'的地步,然后我们成功发版,我们开派对,都很开心。然后我们又重头来过。"

"这很伟大,我很喜欢这样,我们都很喜欢这样。我们感觉自己就像是海军陆战队的特种兵在开发这个惊人的项目。我们与这个世界对抗,我们咬紧牙关,团结友爱。我们曾经感到很沮丧,过度工作,睡眠不足。但员工流动少得令人难以置信,尽管我们不断抱怨,尽管我们'士气低落'。"

2010 年,Tom 离开谷歌创办了一家初创公司。他在走的时候找 Andy 谈话。

"我女儿是在 G1 发布前后出生的。在发布 G1 时,她已经 4 个月大了。在我离开时,Andy 问我:'家里有个小孩,你还打算怎么创业?'"

"我说:'除非他们发明了第 25 个小时,否则我不可能比过去四年那样更努力地工作。'"

"就在那个时刻,你会想:'你有意识到吗?'"

San Mehat 回忆起团队努力工作的程度:"我喜欢这个团队。他们真的很棒。但我觉得我不能再来一次了,它会要了我的命。"

最后，1.0 版本完成了，一阵可怕的寂静袭来。

Romain Guy 还记得 1.0 版本发布之前的那段时间。在人们可以购买这款设备之前的三周，他们就停止了开发工作。"我们没有事情做了。我们不知道团队是否还在营业。我记得当时下午 5 点就回家了，但以前从未这么早回过家。我不知道该做点什么。人们平常在家都做些什么呢？"

然后 1.0 版本发布了，设备在商店里上架了。机器又开动起来了，团队又开始努力工作，推出了更多的版本。首先，他们需要持续地为合作硬件及时交付每一个版本。此外，整个团队都渴望让 Android 取得成功。虽然你可以眯着眼睛隐隐约约看到未来的影子，但第一款产品还无法改变游戏规则。它是一款不错的智能手机，但还不足以吸引全世界的注意。所以，团队一直在努力，因为要让 Android 真正释放潜力，他们还有很长的路要走。

35.
培根星期天

秋天的预兆

漂浮在清新的微风中

弥漫着培根的香味

——Mike Cleron

2009 年年末，也就是在发布 1.0 版本一年之后，Android 开始了培根星期天的传统，让超时工作成为一种惯例。在以前，大家会一直工作，后来，到了周末就不工作了。但 Android 仍然处于和以前一样生死攸关的局面（尽管有了更多的人）。发版期限非常关键，他们必须赶上这些日期。所以，在发版的尾声阶段，管理层会鼓励大家在星期天早上到办公室，并承诺提供丰盛的自助早餐（以及大量的工作）。这个不是强制的，也不是每个人都会来。但大家都明白，他们还有很多工作要做，团队合作会发挥更好的作用。

这个主意是 Hiroshi Lockheimer 想出来的。"我们的 Droid 发布计划已经滞后了，这可是一件大事。这是一个大版本，到时会有大量的市场营销工作在推进，所以我们想：'见鬼，我们该怎么办？我们周末得去办公室把它做完。'"

"我想让它变得有趣一些。我喜欢吃培根。但现在回想起来，并不是每个人都喜欢培根，所以培根可能不是最好的选择。我现在不怎么吃了。事实证明它对你的健康并没有太大好处。"

"我们有版本发布计划。我们有需要交付的设备。这些 OEM 厂商需要我们在某个日期之前为他们提供软件,否则他们就会错过假日销售季。好像天要塌下来了,Andy 感到很不安。"

"很显然,我们需要更多的时间。我能想到的唯一办法就是在周末加班。所以,星期天(不是每一个星期天)至少是在夏季,变成了一种……现在回想起来,一种悲伤的传统。"

到了早上 10 点(不管吃不吃早餐,大多数工程师都很难在 10 点之前到办公室),餐厅里就会摆满丰盛的食物,包括一大盘培根。人们走进餐厅,和同事一起饱餐一顿,然后回到自己的办公桌前继续干活。

当时(以及之后的很多年)负责框架团队的 Mike Cleron 喜欢写俳句,还喜欢把作品发给工程团队的人看。他也写了一些来纪念培根星期天:

> 周日里有奇景
> Android 战 Bug
> 是生活,还是科幻?
>
> 迷失在不眠的迷雾中
> 头脑昏沉,但精神矍铄
> 培根,给我们力量

2013 年秋季,在团队发布 KitKat 时,培根星期天的传统也随之终结。团队不断壮大,所以有更多的人帮忙在截止日期前完成任务。而且,后来的发布节奏也不像早期那样频繁,所以团队对时间进度也就没有那么恐慌。最后,管理层也意识到人们需要找回周末的生活。

所以,培根星期天的传统就终结了。团队成员们并不想念它。[1]

---

1 虽然我仍然很想念培根。

36.
来自巴塞罗那的明信片

GSM 世界移动通信大会（MWC）是移动通信行业最重要的商业活动。公司和个人聚集在一起，了解这个领域最新的进展，与合作伙伴会面，传达他们的想法，了解竞争对手的情况。

在早期，这个活动尤为有趣，因为这个领域正随着智能手机功能的演化而发生变化。Android 的领导团队每年都要长途跋涉，向大家展示 Android 正在开发的产品、Android 生态系统的状况以及与各个潜在合作伙伴的关系。

Andy 每年都会参加在巴塞罗那举办的 MWC，看看 Android 如果要保持当前的潮流或引领潮流需要整合哪些功能。他把报告发回山景城，要求他们开发这些新功能，而这通常会不可避免地发生在即将发布版本的时候，导致团队不得不快速开始新功能的开发，而此时正是需要关注产品质量和稳定性的时候。

这些年度插曲被称为"来自巴塞罗那的明信片"，Andy 会临时发回来这些可能完全来不及开发的新功能……但团队还是匆忙把它们实现了，因为是 Andy 要求的。

在回忆起这些晚到的功能请求时，Hiroshi说："我会发邮件给他们，说：'我刚和Andy开了个会，他希望在发布之前把这些功能做好。'这种事情总是发生在MWC期间，主要有两个原因。首先，当时正值我们的维护版本[1]发布期，所以我们会在秋天发布版本。在发布周期的最后，我们需要获得发布批准，而Andy是主要的审批人。其次，我和他一起在巴塞罗那，我可以向他展示：'Andy，我们要发布这些东西。看一看，你准备好了吗？'然后，几乎无一例外，他总会挑出至少一两个功能，因为这就是他的风格。"

Andy之所以要在发布之前加入新功能，这跟发布时间表和软件开发周期固有的延迟也有关系。"从我们开发完毕到真正出现在消费者手中会有一段时间的滞后。他不喜欢这种滞后，所以他不想等。当我们说'下一个版本'时，他知道这意味着6个月、9个月甚至1年。他会说：'我不想等那么久。在这个版本发布之前就完成吧。'"

"然后我就会灰头土脸地给团队发邮件说：'抱歉，但是……'"

---

[1] 维护版本是较小的版本，包含一些小功能或问题修复，这些问题要么是因为团队在发布主版本之前没有时间修复，要么是主版本发布之后在实际使用过程中发现的。

第四部分
发　　布

从 iPhone 发布的那一刻起，到 Android 1.0 发布后的第一年，所有的事情都与发布有关。不管是发布不同版本的 SDK、在 1.0 版本平台上迭代，还是发布各种各样的设备，团队都努力赶在每一个截止日期前将平台推给越来越多的用户。

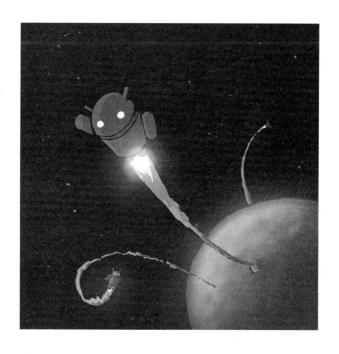

37.
竞　　争

"今天，苹果将彻底重塑手机。"

——乔布斯（2007 年 1 月 9 日第一款 iPhone 发布）

iPhone 于 2007 年 1 月发布，6 月份正式发售。这款设备通过触摸屏[1]实现用户交互，为消费者和整个行业带来了巨大影响，改变了人们对智能手机的看法，也改变了 Android 要在这个不断变化的智能手机市场中生存下来而需要做的事情。

当时，Android 团队的一名工程师曾经说过这样一句话："作为一名消费者，我被震撼到了。我很想马上买一台。但作为一名谷歌工程师，我想：'我们必须重新开始了。'"[2]

这句话暗示着 iPhone 逼着 Android 要改变一切，并重启它的开发计划。

但实际上并不完全是这么回事。

---

1 值得注意的是，iPhone 并不是第一款电容式触摸屏手机，这一殊荣应该归 LG Prada，它的发布和上市时间都比 iPhone 稍早。

2 当时，Android 团队的工程师 Chris DeSalvo 从 Fred Vogelstein 的书（*Dogfight： How Apple and Google Went to War and Started a Revolution*，Sarah Crichton Books 于 2013 年出版）中引用了这句话。这段话也被摘录并发表在《大西洋月刊》等杂志上。

Android 的计划确实发生了变化，但团队并不需要重新开始，他们只需要重新安排优先级和产品时间表。

在 iPhone 发布时，Android 团队还在埋头开发。他们正在开发的设备叫作 Sooner，之所以叫这个名字是因为他们想让它比真正的 Android 目标设备 Dream（基于 HTC 的 Dream 硬件）更快上市。Sooner 没有触摸屏，但有实体键盘，这是手机上常见的用户体验……当然，那是在触摸屏成为必备功能之前。

Dream 手机确实有触摸屏，Android 平台也整合了这个功能。但他们计划晚一些发布 Dream，因为团队正专注于为 Sooner 设备开发 1.0 版本。突然间，触摸屏功能的优先级变了，从随 Dream 一起发布变成了随第一款设备发布，而第一款设备也变了。

Sooner被放弃了，开发重心转向了Dream（也就是最后在美国上市的T-Mobile G1）。在谈到团队的转向问题时，Brian Swetland说："在iPhone发布时，我们的决定是：我们要跳过Sooner，并在Dream准备就绪时发布它。因为在乔布斯[1]发布了iPhone之后再发布像黑莓那样的全键盘手机是没有意义的。"

Dianne Hackborn 很喜欢这个变化，并将它看成是一个完善平台的机会。"如果它真的发布了，就不需要多进程支持了。这个东西当时给了我很大压力。放弃 Sooner 让我如释重负。当时的软件开发计划和硬件计划根本不一致。"

团队在 1.0 版本中实现了触摸屏功能。Jason Parks说："我们矛头一转，Marco Nelissen 就拿到了触控面板，捣鼓了一番，[2]我们就有了触控功能。"[3]

Swetland 谈到了 Android 因为要实现触控功能而完全重新开发的传言。"我觉得我们应该为此感到荣幸：他们认为我们可以在三个月内完全重置，重塑整个世界。但实际上，我们提前几年就构建好了适应性 UI 和工具，这些东西让我们可以重塑一切，并提前完成所有的工作。"

---

[1] 乔布斯当时已经是苹果公司的首席执行官。

[2] 这样的转向显示了团队集中精力打造平台（而非"产品"）的优势。Cédric Beust 说："我们之所以能够如此快速转向，是因为代码库已经为未来和假设的硬件提供了很大的灵活性。"

[3] Dream 设备过了一段时间才有，而且数量有限，无法让整个团队都用上。所以，他们使用了能够让他们独立于特定设备开发和测试平台触屏功能的硬件。

竞　争

但团队对这一变化也存在一些疑虑。Mike Fleming 说："我因没有发布 Sooner 而感到沮丧。我觉得我们可以在 iPhone 发布之前就推出 Sooner。"

不管怎样，在 iPhone 发布后，团队就开始对它津津乐道。《布雷迪家族》是 20 世纪 70 年代的一部经典的美国情景喜剧。在其中一集里，Jan 因为姐姐 Marsha 老是抢她风头而感到厌烦。有一次，Jan 忍不住惊叫道："Marsha、Marsha、Marsha！"在 iPhone 发布后不久，Android 大楼里到处散布着关于这款新设备的讨论，Andy 给团队发了一封电子邮件，上面写着："iPhone、iPhone、iPhone！"

Android 开始受关注

> "iPhone 让很多人投入了我们的怀抱。"
>
> —— Chris Dibona

> "在乔布斯演示完 iPhone 后，我们的电话就响个不停。因为苹果不会授权给你这些东西，所以你该怎么办？"
>
> —— Brian Swetland

iPhone 的发布影响了所有的手机厂商，波及了整个手机行业，引发了恐慌。然后，相当讽刺的是，这也是 Android 能够在市场上站稳脚跟的主要原因。

在 iPhone 发布时，用户看到了智能手机最新的表现形式，它拥有更多的功能和触摸屏驱动的用户交互体验。但运营商和厂商看到了一种潜在的垄断，这种垄断将会让他们出局。

iPhone 只有一家厂商，就是苹果公司自己。所有不叫"苹果"的设备厂商都将被挤出市场。此外，最初的 iPhone 在每个市场只与一家运营商合作（比如在美国是 AT&T），确保在用户签订的独家合约到期之前，其他运营商不会从 iPhone 用户（以及他们宝贵的数据）那里捞到任何好处。生态系统里的其他厂商，比如芯片供应商，也害怕被排除在外，因为如果苹果没有选择他们为 iPhone 供应芯片，那么他们也会被挤出局。

突然之间，以前害怕或忽视谷歌的公司不仅在回谷歌的电话，甚至主动来找谷歌。他们需要一款类似 iPhone 的智能手机产品，而 Android 为他们提供了一种可以快速达成目标的方式。

Iliyan Malchev 说，iPhone 的推出："让整个行业闻风丧胆。当时没有人拥有这么好的东西。坦白说，我们也没有。我们花了很长时间才接受现实。我们别无选择"。

Android 团队继续开发操作系统，与越来越多的合作伙伴合作，并最终为他们提供了一个平台，让他们可以基于这个平台为不断变化的智能手机市场推出自己的产品。

38.
在库比蒂诺那边

在iPhone开发和发布期间,Bob Borchers是苹果公司的iPhone高级产品营销总监。[1]

在 iPhone 发布时,Bob 出现在苹果官网的 iPhone 教程视频当中。这段视频的非凡之处不在于它是一个 iPhone 教程,也不在于 Bob 的出镜,而在于乔布斯没有出镜。苹果公司把大部分有个性的人物深藏在紧闭的大门之后,这是业界众所周知的。只有百里挑一的人才会被指定为公司的代表。那个时候,(当然)主要是乔布斯。

一位在苹果公司工作的朋友向我介绍了那边的一些情况。苹果是一个消费者品牌,与谷

---

[1] 我采访过的一个人说,如果能知道苹果当时在想什么,那将是一件非常酷的事。但这似乎是一个白日梦。我想,如果我出现在苹果园区,他们不太可能把我请进去,并告诉我 12 年前在库比蒂诺园区发生了那些事情时苹果公司在想什么。

然后我意识到,我碰巧认识一个可以帮忙的人。我在一次的学校亲子活动上遇到了 Bob Borchers,并认出他就是 iPhone 教程视频中的那个人。

多年后的一个晚上,在从公司回家的公共汽车上,我又遇到了他,当时 Bob 已经加入了谷歌。

硅谷是一个很小的地方。这里生活成本很高,很拥挤,但这里的人和公司在很多方面以各种方式产生着交集。

歌或微软这样的公司不一样，它的核心不是工程师或工程技术，而是通过技术来创造消费产品。它的消费者品牌策略之一是向世界展示一种光滑、精致、一致的感受。

Bob 解释了他是如何出现在那个视频里的。"为了介绍 NeXT，乔布斯做了一个视频，他坐在那里一个半小时，向人们介绍 NextStep，包括操作系统和硬件。除了展示所有非常棒的东西，还教人们如何在 NextStep 上构建他们的第一个程序。当我们在考虑如何向世界介绍 iPhone 时，我们就借鉴了这个模板，并说：'让我们再来一次。'刚开始，我们的任务是写一个粗略的脚本，我是临时的演示者。结果，这次演示变成了接下来几个月都要穿着黑色 T 恤出现在镜头前。"在团队准备录制最终版本时，乔布斯太忙了，所以 Bob 接手了他的工作。

当时，苹果内部一直有传言说谷歌正在做一件大事。"有传言说谷歌将在移动操作系统方面做一件大事。不是'将会有一款令人惊艳的硬件'，而是'他们将构建一个其他人可以使用的平台。'"

Bob 可以确定传言当中的一些具体的时间点，因为当时他在跟谷歌开商讨会。"我记得是 2006 年 10 月，因为在第一次商讨会上，谷歌的首席产品经理穿着修女装参会。这是苹果、iPhone、谷歌和谷歌地图第一次齐集在 2006 年的万圣节。我和一个修女在会议室里坐了两小时，而且还是个男修女。"

但是，既然谷歌在移动设备方面没有做出什么惊人的成绩，那么为什么苹果会特别关注谷歌呢？苹果在移动领域已经有很多其他的竞争者，比如 RIM、诺基亚和微软。"微软已经凭借 Windows Mobile 进入了这个市场。根据我们的分析，微软不懂硬件，所以它的产品体验很糟糕。其他玩家不懂软件。我们认为软件将会吞噬这个移动世界。"

"谷歌的最大威胁是它了解软件和服务。事实上，谷歌可能比苹果更了解它们。所以，我认为苹果最根本的担忧是，谷歌这家之前就大规模开发软件和服务的公司，可能也将理所当然地对 iOS 这样的新平台构成重大威胁。"

"另外，谷歌是唯一一家在与运营商合作时不存在业务风险的公司。"

苹果非常想知道第一款Android设备G1 发布之后将会有怎样的结果。"我记得在G1 上市的第一天，我就去旧金山的商店买了一台，并把它带回库比蒂诺。软件体验嘛……我们觉得是有潜力的。"但G1 产品本身并没有在库比蒂诺[1]引起太多恐慌。

在看到这款设备后，苹果不再那么担心 Android，或者至少不再担心 G1 了，因为他们认

---

1 苹果公司总部位于加州的库比蒂诺，硅谷的中心。

为竞争是在产品层面上,而不是在平台层面上:"我们并没有把 iOS 看成是一个平台,直到我们正式发布第一个 SDK 和 App Store(已经是两到三年之后),才开始将其视为一个平台。"

Android 在应用市场方面击败了苹果。Android 1.0 发布了 Android Market,允许开发者发布自己的应用。iPhone 在最初发布时没有 App Store,也没有打算提供。

iPhone 上市后,人们强烈想要有更多的应用。"有很多开发者表达了愿望,并提出了请求。刚开始他们直接创建 Web 应用,因为人们不需要在手机上安装任何软件就可以拥有类似应用程序的体验。我们认为 Web 应用会成为主流。"

但最终,消费者和开发者都向苹果施压,要求为 iPhone 提供高质量的原生应用。"我们非常看重用户体验,用户告诉我们他们想要使用更高质量的应用,开发者告诉我们他们想要开发更高质量的应用。"于是,App Store 发布了,它采取了比 Android 更严格的审核模式,与苹果一向以来严控整体用户体验的做法保持一致。

Bob 还谈到了 iPhone 对运营商的影响。iPhone 在美国与 AT&T 签订了独家协议,在其他国家也签订了类似的独家运营商协议。这迫使 T-Mobile 和 Verizon 等其他运营商另寻他路。"我们很早就决定在每个市场只与一家运营商合作。这意味着每个市场都会有两到三家运营商需要通过其他方式来填补空白,这就为 Android 创造了机会。"

2009 年,Bob 离开了苹果,[1]也就是在iPhone发布两年后。[2]

---

1 2009 年,我问 Bob 离开苹果是什么感觉。他说:"乔布斯不能再对我喊大叫了。"
2 在我采访 Bob 时,他是谷歌平台和生态系统(包括 Android 和 Chrome)营销副总裁。在我写完这本书时,他又回到了苹果,担任产品营销副总裁。在硅谷,不只设备是移动的,人也是移动的。

39.
发布 SDK

2007年11月5日,Brian Swetland和Iliyan Malchev为一个介绍视频录制片段[1](图片由吴佩纯提供)。

"通过向开发者提供更高水平的开放性,提升他们的协作性,加快了 Android 向消费者提供更有吸引力的移动服务的步伐。"

—— 2007年11月5日开放手机联盟新闻发布会

---

[1] "Introducing Android"这段视频仍然可以在 YouTube 上看到。

发布 SDK

Android 早在发布 1.0 版本、源代码或物理硬件之前就发布了一个早期版本的 SDK。尽早发布 SDK 可以让开发者有足够的时间了解、构建和测试他们的 Android 应用，团队也有机会从开发者那里获得反馈，从而知道需要在 1.0 版本之前修复哪些问题。

2007 年 11 月 5 日：开放手机联盟

11 月 5 日，谷歌宣布成立开放手机联盟[1]（Open Handset Alliance，OHA）。OHA 是团队实现他们所设想的生态系统的重要一步。与由一家公司控制平台的传统模式（这种模式以苹果和微软为代表）不同，OHA 承诺提供一个所有公司都可以使用的开源平台。这里面有运营商、硬件厂商和软件公司，包括：

- 移动运营商，比如 T-Mobile、Sprint Nextel 和沃达丰。
- 手机厂商，比如华硕、三星和 LG。
- 半导体公司（手机芯片厂商），比如 ARM 和 NVIDIA。
- 软件公司，比如谷歌和 ACCESS[2]。

这一声明承诺了很多东西，但它只是一个新闻发布会——大量的漂亮话，描绘了光明的未来，但还没有实际的产品。

11 月 7 日至 8 日：行业接待

那些不属于 OHA 的移动领域玩家似乎并没有太在意这一声明。

---

[1] OHA 的官网还在，你可以浏览有关这个组织的信息，包括自第一次新闻发布会以来加入的合作伙伴，以及 Android 平台不同时期的各种有趣的图片和视频。主页上甚至还有一个"What's New"栏位，最近的一次新闻发布会更新于 2011 年 7 月 18 日……可见这个组织在今天的 Android 生态系统中的重要性是怎样的，但不管怎样，它是 Android 历史和发展的重要组成部分。

[2] 看到 ACCESS 出现在名单上，我被逗乐了。之前提到过这家公司，它收购了 PalmSource，但不久之后，几个对这家公司不再抱有幻想的员工离开并加入了 Android。

11月7日，也就是在OHA宣布两天之后，塞班的高管John Forsyth在接受BBC采访时说："搜索和手机平台是两个完全不同的东西。日复一日地为用户提供手机支持服务是一项高成本、艰巨甚至非常乏味的工作。谷歌缺少这方面的经验。他们正在讨论的是如何在明年年底推出一部手机，这并不能激发开发者的热情。"

第二天，Steve Ballmer（当时的微软首席执行官）在新闻发布会上说："他们现在只是纸上谈兵，还很难明确地与Windows Mobile对比。他们现在只有一个新闻发布会，而我们有数百万的客户，有很棒的软件和硬件设备。"

当时似乎有一种空气中弥漫着雾件[1]的感觉。新闻发布会是一回事儿，发布手机平台是另一回事儿。

11月11日：SDK发布

11月11日，也就是在OHA宣布6天之后，Android SDK发布了，构建版本为**m3**[2]。

在OHA宣布时，SDK就已经准备就绪了。但他们决定先开新闻发布会，等上几天再发布代码。这为行业普遍的不信任情绪提供了缓冲期。6天后，团队发布了SDK，这让之前的声明变得非常真实。

SDK已经放出来了，应用开发者可以下载它，并开始用它开发应用程序，但它还不是最终版。例如，第一个版本有一个模拟器，看起来很像Sooner（实体键盘比屏幕占了更多的机身空间，但它支持触控，而Sooner不支持）。模拟器也带了很多功能性的应用。Android已经是一个完整的系统了，尽管还没有可运行的物理设备，API也不是最终版。

---

1 技术领域一直以来都有一个糟糕的传统，就是喜欢过早地发布产品，即使现实中还没有这个产品，可能还是梦想，因此就有了"雾件"（Vaporware）这一说。也许他们这样做是出于某种愿景或恐慌，但有时候确实会过早地推出产品，当现实达不到预期时，最终不得不收回最初的承诺。

2 m3代表里程碑3。m1和m2是内部里程碑版本。后续的版本是m3（Bug修复版本），然后是m5（API发生变化）。在发布Beta版本时，这个里程碑命名方式就被弃用了，直接叫0.9版本。

发布 SDK 275

第一版 SDK 的模拟器有点儿像最初的 Sooner 设备，带有实体键盘，但与 Sooner 不同的是，它的屏幕支持触控。

在 2007 年 12 月发布的 m3-r37 版 SDK 的模拟器。

在一个月后发布的 **m3-r37a** 版 SDK 中，模拟器变成了一个更现代的设备，拥有更大的触摸屏。

值得注意的是，所有这些SDK仍然可以在安卓官网上找到，[1]而且模拟器仍然可以运行。要不要使用这些预发布的Android版本取决于你自己，但不管怎样，你仍然可以使用它们，这是一件很酷的事情。Android一直以来都是开放的，包括那些过时的版本，尽管这些版本实际上从未随硬件一起发布。

命名这回事

给产品命名可能是一项艰巨的任务，特别是如果需要律师介入的话。[2]内部代号可以是

---

1 至少在我写这个脚注时，这些 SDK 都还可用。在你阅读这个脚注时，它们是否还可用就不知道了。未来就像软件项目一样：我们很难准确地预测它会是什么样子，但最终一切都会显露出来。

2 Android 历史上还有其他类似的例子，比如谷歌的 Android 系列手机使用"Nexus"一词来命名，这一做法就受到了科幻作家 Philip K. Dick 的非难。

任何东西，因为外部的世界可能永远不会知道它们，也不会与其他人，或者公司的产品或名称发生冲突。[1]但是，当内部产品变成公开的产品时，事情就变得复杂了。你必须搜索一下商标，如果你想用的名字已经被其他人注册了，你必须想办法解决，通常是换一个新名字。

在发布前的几周，有人担心 Android 这个名字不能在外部使用。Dianne 说："我记得我们非常担心可能存在名称冲突，因为 Android 这个词在当时已经被广泛使用了——所有的 SDK，到处都是。如果我们不得不在 API 中修改名称，那么将变得一团糟。"

所以，团队想出了一些其他的名字，比如 **Mezza**[2]。Dan Morrill 解释了这个名字背后的逻辑："它的意思是夹层[3]，就像中间件一样。不用说，没有人喜欢它，最终的决定就足以说明了。"

Android 开发者挑战赛

发布一个新平台的难点之一是如何让所有人都能使用它。在 SDK 发布时，除了 Android 团队，它在全世界范围内的用户数为零，而这个数字可能要过好几个月才会发生变化，因为 Android 设备要到 1.0 版本发布后才可能上市。团队必须想办法让开发者对这个没有用户的新平台产生兴趣，并为它投入时间和精力。

于是，团队想出了举办 Android 开发者挑战赛这个主意。2007 年 11 月 12 日，第一篇关于 Android 的博文在结尾处放了一个诱人的钩子："我们很期待看到开发者在一个开放的手机平台上开发出令人惊叹的应用程序。你可以带着你的应用加入 Android 开发者挑战赛——谷歌赞助了 1000 万美元，旨在支持和表彰那些为 Android 平台开发优秀应用的开发者。"

2008 年 1 月 3 日，挑战赛正式开始。在 4 月 14 日之前，团队都在接受参赛作品，然后

---

[1] 有时候甚至连内部名称也会有问题。20 世纪 90 年代初，苹果公司曾用"Carl Sagan"作为一款电脑系统的代号，后来被天文学家 Carl Sagan 起诉。于是团队将代号改为 BHA，即"活宝天文学家"（Butt-Head Astronomer）的意思。

[2] 他们想到的另一个名字是 Honeycomb，在 2011 年时成为 3.0 版本的代号。

[3] 夹层（Mezzanine）的解释比我第一次猜想的要好，当时我觉得可能是指"Meh"（咩）。Mezzo 是一个意大利语单词，我练习古典钢琴很多年，所以记得很清楚。我会在某一段音乐的力度变化中读到它，比如 **MF**（Mezzo Forte，中音），意思是"稍大声"。Mezzo 不是一个具体的东西，它是一个形容词，意思是一半。而"Mezza"也不是一个词，所以我猜指的就是"Meh"。

发布 SDK

发送给世界各地的评委，选出排名前 50 的应用。这 50 名开发者每人都获得了 2.5 万美元的奖励，并进入第二轮。在第二轮中，对于排名前 10 的应用，每个开发者都获得了 27.5 万美元的奖励，后面 10 名开发者每人都获得了 10 万美元的奖励。如果你算一下，谷歌在这场比赛中就给出了 500 万美元的奖励。

很难说团队花出去的钱是否物有所值，因为这些应用在当时还不能提供给用户使用。在当时，除了 Android 团队，还没有人能买到可以运行这些应用的设备。最终名单于 2008 年 8 月公布，比第一款 G1 上市整整早了两个月。但挑战赛确实激发了开发者的兴趣，总共有 1788 款应用参加了挑战赛，尽管没有用户，发布日期也未知。

挑战赛不仅激发了开发者对这个平台的热情，让开发者熟悉这个平台并获得他们的反馈，也有助于平台团队为 1.0 版本的最终发布做好准备。Dirk Dougherty 解释说："我们必须先弄清楚如何开发应用，然后再向人们解释。我们需要处理所有的反馈。我们现在会得到很多反馈，但在当时，这是全新的 API，全新的平台，没有人开发过能够访问传感器等硬件的应用，所以会出现很多我们没有考虑到的情况。"

甚至对应用的评审过程也是……独一无二的。谷歌希望评委是来自世界各地开发者社区的有影响力的人物。他们想让这些评委的远程工作变得更容易一些，但在当时要运行 Android 一点也不"容易"。要运行应用程序，评委必须在自己的电脑上安装 SDK，运行工具，启动模拟器，通过命令将应用加载到模拟器中，然后启动应用。参与评审的应用将近 1800 个，显然不能大规模使用这种评审方式。

为此，谷歌给每位评委送去了笔记本电脑，预装了由 Dan Morrill 的开发者关系团队开发的工具，用于启动模拟器，并提供了一个 UI 来选择要测试的应用，然后在模拟器上安装和运行。"我们给世界各地的每一位评委送去了一台笔记本电脑。这太疯狂了！这些笔记本电脑大部分都没有归还。其中归还的一台被装在一个盒子里，但不知道为什么里面还装满了各种填充动物玩具。"

预选赛前 50 名的清单在Android开发者博客[1]上公布，排在清单第一个的是"AndroidScan"，作者是Android团队的Jeff Sharkey[2]。他并不是因为自己是谷歌员工而入选，相反，是因为平台团队在比赛中看到了他的作品才把他招进来的。"我受邀到山景城开发秘密设备G1。我

---

1 如果你对本书中没有提到的 Android 历史细节感到好奇，可以阅读这些旧博文。它们可能没有涉及内部细节，但提供了很多与 Android 团队相关的信息。

2 另一位入围的开发者是 Virgil Dobjanschi，他后来也加入了 Android 团队。举办开发者挑战赛的本意并不是要成为招聘工具，但它确实带来了不错的附带好处。

在山景城并没有在开发这款应用,相反,我开发了另一款,[1]通过优化的算法在没有网络连接的情况下进行区号到城市的呼叫者ID查找。"Jeff后来继续开发AndroidScan,将其改名为CompareEverywhere,并最终成为十大赢家之一。

  挑战赛结束后,团队继续开发产品,并于2008年10月发布了1.0版本。2009年5月,他们举办了第二次竞赛,又给出了500万美元的奖励。这一次,Android吸引到了真正的用户,Android Market也正式开放了。现在,Android拥有了真正的用户和开发者,而不只是预发布平台的参赛者。

---

1 Jeff在访问谷歌园区时开发的第二款应用是RevealCaller,它是开源的。

40.
1.0 冲刺

从2007 年 11 月首次发布 SDK，到随 G1 一起发布 1.0 版本，有将近一年的时间。那么在这段时间里都发生了什么？

首先，时间并没有你认为的那么长。

一些软件产品可以根据具体情况快速发布版本。如果你只是简单地更新网页上的一些代码，那就可以立即发布。如果那个版本中有Bug，你可以修复它，并再次发布。但如果你的产品不像网站那样容易发布，就需要在发布前做一些测试和确保稳定性的工作。你不希望用户在进行了费劲的更新之后，因为发现了一个Bug而又要重复这个过程。所以，你至少需要几周时间[1]，而交付硬件，比如G1，以及它所依赖的软件，需要更长的时间。

SDK 是软件，开发团队可以通过修复 Bug 不断对它进行更新（就像他们在 1.0 版本之前发布的 Beta 版），直到"完成"。但这个版本需要在 G1 上运行，而 G1 存在各种各样的限

---

[1] 或者更长时间，具体取决于产品的规模和软件的使用环境。例如，相比约会软件，核电站使用的软件应该要进行更彻底的测试。

制。因为手机需要通过运营商严格的合规测试,所以团队必须更早开发完这个版本。Romain 说:"在手机上市前一个月一切都要准备就绪,而在那之前还需要进行三个月的运营商测试。"因此,为了能够在 2008 年 10 月中旬推出 G1,团队必须在 6 月完成平台开发(除了修复在测试期间出现的关键 Bug)——这距离最初的 SDK 发布只有 7 个月时间。

在这 7 个月的时间里,有很多东西需要修复,比如 API 调整、性能优化和非常多的 Bug。

兼容性的代价

API 在公开发布之前需要进行润色调整。SDK 是 Beta 版,开发者可以用它开发应用,但 API(方法名、类等)还不是最终版。一旦 1.0 版本发布,一切就都定下来了,API 就不能变了。在不同版本之间修改 API 意味着使用这些 API 开发的应用有可能在用户设备上发生不可预知的崩溃。

这种兼容性对 Android 平台来说非常重要,因为 Android 平台无法强制开发者更新应用,也无法强制用户安装这些更新。假设一名开发者在 10 年前开发了一款应用并上传到 Play Store,在世界的某个角落有个用户正在愉快地使用着这款应用。然后,用户将手机系统升级到新版本,如果新系统修改了旧应用使用的 API,这款应用可能就无法正常运行,甚至发生崩溃,这显然不是谷歌希望看到的。所以,旧 API 需要一直存在,而且需要一直为它提供支持。

因此,Android团队对新API必须非常确定,因为他们将与之永久相伴。当然,人总是会犯错,或者在事后你会发现有些东西可以用不同的方式实现。[1]Ficus Kirkpatrick说:"你可以尝试把东西设计得很完美,但当你还在实验室里忙着打磨它时,有人会做出一些让你黯然失色的东西。"

团队努力把 API 打磨到自己愿意与之永久相伴。1.0 版本之前的一些变更,比如方法名或类,都是次要的,但有些 API 被完全移除了,因为平台不想永久支持它们。

Romain Guy 说:"在 2008 年期间,我花了很多时间清理 API,并在发布之前从框架中移除了很多 API。"例如,他移除了 PageTurner,一个实现了撕纸效果的类。它最初是为早

---

[1] 开发 API 是一个为未来留遗憾的过程。即使它现在看起来还不错,但需求会不断发生变化,技术也在不断发展,几年后你可能会采取不同的做法。你只能尽你所能向前进,因为把东西做出来总比什么都不做要好。

期的计算器应用开发的,用于在清除计算内容时显示有趣的动画效果。但计算器的设计已经发生了变化,也就不再使用那个动画了。这种特殊的效果有点儿鸡肋,不适合放在公共 API 中,所以被移除了。

计算器的撕纸效果很酷,但不是很实用,
所以 1.0 版本之前的平台 API 将其移除。

Jeff Sharkey是当时的一名外部开发者,在谈到这个阶段的API混乱情况时,他说:"在 1.0 版本发布之前,SDK的部分内容在各个预览版中非常混乱。每个快照版本都会添加或删除UI组件,或者修改UI组件的皮肤[1]。整体功能都被破坏了。"

但这并不意味着就没有糟糕的API会悄悄地潜伏在 1.0 版本中(参见"为未来留遗憾"脚注)。以ZoomButton为例,它是一个工具类,用于将长按动作转换成多个点击事件,并发送给处理缩放的逻辑代码块。ZoomButton本身并不处理缩放,事实上,它除了将一种类型的

---

[1] 更换皮肤是指在视觉上而不是在功能上改变 UI 的外观。例如,按钮和其他 UI 元素可能会使用新的颜色或外观,但大小和功能保持不变。这就像给房子刷上一层新漆,房子里可能有破损的门、漏水的水龙头、脏乱的厨房,但从外面看,它是崭新的。

输入（长按）重新解释为另一种类型的输入（多次点击），并没有做任何其他事情。但不幸的是，它一直留在 1.0 版本里，直到几年后发布Oreo时才被弃用[1]。

性能

这个阶段的另一个关键任务是优化性能。尽管当时的硬件已经比早期好了很多，可以为更多的智能手机功能提供支撑，但 CPU 的性能仍然非常有限。此外，手机上发生的一切活动都会消耗电量，导致用户需要频繁地给手机充电。因此，对于平台和应用工程师来说，他们需要尽一切可能让程序运行得更快、更流畅、更高效。例如，Romain Guy 和 UI 工具包团队的其他成员花了大量时间优化动画和绘制逻辑，避免它们做不必要的工作。

Bug、Bug、Bug

在即将发布 SDK 时，G1 的硬件终于可以在内部广泛使用了，于是团队可以在真正的硬件上测试他们的代码了。有了这些设备，每个人都可以把它们作为日常使用的手机，也就可以发现很多 Bug，并在 1.0 版本发布之前修复它们。

Romain 说："那段时间发生了什么？不计其数的调试。"

复活节彩蛋

有一个东西没有被加到 1.0 版本中，一个复活节彩蛋[2]，它列出了这个版本所有参与者的名字，这让人想起了Macintosh电脑机箱内部的开发者签名。Romain Guy做了这个彩蛋，但从未被发布。

---

1 弃用相当于移除 API，就是将 API 标记为"不应该再被使用"，但实际上并没有删除。如果开发者使用了这些 API，在构建应用时会看到警告，但不影响程序的运行。
2 复活节彩蛋是隐藏在应用程序中的特性，开发者在应用中放置这些特性是为了好玩，他们发现用户也会觉得好玩。

"你可以在拨号器中为所谓的'秘密代码'注册一个 Intent。当你拨打*#*#时,再加上一个号码和*#*#,它就变成了一个系统命令。有时候,ISP 可能会要求你输入类似这样的东西来完成一些特殊操作。"

"Launcher 就注册了一个代码。如果你输入这个代码,Launcher 就会被唤醒,并在我隐藏的一个图标中找到参与 1.0 版本开发的团队成员的名单。它会弹出一个滚动显示名单的 UI。实现这个功能的代码被放在 Java 源代码的注释中,所以很隐蔽。"

"我们把它变成了一个功能。我们开始收集更多的名单,包括外包人员。我们加了越来越多的人名,但因为有人担心会漏掉一些人,所以决定停止收集。"

"所以,这是一个很酷的复活节彩蛋,但死在了襁褓之中。"

最近发布的 Android 版本都有复活节彩蛋,大部分是由系统 UI 团队的 Dan Sandler 实现的。这个传统是在 1.0 版本发布之后又过了几个版本才开始的,也许是因为团队有了喘息的时间,可以做一些非关键的东西。或者,也许是因为出现了像 Dan 这样编程速度又快又有艺术才华和幽默感的人。在系统设置中长按构建信息,将会出现一些东西。有时候是一个漂亮的视觉效果,有时候是一个简单的游戏或应用,但从来都不会是开发者名单,因为开发者名单太庞杂了。

应用程序

在 1.0 版本冲刺阶段,特别是在最后只允许修复关键 Bug 的时候,团队也花了一些时间在应用开发上。Mike Cleron 说:"我的职业生涯的大部分应用开发经历都发生在这个阶段。"

开发摄影应用的 Mike 和 Romain 对风景摄影充满热情。开发真实的应用不仅为用户提供了更多的功能,还有助于平台开发者从应用开发者的角度来理解平台,从而在未来的版本中提供更好的 API 和功能,当然,也有助于发现和修复 Bug。

41.
1.0 发布

科技行业有一个由来已久的传统，在发布软件时会向团队发放 T 恤以示庆祝。这款 1.0 版本纪念 T 恤是众多 Android 纪念 T 恤中的第一款（图片由陈钊琪提供）。

2008 年秋天，Android 1.0 的发布经历了四个阶段。

9月23日：SDK 发布

SDK 最先在 2008 年 9 月 23 日发布。自 10 个月前发布 m3 版本以来，一直到 5 周前（也就是 8 月 18 日）发布 0.9 版本，1.0 版本也只是这一系列更新当中的一个。

但 1.0 版本不只是一次简单的迭代，它是正式的 1.0 版本。它代表了团队对 Android 的最终想法，平台 API 将不会再发生变化。

按照惯例，谷歌只是简单地发布了这个面向开发者的 SDK，没有进行大肆宣传。他们没有召开新闻发布会，只是将 SDK 上传到服务器，并附上发布说明。即使是发布说明中的介绍性文字也只是轻描淡写。如果你事先不知道它是一个发布说明，可能会认为它只是一个简单的更新（从某种程度上说，它确实是）：

> Android 1.0 SDK, Release 1
>
> This SDK release is the first to include the Android 1.0 platform and application API. Applications developed on this SDK will be compatible with mobile devices running the Android 1.0 platform, when such devices are available.
>
> 轻描淡写的 1.0 版本发布说明。[1]

但发布说明中确实包含了一个针对关键功能缺失的道歉："我们遗憾地通知开发者，Android 1.0 将不支持点阵打印机。"

9月23日：T-Mobile G1 发布

谷歌没有为 SDK 的发布召集媒体，但在发布运行 Android 1.0 系统的手机时，却与 T-Mobile 一起在纽约召开了一个新闻发布会。在发布 1.0 版本 SDK 的同一天，代表们介绍了这款新设备，T-Mobile 还发布了一份新闻稿，题为"T-Mobile 发布 G1——第一款 Android 手机"。

G1 配备了一个触摸屏、一个可以滑动打开的 QWERTY 键盘和一个轨迹球。它将预装谷歌地图和搜索，并可以安装来自 Android Market 的应用。它还配备了一个 300 万像素的摄像头，并支持 T-Mobile 新推出的 3G 网络。它的合约价为 179 美元，无锁版为 399 美元，它先在美国上市，并在接下来的几周扩大到其他国家。

它将在一个月内上市。用户可以预订 G1，但要等到 10 月 22 日才能拿到手。

---

1 图片内容：这个 SDK 版本是第一个包含 Android 1.0 平台和应用程序 API 的版本。用这个 SDK 开发的应用程序将与运行 Android 1.0 平台的移动设备兼容，如果这些设备可用的话。——译者序

10 月 21 日：开源

在 G1 上市的前一天，他们放出了 1.0 版本的源代码。同样，这个面向开发者的发行版也没有举行盛大的舞台活动。事实上，这次甚至连新闻发布会都没有，只有 Android 开发者博客上简短的三段简介，题为"Android 现在开源了"。

很朴素的声明，但代表了一切。

Android 在诞生之前就计划将平台开源。它向投资者、谷歌、团队成员、运营商和厂商合作伙伴，以及全世界的开发者表达了这个想法。现在，在第一个 SDK 发布 11 个月、1.0 版本发布 1 个月后，它兑现了承诺，公开了所有源代码，供所有人查看和使用。

10 月 22 日：T-Mobile G1 上市

10 月 22 日，也就是 Android 开源的第二天，谷歌之外的人终于可以买到 G1 了。

当 G1 在旧金山市场街的 T-Mobile 商店发售时，Romain Guy 在那里为第一个购买者拍照。如今，我们不太会去关心谁在哪里买了什么手机，但在当时，这是开发团队多年努力工作的结果。看着他们的努力变成了现实，看着人们争相排队购买，是一件多么令人兴奋的事。那天，iPhone 产品营销高级总监 Bob Borchers 也在店里，他也为自己的团队购买了一部 G1，要拿回去把玩。

T-Mobile G1

在 G1 上市的第一周，Michael Morrissey 和他的孩子们参观了 T-Mobile 商店的 G1 显示屏（图片由 Michael Morrissey 提供）。

G1 是厂商（HTC）、运营商（T-Mobile）和谷歌合作开发的一系列设备中的第一款。与谷歌合作推出这些设备的初衷是借助它们来展示手机最新的功能。与此同时，这些手机也让团队有机会验证新功能，确保正在开发的产品能够在真正的硬件上运行。以 G1 为例，这个设备让团队知道 Android 平台是可行的，它能够为功能性消费设备提供完整的功能，为更多平台功能和未来设备提供构建块。

42.
G1 的反响

G1 的销量没能超过 iPhone，也没有成为全球畅销、人人必备的手机。人们对它的评价是……它很有趣。虽然屏幕很小，但配置不算太糟糕。它不支持视频录制。除了预装的谷歌应用，没有多少非装不可的应用。

Android 团队的反响也是喜忧参半。就像 Fadden 说的："G1 跟好手机可以沾上边，但有点粗糙和笨拙。"

Dan Egnor 表示赞同："这是一款属于狂热爱好者的设备。有些人对它很感兴趣，但从很多方面来说，它都是一款蹩脚的设备。它表现出很大的潜力，但还没到可以让人们争着购买它的地步。"

在谈到 G1 时，Dave Burke 说："我的印象是'这东西很精致，可以做很多事情。如果说有什么不足的话……就是它能做的事情太多了'。它有一个实体键盘、一个触控板、一个滚轮和触摸屏。所有东西它都有，包括传感器。一开始你会觉得 Android 试图把所有能做的事都囊括了。我记得当时想，哪些东西会幸存下来？是键盘和触摸屏，还是轨迹球？人们认为这东西很强大，但不确定它会不会只是个过客，并最终走向失败。人们并不清楚。"

Dianne 说："G1 绝对是一款无所不包的设备……作为一款普通的消费者产品，它并不是世界上最好的。但对平台来说，这是件好事，因为我们必须支持所有这些东西。"因此，尽管它可能没有最好的用户体验,[1]但它为无数后续推出的设备铺平了道路,它们将更好地利用平台提供的不计其数的功能。

假日销售季是一年当中新设备销售最为火爆的时候。Dan Egnor 还记得 G1 的第一个假日销售季:"服务团队负责人 Michael Morrissey 对 Danger 的圣诞节销售季有着非常糟糕的回忆,当时混乱一片,团队里没有可以帮得上忙的人。他说:'那天我们需要随时待命。我们会有一个作战室,有谁愿意来?要做出很大的牺牲,在圣诞节加班……'我说:'我一定会来。'但预期的事情并没有发生。那天比平常有更高的销售量,但没有出现特别大的高峰。"

所以,G1 并没有在一夜之间取得成功,但还是有希望的。

人们能把这款手机当回事儿已经很不错了,而且销量是实实在在的。T-Mobile 报告称,6 个月后,这款手机在美国的销量超过了 100 万部。巧合的是,此时的销量刚好可以说服谷歌网络团队无须从 Android 服务团队那里收回 VIP 资源[2],一旦被收回,Android 上的所有谷歌应用都将出现严重的问题。

G1 也为人们提供了足够好的体验,他们因此认可了 Android 平台。Android 终于向全世界发布了。人们可以用这款手机和平台做他们需要做的事情,这就足够了。消费者可以把 Android 当成一部手机,潜在的合作伙伴可以把 Android 当成一个平台。它让厂商看到 Android 是真实存在的,他们可以用它来推出比 G1 更有趣、更强大的设备。

Hiroshi 说:"是 G1 成就了 Android。从商业角度来看,G1 并没有取得巨大的成功。G1 很好,但没有形成一股足够强大的推动力,并没有获得太多来自技术行业以外的关注。但它的推出让设备厂商觉得它是真实的:'这些人真的可以做出东西来。这是真的,不是幻影。'在 G1 发布时,我们已经在与所有主要的设备厂商商谈,他们最终都成了我们的合作伙伴。"

---

1 对 G1 功能的描述让我想起了《辛普森一家》中的"*Oh Brother, Where Art Thou?*"这一集里,Homer 设计了一款汽车,它拥有所有人们能够想象得到的功能,但这些功能并不一定都是人们需要的,除了 Homer 他自己。
2 参见第 20 章("Android 服务"),了解更多关于这个赌局的细节。

43.
都是甜点

1.0 版本发布了，G1 上市了，每个人都为完成了一项艰巨的任务而松了一口气，然后继续回到工作岗位上。

团队很清楚，Android 还远远不够完善，要让 Android 更具竞争力，在功能和质量方面，团队还有很多工作要做。未来还会有更多的设备推出。

在接下来的一年里，团队继续开发小的 Bug 修复版本和大的"甜点"版本，并在 2009 年年底与 Droid 设备一起发布了 Eclair。在这一年里，团队发布了 4 个主要版本，分别是 1.1（Petit Four）、1.5（Cupcake）、1.6（Donut）和 2.0（Eclair）。

Tom Moss 说这种疯狂的发布节奏是有意而为之的："原因有二：Andy 是一个完美主义者，他希望产品变得更好。如果产品做得不够好，他会很不安。这也是一种阻止设备厂商试图分叉版本的策略。我们会跟设备厂商说：'等到你们分叉好了，我们将推出新版本，到时候你们将不得不重新开始。'"

"他故意让我们每年多发布几个版本，以此来阻止人们分叉。"

1.0 R2：2008 年 11 月

这是第一个 Bug 修复版本，因为是第一个，所以值得一提。1.0 版本于 2008 年 9 月发布，G1 搭载了这个版本，并于 10 月份上市销售。11 月，r2 版本发布，它增加了一些功能和应用，并修复了各种错误。

1.1 Petit Four：2009 年 2 月

1.1 版本是第一个有命名的版本：Petit Four（一种小蛋糕，在法语中是"小烤箱"的意思）。这是一个相对较小的版本，它修复了一些 Bug，并添加了一些 API。它还提供了其他语言的本地化（1.0 版本只支持英语），对这个国际化的平台来说，这是一个重要的特性。

从这个版本开始，只要"点号"后面的版本号（第一个点号之后的版本号）出现变化，就说明这个版本包含了 API 变更。API 变更意味着基于旧版本 SDK 构建的应用可以在新版本系统上运行（Android 总是试图保持向前兼容），但用新版本 SDK 构建的应用可能无法在旧版本系统上运行（因为在旧版本系统上调用新版本 API 会出现错误）。

1.1 版本允许应用开发者在 Android Market 中销售应用。在 1.1 版本之前，应用收费机制还没有生效，所以当时的 Market 只有免费应用。

Petit Four 也是第一个使用甜点命名的版本，尽管它没有遵循首字母按字母表排序的惯例。这一传统将从下一个版本 Cupcake 开始。

1.5 Cupcake：2009 年 4 月

Cupcake 是第一个首字母按字母表排序的版本，并从此开始了这种命名传统。它以"C"开头，因为它是第 3 个主要版本，而之所以选择"Cupcake"，是因为 Ryan PC Gibson（当时负责发版的人）喜欢纸杯蛋糕[1]。

---

1 参见第 27 章（"管理上的那些事"）了解更多关于甜点命名传统的内容。

Cupcake为开发者和用户带来了一些重要的功能，比如首次出现了应用小部件[1]，现在可以录影了，开发者可以开发和发布他们自己的键盘应用。此外还增加了可以检测旋转动作的传感器和逻辑，用户可以通过旋转手机让它进入横向或纵向显示模式。在这之前，要让手机自动切换到横屏模式，用户需要滑出G1的实体键盘。

搭载 Cupcake 的还有另外一款新设备：HTC Magic。Magic 是第一款全触控设备，实体键盘被现在大家所熟悉的屏幕软键盘所取代。

不过，Cupcake的发布说明中有一项内容，对于开发者和用户来说确实是一个坏消息："我们遗憾地通知开发者，Android 1.5 将不支持Zilog Z80 处理器[2]架构。"

1.6 Donut：2009 年 9 月

Donut是平台的各个部分都更具通用性的一个版本。在通信方面支持Verizon的CDMA制式（系统可以运行在摩托罗拉Droid上，这款手机是基于Verizon的网络发布的）。框架团队还让它支持任意屏幕尺寸和密度，这对于形成一个更为庞大且支持不同外形设备的生态系统来说至关重要[3]。Donut还提供了一个语音转文本引擎。它不像今天手机上使用的引擎那么强大，却是未来发展方向的一个指路牌。

Donut的发布说明中也有一些不好的消息："我们遗憾地通知开发者，Android 1.6 将不支持RFC 2549[4]。"

---

1 应用小部件是直接在主屏幕上运行的简化版应用。例如，有一个日历小部件可以显示实时的日历视图，还有一个 Gmail 小部件可以显示电子邮件列表。

2 Zilog Z80 是 20 世纪 70 年代中期开发的一款 8 位处理器，最后一次被用在家用电脑和电子游戏机上是在 20 世纪 80 年代。

3 Dianne 说："戴尔有一款即将上市的设备需要这种支持，所以我们把它做了出来（而不是等到 Eclair）。"

4 RFC 2549 是一项名为"基于鸟类载体的互联网协议"或通过信鸽传输网络数据的提案。

Hiroshi 正在享用"甜甜圈汉堡"。2009 年 9 月，为了庆祝 Donut 发布，吴佩纯向团队介绍为什么要使用这个代号（图片由 Brian Swetland 提供）。

2.0 Eclair：2009 年 10 月

在Donut发布之后，Eclair也很快跟着发布——它们之间只隔了一个月。[1]当时，团队同时开发多个版本，而Eclair实际上在Donut发布之前就已经开发完了。

Eclair增加了各种功能，包括动态壁纸和逐向导航[2]。但最值得关注的可能是，不久之后发布的新款设备Droid和Passion（Nexus One）都搭载了Eclair。Passion是团队真正用心打造的一款设备，但Droid是第一款获得巨大消费者市场的设备。

1　Donut 的发布时间和这个版本所特有的功能都是由一款戴尔设备决定的，这款设备将比 Eclair 更早发布。
2　第 15 章（"系统 UI 和 Launcher"）介绍了动态壁纸，第 21 章（"位置、位置、位置"）介绍了逐向导航。

44.
早期的设备

一堆 Sooner 设备（图片由 Brian Jones 提供）。

如今，种类几乎无限的设备成为定义Android生态系统的元素之一。除了由众多厂商推出的不同型号的手机，还有平板电脑、相机、电视、汽车、手表、物联网设备和飞机上的嵌入式娱乐显示屏[1]。

---

[1] 看看飞机座位后面的显示屏是否运行 Android 系统也成了一种乐趣。有时候你可以从屏幕底部向上滑动，滑出一个熟悉的导航栏。然后，你可以滑动视频应用，让它停留在 Android 的主屏幕上。不过这也并不能给你带来太多乐趣，因为除了那个应用，航空公司不会在上面安装其他东西。

好吧，或许这也没那么好玩。但在 12 小时的飞行旅程中，当你厌倦了看视频，用这个打发时间也是个不错的选择。

1.0 之前：Sooner、Dream（HTC G1）等

他们最初计划推出 4 款手机。Swetland 回忆说："2006 年 6 月讨论的 4 款设备分别是 Sooner（HTC 的实体键盘机）、Later（LG 的实体键盘机）、Dream（HTC G1）和 Grail（摩托罗拉的一款手机，可以滑动切换全键盘和九宫格键盘）。在那几年，有关推出 Grail（或其他变体）的计划不断跳出来又被搁置。"最终确定推出的是 Sooner 和 Dream，关于这两款设备的发展和消亡已经在前面的章节中介绍过了。

Sapphire（HTC MAGIC）

Android 的第二款旗舰设备，代号为 Sapphire，基于 HTC Magic。它在 2009 年春天发布，搭载 Android 1.5（Cupcake）。Magic 有更大的内存，但其他硬件的规格与最初的 G1 差不多。最大的变化是键盘：Android 终于采用了全触屏，放弃了早期 G1 设备上的实体键盘。Magic 还首次支持 Android 的多点触控[1]。

Nexus One 于 2010 年 1 月发布，紧随摩托罗拉 Droid 之后。

摩托罗拉 Droid

Droid 手机对早期的 Android 来说非常重要，所以通过专门的章节（第 45 章"Droid 成功了"）来介绍它。如果你愿意，现在就可以跳到这一章，不过我会再等待。

---

[1] 多点触控使用多个手指进行触摸输入，可以支持一些有用的手势操作，比如缩放或旋转地图。

Passion 和 Nexus

在开发 Droid 手机的同时，团队也在开发另一款代号为 Passion 的设备，也就是于 2010 年年初发布的 Nexus One。

Passion 是一款具有"谷歌体验"的手机。在几年中，"谷歌体验"经历了名称和合作方式的变化。在与 HTC 合作发布 Nexus One 时，使用的品牌是"With Google"。这个口号是工程团队想出来的。市场团队最开始的口号是"It's got Google"，但系统团队的 Rebecca 向 Andy Rubin 抱怨说："它的语法甚至都不对！用'With Google'代替怎么样？"Andy 说："好吧！"于是，这个联合品牌口号就这样诞生了。

Passion 配备了一个大屏幕（在当时来说），握持的手感很好。但 Passion 的独特之处不在于硬件或软件，而在于它的销售模式。在当时（现在的大部分市场仍然是这样的），美国人通过与运营商签订合同来购买手机。你不只是购买手机，还要付钱给运营商，并承诺使用他们的网络。比如，你跑去 T-Mobile 商店购买他们的手机，手机的售价有非常大的折扣，并带有一段时间的合同锁定期。这就是手机市场的运作方式。

但 Android 的领导团队认为人们应该有选择的权利。如果他们看上了一家运营商的手机，但使用的是另一家运营商的网络，该怎么办？他们不应该受到合同的制约，他们应该有更多的选择，不只限于从运营商的商店货架上选择指定的设备。

谷歌没有实体店，所以他们在网上销售 Nexus One。他们一直在等待，但事实证明，人们并没有真正理解这种手机销售模式，也不急于去弄明白。此外，如果人们从网上购买的手机出了问题，找不到售后，也没有商店可以退货或获取帮助。

Android 最终放弃了这种销售方式，并由运营商来销售 Nexus One。它的销量从未达到谷歌的预期，而且被摩托罗拉 Droid 远远抛在了屁股后面。

Nexus One 是 Nexus 系列手机的第一款。Nexus 是 Android 团队与厂商合作推出的旨在创造整体 Android 体验的系列手机。团队无法控制其他厂商生产和销售什么样的手机，无论是硬件还是运行在 Android 之上的软件和应用。谷歌推出自家手机可以确保它们配备了他们想要的硬件（至少在合作伙伴可以提供的硬件范围内）和软件。

谷歌推出 Nexus 的另一个原因，或许也是最主要的原因，是为了提供"参考设备"。Android 团队通过推出 Nexus 手机向世界（以及合作伙伴）展示每一款手机搭载的 Android 版本都具备哪些功能。同时，这也是团队保证平台能够可靠地支持这些新功能的一种方式，因为如果硬件和软件是独立开发的,那么实现这种可靠性就会困难一些。多年来,每次发布新版本,都会随之发布一款新的 Nexus 手机,以此来展示最新的硬件发展和 Android 新功能。

纵观 Android 的历史,有关 Nexus 和其他谷歌设备的一个非常重要的事实是,它们都是由不同的厂商生产的。这是有意而为之的,谷歌通过这种方式促使整个合作伙伴社区投入在 Android 上。谷歌的早期设备合作伙伴有 HTC、摩托罗拉、LG 和三星。

Charles Mendis说:"这要归功于Andy和业务拓展团队。我们不只与一个合作伙伴合作,我们会在他们之间轮换。我们设法让硬件领域的一些大公司在Android上投入,让Android成为他们的平台,并由他们提供所有的硬件。我们让他们觉得大家都是Android的拥有者,Android并不只属于谷歌。[1]我认为这非常有助于Android取得成功。"

Brian Jones 和设备分发

> "我是设备联络人。"
>
> —— Brian Jones

在科技公司里,如果你想要拿到最好的设备来完成工作,就必须认识这么一个人,这个人是团队成员和他们需要的资源之间的黏合剂。

在 Android 团队里,Brian Jones("bjones")就承担了这样的角色。

Brian 一直是个喜欢捣鼓东西的人。在上小学时,他想了解电话的工作原理,于是他的老师举办了一个课堂活动,把她家里的电话拿到课堂上。"我把它拆开,一直拆到包着封蜡的变压器,但我装不回去。到处都是蜡,把课堂弄得一团糟。我以前从来没这么干过。我惹了大麻烦,因为她希望那天晚上可以把电话带回家用,但那是不可能的。"

Brian 加入 Android 团队的方式有点特别,要知道,他大学学的是古典文学。他当时到湾区找工作,找到了一份在 44 号大楼(Android 团队就在那里)担任接待员的工作。他认识了团队里的很多人,包括 Andy 的助理 Tracey Cole。Brian 经常说:"你们要和行政人员成为朋友,他(她)们是最值得信任的人。"

---

[1] 也就是说,Android 项目归谷歌所有,代码归团队所有。他们通过开源的方式创建了一个系统,厂商可以下载和修改它,并拥有独立于谷歌的实现。Charles 所指的正是整个 Android 设备生态系统的共享所有权。

2007 年春天，Tracey 休假去了。Andy 需要有人暂时接替她的工作。"Tracey 说：'我不想找个临时工。Brian 是我们可以信赖的人，我只想把事情交给他做。'于是，我给 Andy 当了三四个月的助理。"

Brian 的蚀刻机，安装在厨房的一个角落里。Brian 写了一段程序，在进行激光蚀刻时打开、关闭和旋转设备（图片由 Daniel Switkin 提供）。

Tracey 回来后，Brian 在团队里担任了一个新角色：内务经理，负责 Android 设备的分发。在厂商把手机送来后，Brian 会用激光把不同的 ID 蚀刻在手机上。"我的工作是尽可能快地为几百名员工蚀刻每一部手机，一旦发生了外泄，方便追回手机。这也给团队管理带来了一些好处。"

激光蚀刻并不局限于测试设备。"杯子、眼镜，我们甚至尝试蚀刻火腿和火鸡，还点了几堆火。我在那段时间里学到了很多有关激光的知识。"

Brian 很喜欢他的那些硬件工具。"有激光，有 UV 打印机。我记得有一次给定制的 G1 做蚀刻，在看着那些东西被打印出来时我被灼伤了。因为每部手机的背板都会有点扭曲，扭曲程度会有所不同，如果扭曲得太多，我就得改变打印机的设置。于是，我被灼伤了，在大楼的一个没有窗户的地方。"

之所以指派 Brian 来负责分发设备，其中的一个原因是他是一个以产品为重的人。他不参与公司的办公室政治。"我肩负起决定谁可以拿到什么东西的职责。我认为我不会被别人的头衔、话术或个性所左右。如果有人过来跟我说：'我需要这个东西。'我就会问：'你为什么需要它，如果没有它会有什么影响？'"

"如果你是一名高管，可能会影响你对产品做出决策，但也要看他们实际的参与程度。在早期，如果你是销售或广告部门的副总裁或高级副总裁，并且与 Android 没有任何关系，那么我就不会管你是谁。这与我的产品线没有任何关系。你在我这里受到的待遇和大街上的人不会有什么区别。"

"不管是谁，我都敢让他们滚开。如果团队中我认识的人参与了这个项目，比如 Mike Cleron，跟我说：'我们需要一些设备，你能为我们做些什么？'我会说，想要什么都可以。只要把产品做出来，想要什么就有什么，不需要那么多繁文缛节。我知道你们很重要，你们是这个项目的核心，你们不会夸大自己的需求。"

Brian Jones 的测试设备，一部预发布版 G1，用来校准机器。

2007 年 12 月，Brian 在运送设备。这些设备是 Sooner 或早期的 G1，正在被送往工程团队的路上（图片由 Brian Swetland 提供）。

最后，Brian 成了所有需要设备的人的焦点。每当有设备进来，他的办公桌前就会排着长队，人们源源不断地涌进大楼找他要设备，还有人问大楼里的人在哪里可以找到他。为避免被认错，坐在 Brian 旁边的 Bruce Gay 在桌子上挂了一个牌子，上面写着："不是 Bjones"。

45.
Droid 成功了

我不能,但 Droid 可以。
肌肉表情包挑起一场战斗
请把碰伤的水果堆肥

——Mike Cleron

托罗拉 Droid 的成功说明 Android 可能走对了路。Android 慢慢地被接受和采用,而 Droid 是第一款大获成功的 Android 设备,尤其是在美国。Droid 与之前的 Android 设备的一个区别在于,它是第一款真正进行了营销活动的设备。Verizon 在市场营销上花费了 1 亿美元，并在电视上播放了"Droid Does"的广告。

　　Droid 于 2009 年 10 月 17 日发布，11 月初上市，随着消费者越来越重视 Android 手机，Droid 在商业上取得了成功。与此同时，合作伙伴也越来越重视 Android，并推出了一些其他产品，进一步提升了 Android 设备的销量。

　　在回忆起这部手机的影响力时，Michael Morrissey 说："我们当时规模很小，斗志旺盛，不断更新操作系统，根本不会想到会受到消费者的青睐。然后 Droid 迎来了重要的第一天。第二天和第一天差不多，大概卖出了 65000 台设备。然后我们就想：'上帝啊，接下来会怎样？就这样了吗？这些只是过度兴奋的早期用户，这种势头会消失吗？'但后续的数据仍然相当好看。我不太记得住数字，只记得在很长一段时间里每天都是 30000。一旦这种势头持续下去，Droid 的用户规模将变得非常大。"

摩托罗拉 Droid。将手机滑动打开，可以看到一个实体键盘。

　　但在 Android 团队内部，Droid 的开发看起来很不一样。起初，它是一款没有人想要的产品。在摩托罗拉联系谷歌一起开发这款设备的同时，HTC 也在联系谷歌一起开发 Passion（也就是后来的 Nexus One）。团队对 Passion 更感兴趣，因为它是谷歌的品牌手机，他们对这款产品有更多的所有权和控制权。

　　因为缺少内部支持，Droid 显得黯然失色。Andy Rubin 一开始甚至都不想做这笔交易，

Droid 成功了

原因有很多，包括运营商网络的问题。Rich Miner 回忆说："Andy 不想支持 CDMA（Verizon 的移动网络），因为我们的第一批 T-Mobile 手机都是 GSM 的。我和 Hiroshi 必须在违背 Andy 意愿的情况下向前走得足够远，才能清楚地知道我们不应该阻止这件事。"

黄威还记得 Droid 和 Nexus One 之间的紧张关系："Andy 更喜欢 Nexus One，因为那就是他所梦想的产品。它会更好，我觉得。"

Nexus One 获得的品牌合作支持比 Droid 多得多。Verizon 希望 Droid 成为它的设备，主要的合作品牌是 Verizon（运营商）和摩托罗拉（厂商），不包括谷歌。

Droid 不仅饱受品牌和所有权之苦，它还……丑。Tom Moss 说："它浑身都是锋利的边缘，可能会把你划伤。"

但市场营销有助于解决这个问题，Droid 的营销活动就做到了。营销活动利用了这款设备的独特之处，把它的潜在弱点变成了优势，并把它标榜为一款可以比竞争对手做更多事情的机器人设备。这显然奏效了。在美国，人们购买 Droid 的数量远远超过之前购买其他 Android 手机的数量。随着 Android 市场份额的持续增长，Android 的销量在 2010 年年底完全超过 iPhone，[1] Android 被竞争对手碾压的日子一去不复返了。

在谈到 Droid 和 Nexus 的内部竞争时，Cédric Beust 说："我们都有点自鸣得意：'我们做 Verizon 的手机更多的是因为我们需要赚钱，但 Nexus 才是真正重要的产品。'谷歌或 Android 都自大到认为只要在自己的网站[2]上销售自己的手机就足够了。现在回想起来，那是多么的天真。"

"然后，我们看到了第一个电视广告[3]，它给我们留下了深刻的印象。这是一个非常好的广告。Droid 最终取得了巨大的成功，但我们的手机（Nexus One）表现不佳。我认为这对我们所有人来说都是一个非常深刻的教训。我们开始意识到产品和市场营销的重要性，也许是时候把接力棒传递下去了。技术驱动我们走到了这里，我们已经打好了技术基础，现在是时候让市场来接手了。Verizon 将让它上升到一个新的台阶。"

Charles Mendis 表示赞同："他们的营销活动真的很有趣。"

"起初，Andy 和 Larry 很想把 Droid 作为廉价的设备来卖，让它成为一款大众手机。但 Verizon 的人说：'我们没有 iPhone。从品牌和营销的角度来看，我们不能把它当作廉价的

---

1 资料来源：《IDC 手机季度追踪报告》（2019 年第 4 季度）。
2 Nexus One 最初只在网站上出售，非合约机。详见第 44 章（"早期的设备"）。
3 在 YouTube 上搜索 "Droid Does" 或 "iDon't"。

设备来卖。我们必须展现出和对手一样好的姿态。'"

Verizon 为 Droid 制订了一个营销计划，并向团队展示。Charles 说："我也觉得把它作为廉价的设备来卖会更好。但 Verizon 做得太惊艳了，他们说得很对，销量和市场反响都印证了这一点。"

Charles 认为 Droid 取得成功的另一个原因是团队把它的优先级提前了。最初的计划是同时发布 Droid 和 Nexus One，但最终还是决定先推出 Droid，然后推出 Nexus One。Droid 于 2009 年 11 月发布，Nexus One 则在两个月后的 1 月份发布。

"把 Nexus One 延后到第二年也是 Droid 取得成功的另一个重要原因。之前，大家都会感到困惑：我是应该先处理 Nexus One 的 Bug 还是 Droid 的？毕竟 Nexus One 是公司的产品。"

"Andy 最终做出了这个艰难的决定：'把 Nexus One 往后放一放，大家应该先把精力放在 Droid 上。'有了 Andy 的拍板，我们就集中力量打造 Droid。"

Droid 的硬件性能也起到了一定作用。Charles Mendis 说："G1 的地图缓存会爆满，这是一个很大的问题。我们会遇到'内存不足'异常，然后应用就会死掉。我们做了很多事情来解决这个问题，但就是没有足够大的内存可用。Droid 解决了这个问题，所以我们可以提供更好的地图使用体验。"

"因为 G1 配置有限，我们不得不在严格受限的条件下开发东西。当 Droid 出现时，之前为 G1 开发的东西在 Droid 上都运行得很好。我觉得 G1 就像是一款 Beta 版的产品，团队不得不置身于严格受限的条件之下。Droid 的体验就非常好，可能是因为这些东西是我们之前在非常严苛的条件下开发出来的。"

Droid 的屏幕对 Android 来说也很重要。Droid 是第一款配备了 480×854 尺寸屏幕的设备，与 G1 的 320×480 非常不同。此外，Droid 屏幕的像素密度比之前的设备更高（265 像素每英寸和 180 像素每英寸的对比）。这意味着开发者可以借助这种显示优势让他们的应用具备更好的显示效果。

Droid 为 Android 带来了曲棍球棒[1]时刻，Android 的使用曲线出现了一个急剧上升的斜坡。

---

[1] 在加入谷歌之前，我还没有听到过"曲棍球棒"这个词（除了在提到真正的曲棍球棒时），但从那以后我听到过很多次。这是图表中的一个可视指标，弧度陡然增加，就好像改变了根部和球杆之间的弧度的曲棍球棒。当然，只有当你以正确的方向握杆时才会这样。如果倒过来，曲棍球棒样式的图表则表示销量急剧下降，但我相信这不是市场部的人想要在会议上表达的。

Hiroshi 回忆说:"我记得读过一篇文章,是在 Droid 发布一两天后发表的,记者采访了一些为 iOS 开发应用的开发者,他们也将应用上架到了 Android Market。他们说:'我们已经注意到 Droid 了。'两天之后,开发者就说:'我们在 Android 上的安装量大幅上升。'这一刻不仅属于消费者,也属于开发者,他们觉得'这个平台可能有戏,有人在购买这些应用。'"

Droid 于 11 月发布。几个月后,Dave Sparks 参加了一次员工会议。"那是在发布会之后不久,应该是 1 月份,我们才看到这个曲棍球棒。Eric Schmidt 召集 Andy 的员工开会。我记得 Dianne 和 Mike Cleron 也在,基本上都是大人物。当然,还有 Hiroshi。"

"Eric 环顾了一下房间说:'别搞砸了。'"

46.
三星及其他

人们普遍认为，Droid 的发布标志着 Android 的增长时刻真正到来了。但即便如此，当时的 Android 设备销量仍远远落后于 iOS，其他手机厂商仍占有巨大的市场份额。

但到了 2010 年，情况才真正开始发生变化，因为其他厂商也都推出了自己的 Android 手机。那时候，不仅有人购买 Verizon 的手机，还有 Android 粉丝购买 G1 或 Nexus 手机，全世界的人都在购买各种不同的 Android 手机。

在谈到设备厂商对生态系统的影响时，Hiroshi 说："设备厂商需要生产设备。所以到了第二年，我们开始推出 Galaxy 系列，并成为主流产品。这就是传统的合作关系发展过程，带有滞后性，一种涡轮式的滞后性。在发展的初期有一点滞后，这就是 G1 和 Droid 的情况，当时还处在行业的休整期。然后，所有的合作伙伴，那些设备厂商开始推出他们的产品，然后曲棍球棒时刻就来了。"

三星就是这些设备厂商之一。

三星对Android的积极影响是不言而喻的，他们是最大的Android设备厂商，他们的Galaxy系列在Android手机界响当当。即使是 Note 7 的电池"爆炸门"事件[1]，这个有可能

---

[1] Note 7 的电池缺陷导致手机过热，甚至爆炸，这在飞机上会引发恐慌和焦虑。维基百科上有一个介绍 Note 7 的页面，上面写道："由于电池缺陷，这款设备被认为是危险产品，被许多航空公司和公交车站列为禁带品。"

让小公司关门的问题，也没能浇灭人们争相购买的热情。

Tom Moss 在日本生活期间与三星签订了 Android 合作协议。三星并不是第一家进入 Android 市场的公司，但当他们决定加入这个生态系统时，他们全力以赴。

"我的工作不仅仅是达成协议，我还要帮忙建立生态系统，并确保生态系统的平衡。当时，HTC 比其他公司占有更大的优势，排名第二和第三的手机都是 HTC 的。他们向运营商收取非常高的费用，这很糟糕，因为这将转化为更高的消费者售价。"

"关键在于要努力保持平衡。我们需要一个活跃的生态系统，让设备厂商在这个生态系统里相互竞争。所以我的很大一部分工作内容不只是与设备厂商签约，而是帮助他们实现一些实际的东西。例如，我选择与三星合作，在中国推出第一款我们的手机。"虽然最终这款手机没有在中国上市，但三星的其他手机在其他地方上市了。

Tom 谈到了三星在采用 Android 后所做的改变，包括为 Android 设备投入大量的营销预算。"三星非常有信心。在其他设备厂商不愿意花钱的时候，他们通过联合营销来打造 Galaxy 品牌。"

"在日本，他们从卢卡斯影业拿到了黑武士的授权，请渡边谦[1]做代言人。他们招了数千名工程师、设计师……申宗均[2]将赌注压在了 Android 智能手机上。他们是第一家真正在最后一英里花钱的公司，也是第一家在商店里划出一个区域并让销售代表在那里推广手机的公司。他们的执行力非常出色。"

"技术和设备后来也赶上了业务和销售的发展。但实际上，正是这种营销和销售策略让他们实现了跨越式发展，他们的设备变得越来越好。"

在有了技术基础之后，他们开始挑战智能手机市场的领导者：苹果。

"他们策划了出色的营销活动，直言不讳地将 iPhone 置为竞争对手。他们拿 iPhone 开涮，人们会想：'这是哪家公司，竟敢和 iPhone 作对？'但他们确实把话锋从 Android 对 iOS 变成了 iPhone 对三星 Galaxy。"

"即使在飞机上，你也会听到'请关掉你的 iPhone 和三星 Galaxy 手机'，而不是'你的 Android 手机'。"

---

1 日本演员，因在《最后的武士》等电影中扮演角色而在美国家喻户晓。
2 申宗均当时是三星移动部门的总裁和首席执行官。

47.
曲棍球棒

随着三星和其他厂商开始在全球销售自己的Android设备，Droid带头的销量曲线开始持续大幅提升。

在 2009 年年末发布 Droid 时，Android 设备的销量在智能手机平台中处于底层。到 2010 年年底，也就是一年之后，Android 设备的销量已经超过了其他手机（诺基亚的塞班手机除外），并在第二年超过塞班。

与此同时，越来越多的人开始选择智能手机，而不是传统的**功能机**[1]，并且有很多人选择了Android智能手机。

---

[1] 功能机是指非智能手机，当时的大多数手机（除了 Danger 和黑莓手机）都被认为是功能机。它们除了支持打电话和基本的短信功能，没有什么其他功能，屏幕也不是很大，不能安装和运行大多数应用程序。我不清楚为什么会有功能机这个名字，毕竟这些手机缺少了很多功能，听起来像是某个营销部门的取巧叫法。

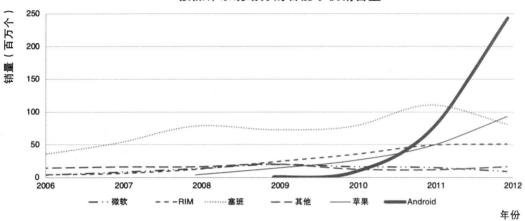

在 2008 年年末挤进拥挤的智能手机市场后，Android 花了几年时间才追赶上来。[1]

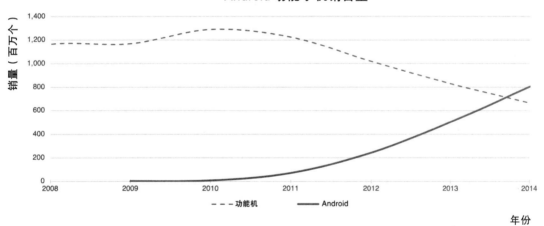

智能手机影响了功能机市场，因为越来越多的人选择这些功能更强大的设备，而不是功能有限的低端机。[2]

如果你把范围扩大到所有的计算设备，包括 PC，那么这些数字就会变得更有趣。从 2011

1　资料来源：《IDC 手机季度追踪报告》（2019 年第 4 季度）。
2　资料来源：《IDC 手机季度追踪报告》（2019 年第 4 季度）。

年开始，Android设备的销量已经超过PC，从2015年开始更是超过了PC的4倍，[1]这很好地印证了早期Android创业团队在宣讲中提到的一个观点。[2]

这个比较乍一看似乎令人费解，PC（各种型号的台式机和笔记本电脑）几十年来一直是现代生活的必需品。但世界上有很多人认为电脑是奢侈品，而不是必需品，他们购买的第一台计算设备其实是智能手机。与PC不同，智能手机已经变得不可或缺，它们既满足了人们的使用需求（通信、导航、娱乐、商务或其他），又足够便宜，让那些之前无法购买电脑的人也可以买得起。在某种程度上，智能手机具备"PC"所不具备的私有属性，PC往往会在家庭内部共享，而大多数智能手机都是人手一部，这使得手机的潜在市场比PC要大得多。

从此以后，这些趋势一直持续。截至2021年5月，全球[3]活跃的Android设备超过30亿部[4]。

---

1 资料来源：《IDC手机季度追踪报告》（2019年第4季度）以及《IDC个人计算设备季度跟踪报告》（2020年第1季度）。

2 见第4章（"融资"）关于PC和手机销售的讨论。那时候，他们谈论的是所有手机，但到了2011年，同样的观点只适用于智能手机，特别是Android手机。

3 除非他们把它忘在了家里，这总是让人感到很郁闷。你会感觉到，在上下班的路上，你的手机——它保护着你所有的数据、事件、联系人、对话和记忆。不在你身边，就像忘记了一位朋友，不一样的是朋友通常不会掌握你这么多的数据。

4 这个数字不仅包括手机。Android在刚发布时主要针对手机，但现在，从手表到平板电脑，再到飞机上的娱乐显示屏，都在使用这个操作系统。

第五部分
为什么 Android 会成功

"简单地说，我认为这就是为什么 Android 会成功：所有人都全力以赴。如果没有这种合作模式，我们永远不可能达到这样的规模并取得成功。"

—— Ficus Kirkpatrick

你读了很多页[1]才看到这里。恭喜你！

现在，我将集合所有的东西来回答这个问题：Android 是如何取得成功的？考虑到所有可能导致失败的因素，以及在同一时期有很多试图在智能手机领域分一杯羹的公司和平台都以失败告终，为什么偏偏 Android 成功了？与任何一个成功的项目一样，取得成功通常有很多促成因素，但一切都是从团队开始的。

---

1 等等，你没有跳过前面的内容，对吗？如果你跳过了，现在可以回头重新阅读，我可不想在这里剧透结局。

48.
团　队

> "我们一直引以为傲的是——苹果渐渐地被我们甩在身后,我们的速度太快了。这个团队的速度是前所未有的。之前是这样,之后也是。"
>
> —— Joe Onorato

Android 团队从一开始就是由具备合适的技能和驱动力的人组成的。创建一个完整的平台,包括应用、服务和基础设施,是一项巨大的工程,需要能够快速投入工作的人付出巨大的努力。

它算不上是一个大团队……但绝对是一个天造地设的团队。

合适的经验

团队的大多数人都拥有合适的经验,这让他们能够快速上手。他们曾在 Be、Danger、PalmSource、WebTV 和微软等公司参与过相关的平台和移动项目,这些经历为他们奠定了相关领域的技术基础,让他们知道如何解决 Android 所面临的问题。

正确的态度

Android 团队在开发 1.0 版本过程中不断发展壮大，但在发布第一个版本时也只有 100 人左右。也就是说，为了能够发布产品，每个人都有很多工作要做。大家做了所有需要他们做的事情来推动项目向前发展，包括完成自己负责的功能领域，以及跨多个领域与其他人合作，无论哪里需要帮助，他们都迎难而上。再加上初创公司的氛围让每个人在最初的几年疯狂地工作，才得以从零开始开发出 Android，及时交付了一个强大的平台和设备，在新兴的智能手机行业中占据了一席之地。

合适的规模

团队规模小意味着每个人都必须非常努力，但这也说明他们的工作效率非常高。

在 1.0 版本发布数年后，Ficus 开始领导 Play Store 团队。有一次他跟 Brian Swetland 聊天："他问我的团队有多大。我告诉他有 300 人。他瞪大眼睛说：'300 人都可以再开发出一个新的 Android 了！'"

"我说：'不，不需要 300 人，对你来说 20 人就够了。'大团队非常依赖达成共识的个人贡献者开发代码和遵循最佳实践。在早期，达成共识靠的是沟通和协调……但随着团队规模变大，你会把所有时间都花在争论上。"

正确的领导

好团队从好领导那里收益，好领导会把每一个人都凝聚起来，推动团队向前进。领导的职责之一是保护 Android，让它像一个初创公司一样在谷歌内部生存下去，另一个职责是为艰难的决定拍板，因为有些决定必须由某一个人来推动，而不是一群人。

San Mehat 说："就像苹果一样，团队里需要有这种有远见的让人讨厌的人。是一个人，不是 5 个人，也不是什么委员会之类的。这个人会说：'我就要它这样，它就应该那样，其他的我不在乎。'"

"有人在上层做出决策，让团队和产品持续朝着目标前进。虽然决策不一定都是正确的，但只是做出决策了才能让球向前滚动。如果你一动不动，哪里也去不了。"

49.
决策、决策

好的团队会做出好的决策。坚实的技术基础和商业决策推动了 Android 的成功发布，并随着逐步释放厂商、开发者和用户的潜力，开启了持续增长的势头。

功能：吸引用户的杀手锏

Android 的大部分技术都是其他智能手机也都具备的基础技术：一款提供了数据和无线功能的设备，加上浏览器、电子邮件、地图和消息等标准应用。这些并不是推动 Android 增长的因素，它们更像是一种复选框清单，是一个平台最基本的组成部分。

但有一些技术是 Android 独有的，并因此形成了一个由开发者和用户组成的忠实粉丝群体。平台从一开始就内置了这些功能，让 Android 变得与其他智能手机平台不同。

- 通知：Android 的通知服务让整个系统变成一个整体，因为应用程序可以与底层系统合作，向用户告知他们想知道的信息。
- 多任务：用户可以通过"返回"和"最近访问"按钮来轻松快速地切换应用，这预示了移动计算最新的发展趋势，即人们经常会同时运行多个应用来完成任务。

- **安全性**：从一开始，团队就意识到移动应用与桌面应用有本质上的不同，并构建了一个将应用彼此隔离的安全机制。安全性从几年前开始变得越来越重要，而 Android 从一开始就提供了安全性基础，并根植于内核和硬件的底层。
- **显示尺寸和密度**：团队让应用程序能够在保持正常运行的情况下缩放成不同的显示尺寸和密度，这是支持各种设备和屏幕的关键。

工具：形成应用生态系统

在 iPhone 和 Android 出现之前，为移动设备开发的第三方应用确实存在。但人们并不是为了这些应用而购买手机，第三方应用对用户使用设备的时间并没有起到主导作用。相反，手机内置的应用可以帮他们处理大部分任务：接打电话、查阅电子邮件、发信息或浏览网页（以一种有限的方式）。

但是，随着人们开始使用智能手机，他们可以做的事情更多了，他们想要的也超出了设备公司提供的应用。因此，虽然早期 Android 系统提供的 Gmail、地图、浏览器和消息应用都很重要，但对 Android 来说，向外部开发者敞开大门更为重要。Android 允许开发者开发和发布他们自己的应用，并形成一个丰富而庞大的生态系统，让用户可以做更多的事情。

形成应用生态系统对平台来说至关重要，如果不能提供丰富的应用，任何试图进入这个市场的平台都将没有机会。团队为开发者提供了丰富的工具箱，让这些应用和整个生态系统得以生存和发展。

- **编程语言**：选择 Java 作为开发语言让新的 Android 开发者能够将已经掌握的技能引入到这个新平台。
- **API**：Android 从一开始就是一个为所有开发者而开发的平台，而不仅仅是为 Android 团队。为开发者提供访问系统核心功能的 API 对于开发出强大的应用程序来说至关重要。
- **SDK**：有了 API 就可以开发应用程序……但很难。随着文档、IDE 和无数开发工具的出现，Android 应用开发对于大量渴望开发自己的应用程序的开发者来说变得唾手可得。

- Android Market：一方面为开发者提供了一个可以售卖应用的地方，另一方面让用户可以找到数量巨大并且一直在持续增长的应用，逐渐形成了一个庞大的应用生态系统。

商业：形成设备生态系统

从一开始，Android 就打算成为一个开放的平台，让其他公司可以基于这个平台推出自己的产品，而不仅仅是一个用于开发谷歌手机的系统。一些关键的决策和举措让 Android 被行业广泛采用。

- **开源**：在 Android 出现之前，设备厂商要么自己构建一个平台，要么花大价钱获取某个平台的授权，要么把不完整的现有解决方案拼凑起来。Android 为有迫切需求的厂商提供了一个强大、免费、开放的解决方案。
- **开放手机联盟**：联合合作伙伴公司成立开放手机联盟，形成 Android 生态系统的共同愿景。在刚开始时甚至没有 Android 用户，更不用说 Android 设备了。因此，把这些利益相关者聚集在一起，为共同的愿景提供支持，这对于实现他们所憧憬的未来至关重要。
- **兼容性**：兼容性是 Android 能够在多样化的生态系统中保持正常运行的关键因素之一，它确保开发者可以开发出适用于任意设备的应用，而不需要为各种设备重写应用。为了解决这个问题，Android 团队为厂商提供了兼容性测试套件（Compatibility Test Suite，CTS），确保他们的每一款设备都具备兼容性。
- **合作伙伴关系**：与各种各样的合作伙伴建立关系，并将他们带入 Android 社区，这一点也至关重要。一方面要提供平台，另一方面也要为厂商提供帮助，让平台运行在他们的设备上，并形成 Android 取得成功所需的势头。Android 团队与合作伙伴密切合作，让平台运行在新设备上，为市场建立起一个设备管道，形成了一个巨大的、囊括了世界各地厂商的 Android 手机市场。

收购：根牢蒂固

当 Android 还是一家羽翼未丰的初创公司时，他们面临一个选择：要么拿着风投继续保持独立，要么加入谷歌。他们选择加入谷歌，并认为在这家更大的公司里，比单干更有机会实现自己对 Android 的愿景。

Android 是在谷歌内部开发出来的，这无疑是促成它自身发展的一个重要因素。首先，谷歌资金雄厚，所以获得资金资助会更容易，包括在必要时直接对外采购技术。但是，Android 的成功不仅仅是因为它能够拿到谷歌的资金和资源。毕竟，在同一时期，有很多大公司在移动领域的表现并不好。

在谷歌，Android 的一个优势是自主权，即可以将自己与其他部门隔离开来，并让团队保持初创公司的活力。他们认为这种活力是 Android 在早期发布第一款产品时所必需的。另外，相比作为一家独立的初创公司，加入谷歌让 Android 在与合作伙伴合作时更具优势。

谷歌拥有 Android 发展过程中所需的技术基础设施。服务团队有将谷歌应用连接到后端服务的经验，他们还能够依赖这些可扩展的基础设施。一家能够处理 YouTube 这种有极端下载需求的公司，也一定能够为规模较小但不断增长的 Android 用户提供 OTA 更新所需的支持。

50.
时　　机[1]

"它是在对的时间推出的对的产品。"

—— Cary Clark

"我们只是在对的时间出现在了对的地点。"

—— Mike Cleron

"部分原因是它在对的时间出现在对的地点。"

—— Dirk Dougherty

"我们是在对的时间、对的地点做正确的事情。"

—— Mike Fleming

---

[1] 这些话来自我与不同人的对话，我问他们为什么这一切最终取得了成功，他们列举了许多不同的原因，但显然在这一点上达成了群体共识。

"在对的时间推出的正确的产品。"

—— Ryan PC Gibson

"我们在对的时间出现在了对的地点。"

—— Romain Guy

"这与架构无关，关键在于在对的时间出现在对的地点。"

—— Dianne Hackborn

"它在对的时间出现在对的地点。"

—— Ed Heyl

"在对的时间做正确的事。"

—— Steve Horowitz

"我们所有人都得承认，其中有一部分原因是我们在对的时间出现在对的地点。"

—— Ficus Kirkpatrick

"那是因为在对的时间出现在对的地点。"

—— Hiroshi Lockheimer

"Android 的出现恰逢其时。"

—— Evan Millar

"对的地点，对的时间。"

—— Rich Miner

时 机

"现在是开发智能手机操作系统的好时机。"

—— Nick Pelly

"机遇:它在对的时间出现在对的地点。有很多这样的机遇。"

—— David Turner

"这个跟时机有很大关系。我们在对的时间出现在了对的地点。"

—— Jeff Yaksick

时机就是一切。对于喜剧来说是如此,对于生活来说也是如此,对于 Android 的成功来说更是如此。对于 Android 来说,就是选择成为一个移动平台(当时还有其他几个平台)和成为一个在全球 30 多亿台设备上运行的操作系统的区别。

Android 的时机有多方面的因素:团队能够多快发布 1.0 版本和更新,什么时候硬件可用并运行得足够快,等等。但最重要的因素可以概括为一个词:竞争。

竞争与合作

在 iPhone 发布后,厂商迫切需要推出自己的触摸屏产品,以便在不断发展的智能手机市场中参与竞争。因为 iPhone 的生态系统是封闭的,所以其他厂商只能自己去打造一个引人注目的系统,但当时没有一家公司有这样的条件。而 Android 一直在开发一个可以支持不同类型设备和需求(比如触摸屏)的平台。

当时,正是这些公司与 Android 合作并利用这个开源平台推出智能手机设备的好时机。

移动硬件

当时,时机对硬件性能也有积极的影响。CPU、GPU、内存和显示技术的发展让智能手机的功能变得更加强大。硬件性能的提升不仅使推出新机型成为可能,还使计算硬件成为一个全新的利基市场，摆脱了来自旧 PC 世界平台玩家的束缚。

招聘

时机也影响了初始团队的组建。当时的 Android 团队由来自 PalmSource、Danger 和微软等公司的操作系统核心人员组成，他们正准备一起开发这个新项目。这些人都是在同一时间加入的，这意味着 Android 是由一群人共同启动的，他们不仅具备相关的经验，而且曾经一起工作过，所以他们不需要在团队磨合方面浪费时间，可以直接撸起袖子干。

执行

最后一个与时机有关的因素是团队能够快速行动，充分利用他们所获得的机会。首先，在 iPhone 发布时，团队已经将核心 Android 平台开发到了一定程度，几乎已经为急需解决方案的厂商准备好了。此外，团队及时调整方向，抓住了触摸屏的机会，赶在其他可行的解决方案之前将 1.0 版本和 G1 推向市场。

如果没有新硬件的出现和 iPhone 倒逼整个行业寻求可与之竞争的解决方案，Android 或许还没有找到立足点，而且还可能成为移动设备历史上众多失败案例中的一个。相反，Android 在正确的时间成为世界各地厂商推出智能手机的可行替代方案，从而形成了我们今天所知道的 Android 生态系统。

51.
~~成功了?~~
我们还在这里!

"我们已经有 20 亿名用户,我想我们可以说'我们做到了'。但是,竞争永远不会结束。这很残酷。我们每天都在竞争。"

"我感觉永远不会结束,所以我还在这里。"

—— Hiroshi Lockheimer

本书最初的假设是尝试回答这个问题:"为什么 Android 会成功?"

但"成功"这个词并不恰当,甚至连概念都不对。在任何一个项目中,成功都无法得到保证,无论在任何时刻事情进展得有多顺利。在科技领域更是如此,硬件、软件、时尚、消费者兴趣或任何其他因素的变化都可能在一夜之间让看似成功的产品掉入过时的深渊。这个领域的变化如此之快,以至于我们永远不会有"我们成功了!"的感觉,取而代之的是紧张——"我们还在这里!"甚至是怀疑——"我们还在这里?"你还要回头看看你身后还有谁,看看他们追赶得有多快。

  对于 Android 来说,平台得到了厂商、运营商、开发者和用户的关注,这让它在过去几年中继续存在和改进。在高科技领域,这种情况已经算很好的了。

附　　　录

一些内部器官可以在不伤害整体系统的情况下被移除，而且系统根本不会察觉到。

当它必须被移除时，说明它会造成潜在的致命伤害。除此以外，你尽可以放心地忽略它。

附录 A

术　　语

本书不只是为那些喜欢深耕细节的极客工程师而写的，它的目标读者也包括所有对商业和技术的迅速崛起及相关人物感兴趣的人。

但是，在讲述这些人通过编写代码创造出高科技产品时，很难不迷失在技术的海洋中。因此，当我在讲述 Ficus Kirkpatrick 喜欢开发系统底层驱动程序，或者 Brian Swetland 在 Danger 和 Android 开发内核，或者 Be 和 PalmSource 的工程师在为开发者创建平台和 API 时，就不得不使用一些术语，这会让非工程师读者感到困惑。

为了尽量减少技术方面的噪声，我把相关的解释都放到了附录里。希望这个简短的附录可以解释清楚一些重要的术语，更重要的是让读者了解系统的不同部分是如何相互关联的。

首先，系统概览

在这个行业，每当讨论到平台时，人们通常会在白板上画出所谓的"层饼图"，用于显示系统各个组件之间的关系。这个图显示的组件通常会一直向下延伸到硬件层。在图的顶部，我们可以看到用户交互组件，在图的底部，我们可以看到直接与硬件对话的组件。中间部分是由工程师开发的软件层，一直从用户操作（例如，点击按钮）到硬件（例如，显示按钮处于按下状态、启动应用程序，等等）。

下面是 Android 操作系统的一个（简化的）饼层图：

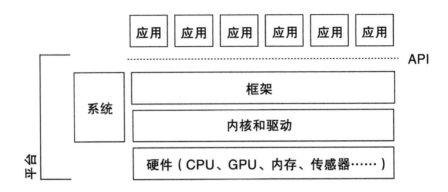

这个也没有什么特别的，大多数操作系统都会有这种典型的视图。Android 自然有其独特的操作系统元素，不过我们已经在其他地方介绍过了。总的来说，Android 平台与大多数操作系统相似。

现在我们从上到下看一下这张图，介绍一下每个部分都是什么，以及它们之间的关系。

应用

Android 应用是用户的主要入口。用户通过点击图标启动应用，与按钮、列表和应用中的其他元素发生交互，以及通过点击应用中的链接来启动其他应用，等等。用户在应用层进行各种活动，直接与应用发生互动，并通过应用公开的内容间接地访问平台功能。

需要注意的是，系统提供的主屏幕、导航栏、状态栏和锁屏都被认为是应用。虽然它们是由平台提供的（要么是 Android，要么是三星等厂商），但仍然是应用。

API

应用程序编程接口（API）是平台提供的用于与应用程序发生交互的功能块。平台 API 是平台提供的公开函数、变量和代码块。例如，如果一个应用程序需要计算平方根，可以调用平台提供的平方根 API 函数，或者，如果应用程序想要向用户显示一个按钮，可以调用按钮 API 来实现它的功能和视觉效果。

API 只是平台的冰山一角。虽然 Android 中有成千上万的 API，但它们实际上只是平台功能的入口，大部分逻辑都嵌在实现了这些 API 的代码中。例如，应用程序可能会通过调用一些 API 函数来创建按钮，而创建一个按钮所需的细节都由平台完成（包括如何显示、如何处理单击事件，以及如何画出按钮的标签文本）。

框架

框架是系统中比较大的一个层，负责处理所有通过 API 公开的功能。也就是说，框架既负责处理 API，也负责处理这些 API 的实现。对于前面的按钮例子，按钮 API 和功能实现都是由框架处理的。框架包含了平台所能提供的一切，比如位置服务、数据存储、电话功能、图形、UI，等等。Android 的 UI 工具包就是一个特定于用户界面 API 和实现的框架子集。

系统

系统是指不能被应用程序直接访问的部分，主要负责处理设备的整体功能。例如，窗口管理器负责在窗口中显示应用程序，并在启动了多个应用程序时在窗口之间来回切换。当内存不足时，有一个后台服务通过终止最近没有使用的应用程序来释放内存，让最近经常使用的应用程序有足够的内存可用。所有这些任务都是系统帮用户完成的。

系统可以调用框架的公共 API，也可以直接调用框架的内部函数（这就是为什么图中显示系统是在 API 层旁边，而不是在 API 层上面）。

内核

内核是运行在设备上的底层的软件，负责处理设备的基本功能。例如，让每个应用程序运行在一个进程中，管理运行在设备上的多个进程（让它们彼此隔离，并为它们调度 CPU

时间)。内核还负责加载和运行驱动程序。到目前为止,我们讨论的所有软件都是通用的,但驱动程序是特定于硬件的。例如,为了能够接收按钮的点击事件,硬件需要将屏幕上的触摸动作转换为屏幕上的位置信息。位于内核中的驱动程序会执行这个操作,将相关的硬件信息转换成事件,然后将事件发送给框架。类似地,存储、传感器、显示器、摄像头和其他硬件都有对应的驱动程序。在设备启动时,内核会加载这些驱动程序,并在必要时通过它们与硬件通信。

平台

最后,我用平台这个词来涵盖除应用程序之外的所有东西。这是一个非常通用的术语,我用它来泛指 Android 为应用开发者和用户提供的所有东西。Android 平台为开发者提供了所有必需的东西,也为设备提供了向用户展示基本 UI 和功能所需的一切。因此,当我提到 Android 平台团队时,基本上是指所有参与平台相关组件(应用程序除外)开发的人,也就是开发内核、框架、系统软件和 API 的工程师们。

其他术语

除了前面的饼层图所涉及的术语,书中还使用了其他一些技术术语,所以也有必要解释一下。不过我肯定会漏掉一些。如果网络上有某种术语,用"搜索引擎"就好了,这样读者就可以轻松地找到被我无意中忘记的术语了。

变更列表

变更列表(Changelist,CL)指修复 Bug、实现新特性、更新文档等所需要的代码变更。一个 CL 可以是少量简单的修复代码,也可以是实现了大量新 API 和功能的数千行代码。开发者更喜欢前者,因为少量代码更容易评审。当每个人都顶着压力交付他们的修复补丁和特性时,评审一个 10000 行的 CL 对开发者来说就是一个灾难。

变更列表是谷歌经常使用的一个术语,但其他软件系统会使用补丁或 PR(Pull Request)等术语来表示相同的意思。

仿真器

仿真器（出于表达习惯，仿真器在本书其他部分使用模拟器一词代替）是一种用于模拟硬件设备的软件。开发者用仿真器（特别是 Android 仿真器）在桌面电脑上运行和测试他们的应用程序。他们不需要物理设备就可以测试应用程序（只是每次重新编译时需要承受仿真器加载程序造成的延迟），只需要在桌面电脑上运行虚拟设备即可。

仿真器（Emulator）和模拟器（Simulator）之间是有区别的。仿真器模拟了在真实设备上发生的一切，包括 CPU 和运行指令。模拟器通常是一种相对简单（通常也更快）的程序，因为它不需要模拟设备所有的东西，只需要看起来跟设备差不多就足够了。模拟器可用于测试程序的基本功能，但可能会遗漏很多重要的细节（例如硬件传感器），所以开发者最好可以使用仿真器或真实设备来验证实际的功能。Android 在早期有过一个模拟器，但后来停止维护了，最终只剩下一个仿真器。

IDE

IDE（集成开发环境）是程序员用来编写、构建、运行、调试和测试应用程序的一套工具，包括文本编辑器（通常会感知程序员使用的编程语言，并提供格式化和高亮显示代码块的快捷方式，以及代码自动完成和链接等功能）和用于构建应用程序的编译器。例如，Android Studio（Android 团队为开发者提供的 IDE）就包含了一个庞大且不断增长的工具集，包括各种编辑器（Java、XML 和 C/C++）、构建 Android 应用程序的编译器、调试器，以及用于分析性能、监控内存使用和构建 UI 元素的各种实用程序。

Java ME/J2ME

Java ME（在Android开发的早期叫J2ME[1]）是Java Platform Micro Edition的缩写，是早期移动设备的一个软件平台。Java ME以Java作为编程语言，为应用开发者提供开发移动应用所需的功能。

J2ME 向移动领域的开发者们承诺了一些他们迫切需要的东西：一个通用的平台，可以为不同的设备开发相同的应用，无须为各种不同的硬件做出调整。

---

1 J2ME 就是 Java 2 Platform Micro Edition。在负责给 Java 命名的公司（Sun 公司）内部，Java 和 Java2 之间的命名转换也令他们自己感到困惑。

但是，与桌面版或服务器版 Java 不同的是，Java ME 有各种各样的版本（也叫作 **Profile**），这导致在某一款设备上实现的 Java ME 与另一款设备不一定匹配，所以 Java 开发者还得处理各种设备差异问题。

OEM

OEM（Original Equipment Manufacturer）是生产设备硬件的公司。

面向对象编程：类、字段和方法

Java 为开发者提供了一种面向对象编程（OOP）的方式来开发 Android 平台和应用程序。大多数现代主流编程语言都采用了类似的编程范式，如 Java、C++、Kotlin 等。OOP 系统里有一个叫作类的功能块，它们是为完成一些特定的事情而提供的 API。例如，String 类就被用于执行文本字符串操作。

类可以包含一系列字段或属性，这些字段或属性可以被赋值。例如，一个 String 对象可以包含一个文本字符串值，如"I want a sandwich"。

类还可以包含一系列方法或函数，调用者可以通过调用这些方法或函数对类执行操作。例如，String 类有一个叫作 toUpperCase() 的方法，如果调用这个方法对之前的字符串执行操作，将返回"I WANT A SANDWICH"。

类、方法和字段可以被捆绑在一起，变成一个库。库中的类、字段和方法就是这个库提供的 API，应用程序（或其他库）可以通过调用这些 API 来执行它们提供的操作。

SDK

SDK（Software Development Kit）为程序员提供了他们基于给定平台开发程序所需的东西，包括他们可以调用的平台功能 API 和实现这些 API 的库。程序员可以用 SDK 来开发应用程序，然后用工具（通常与 SDK 一起）构建（将程序编译成可以被设备理解的形式）它们。最后，他们可以在兼容的设备（或仿真器）上运行和调试程序。

工具包

工具包（Toolkit）在含义和用法上与框架、库和 API 有重叠的部分。通常，工具包指的是特定于用户界面（UI）组件的框架。在 Android 上，工具包就是指 UI 工具包，也就是 Android 用户界面技术的 API 和实现。它被认为是整个 Android 框架的一部分，是处理大多数可视化元素的框架子集。

View

所有的 UI 平台都有 UI 元素的概念，比如按钮、复选框、滚动条、文本或它们的容器。但不同平台对它们的描述有所不同，所以有时候我们很难区分平台开发者谈论的是什么东西，因为他们使用的术语不同。Java 的 Swing 工具包把它们叫作组件，一些平台把它们叫作元素或小部件。在 Android 上，UI 元素叫作 **View**，也就是这些元素所继承的 View 类。View（包括其他容器）的容器叫作 **ViewGroup**。最后，**View** 层次是指由 View 和 ViewGroup 组成的层次结构，从顶层的 ViewGroup 及其子元素开始，到子元素所包含的 ViewGroup，并以此递推。

附录 B
相关内容

在撰写本书的过程中，我阅读了许多书籍、文章、文档、网站，以及任何我能找到的与 Android、移动技术或技术发展史相关的东西。以下是我喜欢的一些有用的、令人印象深刻的资源。

与 Android 相关的东西

The (updated) history of Android，发表于 Ars Technica 网站，作者是 Ron Amadeo。

这一系列文章涵盖了从 1.0 以来的每一个 Android 版本，详细介绍了应用程序、设备和 UI 的变化。其中的截图非常珍贵，因为你可能再也无法获得它们（即使你可能还有旧设备，但可能无法与服务器通信）。

An Android Retrospective，Romain Guy 和 Chet Haase 的一次演讲。

我和 Romain 在几个不同的开发者大会上做过这个演讲，我们在演讲中介绍了一些内部的东西是如何开发出来的，以及内部团队是什么样子的。

Android 开发者博客，由 Chet Haase、Romain Guy 和 Tor Norbye 主持。

这是我、Romain 和 Tor 共同主持的播客。之所以提到它，是因为虽然它主要是一个由开发者为开发者主持的播客，但也有几集是关于 Android 历史的。特别是，我们与 Ficus Kirkpatrick（第 56 集）、Mathias Agopian（第 74 集）、Dave Burke（第 107 集）和 Dan Bornstein（第 156 集）谈论了我在书中提到的一些过去的日子。在撰写本书过程中，我最喜欢的部分是我一路上与团队成员的对话。这几集可以让我们一窥这些对话是怎样发生的。

《现代操作系统》（第 4 版），作者是 Andrew S. Tanenbaum 和 Herbert Bos，由 Pearson 出版社于 2014 出版。

对于不太了解 Android 操作系统内部细节的人，我建议他们阅读这本关于操作系统设计的书，并深入阅读介绍 Android 的章节（10.8）。那一章是 Dianne Hackborn 写的，为 Binder 和 Linux 扩展等内容提供了详尽的细节。

移动技术案例研究

有几本很好的书讲述了一些手机平台和公司的历史故事，尽管这些公司在这段时期表现不佳。我特别喜欢这两本：

Losing the Signal：The Untold Story Behind the Extraordinary Rise and Spectacular Fall of BlackBerry，作者是 Jacquie McNish 和 Sean Silcoff，由 Flatiron Books 出版社于 2015 年出版。

Operation Elop：The Final Years of Nokia's Mobile Phones，作者是 Merina Salminen 和 Pekka Nykänen。原版不是用英语写的，但一些人将其翻译成英语，提供了 PDF 和其他格式。

硅谷科技史

还有很多有关科技史的图书和纪录片，其中包括我非常喜欢的：

《硅谷革命：成就苹果公司的疯狂往事》，作者是 Andy Hertzfeld，由 O'Reilly Media 于 2004 年出版。

这本书讲述了硅谷历史上最权威的一款产品是如何诞生的，也是对这个项目背后的人和团队的一个很好的审视。

《乔布斯传》，作者是 Walter Isaacson，由西蒙舒斯特出版公司于 2011 年出版。

我喜欢这本书，不仅是因为它对乔布斯先生进行了有趣的刻画，还因为它一路讲述了硅谷和科技行业的历史故事。

General Magic，一部由 Sarah Kerruish 和 Matt Maude 执导的纪录片。

这部纪录片深度解读了这家公司的文化和愿景。这家公司可能是移动计算领域早期取得成功的公司之一，只是它早出现了至少 10 年。

附录 C
人物清单[1]

（清单中的人物按照他们加入 Android 团队的时间顺序排列）

这并不是一份完整的清单，这里列出的主要是我直接接触过的人。当时 Android 团队中还有其他许多人也对产品做出了重大贡献。

人物	角色
Andy Rubin	创始人、机器人爱好者
Chris White	创始人、设计师、工程师、电动滑板爱好者
Tracey Cole	行政业务合作伙伴、行政经理
Brian Swetland	工程师、内核专家、系统团队负责人
Rich Miner	创始人、手机行业创业者
Nick Sears	创始人、运营商交易撮合人
Andy McFadden	工程师，开发演示程序、日历、模拟器、运行时
Ficus Kirkpatrick	工程师，开发内核驱动、手机铃声
黄威	工程师，开发浏览器、通信功能
Dan Bornstein	工程师，开发 Dalvik 运行时

---

[1] 大致看一下这个清单，你可能会发现早期团队中存在很大的性别不均。在 Android 是如此，在整个技术领域也是如此，不幸的是，在今天仍是如此。Android、谷歌和其他科技公司正在努力改善性别多样性，但这是一段漫长的旅程，我们才刚刚开始。我们不能改变历史，但我们可以尝试改变未来。

Mathias Agopian	工程师，开发图形 Flinger
Joe Onorato	工程师，开发构建系统、UI、框架等
Eric Fischer	工程师，开发 TextView
Mike Fleming	工程师，开发电话功能和运行时
Jeff Yaksick	设计师，设计公仔和 UI
Cary Clark	工程师，开发浏览器图形
Mike Reed	Skia 负责人，连续图形技术创业者
Dianne Hackborn	工程师，开发框架的大部分内容
Jeff Hamilton	工程师，开发 Binder、数据库和联系人应用
Steve Horowitz	工程经理、调解人
Mike Cleron	工程师、框架团队负责人，重写了 UI 工具包
葛华	工程师，开发浏览器
Arve Hjønnevåg	工程师，沉默寡言，喜欢埋头写代码，开发了驱动程序和调试器
Hiroshi Lockheimer	TPM，负责管理合作伙伴关系
Jason Parks	工程师
Iliyan Malchev	工程师，开发蓝牙、相机等驱动程序
Cédric Beust	工程师，开发 Gmail 应用
David Turner	工程师，开发模拟器
Debajit Ghosh	工程师，开发日历服务
Marco Nelissen	工程师，开发音频代码
Ryan PC Gibson	TPM，负责版本命名和发布
Evan Millar	工程师，负责测试
Xavier Ducrohet	工程师，开发各种工具
Michael Morrissey	技术负责人，提供后端服务
Bob Lee	工程师，开发核心库
Romain Guy	工程师，UI 工具包团队的传奇实习生
Tom Moss	律师、业务拓展员、交易撮合人
Brian Jones	前台、行政、设备管理员
Dan Egnor	工程师，开发 OTA 更新系统
Dave Sparks	工程师，多媒体团队负责人
吴佩纯	TPM，管理多媒体、消息通信，还提供好吃的甜甜圈
Ed Heyl	工程师，重复构建、测试、发布
Dirk Dougherty	技术写手
Charles Mendis	工程师，开发位置导航功能

人物清单 252F

Dave Burke	伦敦移动团队负责人
Andrei Popescu	伦敦浏览器团队负责人
Nicolas Roard	工程师，负责浏览器的前期工作
San Mehat	工程师，开发内核驱动和 SD 卡调试
Nick Pelly	工程师，开发蓝牙驱动
Rebecca Zavin	工程师，点亮设备、开发 Droid 手机
陈钊琪	工程师，开发 CheckIn 服务
Mike Chan	工程师，负责内核安全
Bruce Gay	工程师，建立猴子实验室
Jeff Sharkey	工程师，开发者挑战赛获奖者
Jesse Wilson	工程师，负责清理和改进 API
Dan Sandler	工程师、插画师，开发系统 UI 和复活节彩蛋

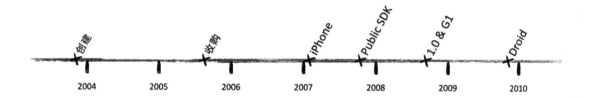

附录 D
致　　谢

感谢 Romain Guy，如果没有他就不会有这本书的问世。他不仅把我带入了这个团队（尽管尝试了两次才成功），还为我提供了写作本书的一些灵感（其中一些想法来自我们在技术大会上一起做的演讲）。他还协助我安排了很多为写作本书而进行的采访。对了，他写过的很多代码至今仍有数十亿人在使用。

感谢我的妻子 Kris，感谢她在我写作本书的早期和后期提供的深刻见解和无私帮助，以及一路上给出的专家级的编辑反馈。我为了写作本书无暇顾及家庭生活那么长时间，也感谢她没有因此杀了我。我觉得这种日子应该结束了。

感谢 Tor Norbye，我们（还有 Romain）长期合作主持 Android 开发者播客，一个与其他 Android 开发者谈论 Android 的播客。我们的一些采访（包括和 Ficus Kirkpatrick、Mathias Agopian、Dave Burke 一起做的那些）内容直接成为本书故事的一部分，因为它们都与 Android 的历史有关。这一切都让我非常乐于与人们谈论他们所做的事情，他们的故事成为本书的起源、核心和灵魂。

感谢 Dan Sandler 为这本书的封面和书页制作了精彩有趣的插图。我喜欢看到他访问山景城办公室时在白板上留下的像指印一样的卡通画，也喜欢本书中收录的插画，它们记录了团队和产品的有趣瞬间。

感谢 Gretchen Achilles，他是我的朋友，也是一位杰出的图书设计师，是他帮我将这本

致 谢

书塑造成适合出版的模样。

感谢 Jonathan Littman，他是几本畅销图书的作者，耐心地回答了我关于书籍、作者和出版商的问题。

感谢编辑 Laureen Hudson，没有她，这本书的文字就不会那么精练、简洁，也不会那么容易读懂。我第一次与 Laureen 合作是在很多年前，当时我们还在 Sun 公司，我负责写技术文章，她负责编辑。我很高兴我们能够回到之前的关系，让她再次为我收拾残局。

特别感谢谷歌的 Android 工程副总裁 Dave Burke。Dave 也认为这是一个值得讲述的故事，还帮助我扫清了从公司内部视角讲述公司、员工和产品故事时容易遇到的障碍。

我要向那些早期在一起开发 Android 的人道歉，因为我没有机会采访所有人。我很乐意去采访他们（在写作本书的过程中，采访是最有趣的部分），了解他们，了解他们所做的事情，了解他们从哪里来，以及他们是如何一起创造出 Android 的。但时间上不允许我这么做，我必须结束这本书的写作。

我要感谢所有的 Android 员工，不管是过去的还是现在的，他们都无私地奉献了他们的时间、意见和故事，这样我才得以更好地讲述当时发生的故事。我要特别感谢在采访中提供帮助的每一个人，无论是通过对话还是电子邮件的形式。我采访过的几乎每一个人不仅耐心回答我提出的问题，而且还对本书的出版和我们的对话充满了热情。

Android 的故事所涉及的人，远远超出了我通过采访、交谈、发邮件或其他方式麻烦过的那些，我必须感谢愿意花时间帮助我了解真实故事的他们：Mathias Agopian、Dan Bornstein、Cédric Beust、Irina Blok、Bob Borchers、Dave Bort、Dave Burke、陈钊琪、Mike Chan、Cary Clark、Mike Cleron、Tracey Cole、Chris DiBona、Dirk Dougherty、Xavier Ducrohet、Dan Egnor、Eric Fischer、Mike Fleming、Bruce Gay、Debajit Ghosh、Ryan PC Gibson、Romain Guy、Dianne Hackborn、Jeff Hamilton、Ed Heyl、Arve Hjønnevåg、Steve Horowitz、黄威、Brian Jones、Ficus Kirkpatrick、葛华、Bob Lee、Dan Lew、Hiroshi Lockheimer、Iliyan Malchev、Andy McFadden、San Mehat、Charles Mendis、Evan Millar、Rich Miner、Dan Morrill、Michael Morrissey、Tom Moss、Marco Nelissen、Joe Onorato、Jason Parks、Nick Pelly、Andrei Popescu、Jean-Baptiste Quéru、Mike Reed、Nicolas Roard、Andy Rubin、Dan Sandler、Nick Sears、Jeff Sharkey、Dave Sparks、Brian Swetland、David Turner、Paul Whitton、Jesse Wilson、吴佩纯、Jeff Yaksick 和 Rebecca Zavin。

我也想感谢那些花时间阅读草稿并提供反馈的人。经过评审的代码总是会更好，本书也是如此。我特别想感谢一部分人做出的巨大努力，他们认真地参与整个过程，找出缺漏和冗余的内容，纠正错误，提供额外的信息，并在评审手稿后加入了大量内容。我很确定对这本书的反馈足够写成另一本书。特别是 Dianne Hackborn、Brian Swetland 和 Andy McFadden 提供的迅速、有思想、完整的反馈，这提高了本书的技术准确性。同时，我也要感谢我的朋友 Alan Walendowski，他进行了长达 11 小时的阅读和评审，发现了一些即使反复阅读也很难发现的问题。

非常感谢大家。如果有任何我没有考虑周全或错得离谱的地方，请接受我真诚的道歉，并将其作为 Bug 提交。

Chet Haase